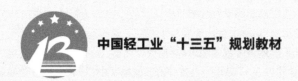

中国轻工业"十三五"规划教材

高等数学（经济类）

上册

第 2 版

主　编　张立东　孟祥波　张希彬

副主编　乔　岚　王　霞　王玉杰

参　编　贾学龙　程树林　张振兴

U0255259

机械工业出版社

本书是在教育部高等学校数学与统计学教学指导委员会制定的《经济管理类数学基础课程教学基本要求》的内容和要求基础上编写而成的.

本书力求系统地讲解数学知识,使其重点突出、由浅入深、通俗易懂,同时注重实用性,并将数学软件 MATLAB 融入教材内容的编写中,培养学生分析问题、解决问题的能力.全书习题分为 A 和 B 两部分,并利用天工讲堂小程序给出了全部习题详解.

本套书分上、下两册,本书为上册,主要内容包括函数、极限与连续、导数与微分、微分中值定理与导数的应用、不定积分、定积分、定积分的应用,共七章.

本书可作为高等学校经济管理类专业微积分课程的教材或教学参考书,与全书对应的电子教案配套齐全,这些资源将成为教与学有益的助手.

图书在版编目(CIP)数据

高等数学.经济类 上册/张立东,孟祥波,张希彬主编.—2 版.—北京:机械工业出版社,2023.12

中国轻工业"十三五"规划教材

ISBN 978-7-111-74377-4

Ⅰ.①高… Ⅱ.①张… ②孟… ③张… Ⅲ.①高等数学 – 高等学校 – 教材

Ⅳ.①O13

中国国家版本馆 CIP 数据核字(2023)第 232778 号

机械工业出版社(北京市百万庄大街22 号 邮政编码100037)

策划编辑:汤 嘉 责任编辑:汤 嘉 张金奎

责任校对:张亚楠 封面设计:张 静

责任印制:单爱军

北京虎彩文化传播有限公司印刷

2024 年 8 月第 2 版第 1 次印刷

184mm×260mm · 16.75 印张 · 419 千字

标准书号:ISBN 978-7-111-74377-4

定价:53.00 元

电话服务 网络服务

客服电话:010-88361066 机 工 官 网:www.cmpbook.com

010-88379833 机 工 官 博:weibo.com/cmp1952

010-68326294 金 书 网:www.golden-book.com

封底无防伪标均为盗版 机工教育服务网:www.cmpedu.com

前 言

《高等数学(经济类)第 2 版》是中国轻工业"十三五"规划教材,是高等学校经济管理类专业微积分课程的必修教材,它是在教育部高等学校数学与统计学教学指导委员会制定的《经济管理类数学基础课程教学基本要求》和全国硕士研究生入学统一考试数学考试大纲中要求的内容的基础上编写而成的.

本书充分考虑经济管理类专业学生的特点,坚持以学生为中心,注重在保持数学基础理论的科学性和严谨性的同时,淡化数学理论证明,注重数学在经济管理领域的实际应用,突出内容的实用性和可读性;注重提取数学课程"思政元素",利用数学家故事激发学生学习数学的兴趣,培养学生刻苦努力、勇攀科学高峰的精神;将数学建模的思想和数学实验融入内容的编写中,初步培养学生利用数学软件解决问题的能力,对各章、节习题进行分类,可供不同层次的学生使用.

本书的主要编写特点如下:

1)坚持注重基础、强化应用的准则.既准确清晰地表达出数学基本概念、基本理论和基本方法,又重视数学理论、方法在经济管理问题中的具体应用.

2)重视数学实验.充分考虑经管类学生特点,将高等数学的理论和数学实验有机结合,将数学软件引入课程教学中,培养学生借助数学软件解决问题的能力.

3)注重与高中数学内容的衔接,将高中内容顺利过渡到该课程的教学过程中.

4)采用信息技术,为本课程深入学习提供辅助手段.将难度较大、且对后续课程没有影响的定理证明在天工讲堂小程序中给出,供学有余力的学生学习.每章习题都分为 A 和 B 两部分,供具有不同学习程度的学生选做,并且在每部分习题后面均在天工讲堂小程序中给出习题的解答过程.

编者长期从事高等数学课程的教学工作,具有丰富的教学经验,本书是编者多年教学经验和研究成果的结晶.本书由张立东、孟祥波、张希彬主编并负责统稿、定稿.此外,参加本书编写相关工作和教学视频以及配套资源制作的还有贾学龙、王霞、王玉杰、乔岚、程树林、张振兴、廖嘉、刘丽英、杨华和夏国坤等.

本书是中国高等教育学会 2023 年度高等教育科学研究规划课题(项目名称:新文科背景下经管类大学数学课程教学改革研究与实践,项目编号:23SX0410)和天津科技大学教育教学改革研究项目(项目名称:数学类基础课程新形态教材建设,项目编号:KY202324)的部分成果。本书在编写过程中,参考了众多的国内外教材.机械工业出版社对本书的编审、出版给予了热情支持和帮助,天津科技大学理学院、数学系也给予了大力支持,许多同仁对本书的编写提出了宝贵的意见和建议,使编者受益匪浅.在此,一并表示衷心的感谢!

　　尽管编者已经尽了最大努力,但由于编者水平有限、时间仓促等原因,书中难免存在不妥之处,希望各位读者批评指正.

编　者

2023 年 10 月

目　　录

第一章

函　数

初等数学主要研究不变的量,而高等数学主要研究变动的量,变动的量间的关系也就是函数关系.本章将在中学数学的基础上,进一步阐述函数的概念及其性质,并介绍常见函数.

第一节　函数的概念

一、集合的概念

1. 集合的概念

通常把具有某种特定性质的事物的全体称为集合,而把组成这个集合的事物称为该集合的元素.

例如,某大学的全体师生可以组成一个集合,全体实数可以组成一个集合,全体有理数可以组成一个集合,全体整数也可以组成一个集合.

通常用大写字母 $A,B,C,\cdots$ 表示集合,用小写字母 $a,b,c,\cdots$ 表示集合中的元素.如果 a 是集合 A 的元素,就说 a 属于 A,记作 $a\in A$;否则称 a 不属于 A,记作 $a\notin A$.把仅含有限个元素的集合称为有限集,否则称为无限集.称不含任何元素的集合为空集,记作 $\varnothing$.

集合一般有两种表示方法:

第一种方法是列举法,它指的是把集合中的所有元素列举在一个花括号内.例如,方程 $x^2-x=0$ 的解集为 $A=\{0,1\}$;投掷硬币结果 $B=\{$正面向上,反面向上$\}$.

第二种方法是描述法,它指明集合的所有元素所具有的公共属性,一般形式为

$$M=\{x\mid x\ \text{具有性质}\ P\}.$$

例如,方程 $x^2-x=0$ 的解集可记作

$$A=\{x\mid x^2-x=0\}.$$

元素为数的集合称为数集.常见数集如下:

全体非负整数的集合 $\mathbf{N}=\{0,1,2,\cdots\}$;

全体正整数集合 $\mathbf{N}^+=\{1,2,3,\cdots\}$;

全体整数的集合 $\mathbf{Z}=\{\cdots,-n,\cdots,-2,-1,0,1,2,\cdots\}$;

全体有理数的集合 $\mathbf{Q} = \left\{ \dfrac{p}{q} \,\middle|\, p \in \mathbf{Z}, q \in \mathbf{N}^+ \right\}$;

全体实数的集合 $\mathbf{R} = \{ x \mid -\infty < x < +\infty \}$.

2. 集合的运算

接下来介绍子集、并集、交集和余集(见图 1-1).

设 A, B 是两个集合,集合 A 是集合 B 的子集,是指集合 A 的元素都是集合 B 的元素,记作 $A \subset B$ 或 $B \supset A$. 进一步,若 $A \subset B$ 与 $B \subset A$ 同时成立,则称集合 A 与集合 B 相等,记作 $A = B$.

集合 A 和 B 的并 $A \cup B$,是指由集合 A 的所有元素与集合 B 的所有元素组成的集合,即

$$A \cup B = \{ x \mid x \in A \text{ 或 } x \in B \}.$$

集合 A 和 B 的交 $A \cap B$,是指由既属于 A 又属于 B 的元素组成的集合,即

$$A \cap B = \{ x \mid x \in A \text{ 且 } x \in B \}.$$

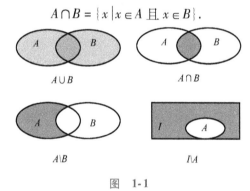

图　1-1

集合 A 和 B 的差集 $A \backslash B$,是指由属于 A 但不属于 B 的元素组成的集合,即

$A \backslash B = \{ x \mid x \in A \text{ 但 } x \notin B \}$. 有时我们把研究某一问题考虑对象的全体称为全集,记作 I. 把差集 $I \backslash A$ 称为 A 的余集或补集,记作 A^c.

集合的并、交、余运算满足如下运算律:

交换律　$A \cup B = B \cup A, A \cap B = B \cap A$;

结合律　$(A \cup B) \cup C = A \cup (B \cup C)$,
　　　　$(A \cap B) \cap C = A \cap (B \cap C)$;

分配律　$A \cap (B \cup C) = (A \cap B) \cup (A \cap C)$,
　　　　$A \cup (B \cap C) = (A \cup B) \cap (A \cup C)$;

对偶律　$(A \cup B)^c = A^c \cap B^c, (A \cap B)^c = A^c \cup B^c$.

3. 区间和邻域

区间和邻域是常见的实数集(见图 1-2).

设 a 与 b 为实数,且 $a < b$,称数集 $\{ x \mid a < x < b \}$ 为开区间(见图 1-2a),记作 (a, b);称数集 $\{ x \mid a \leqslant x \leqslant b \}$ 为闭区间(见图 1-2b),记作 $[a, b]$. 此外,称数集 $\{ x \mid a \leqslant x < b \}$ 和 $\{ x \mid a < x \leqslant b \}$ 都为半开半

闭区间(见图1-2c和图1-2d),分别记作[a,b)和(a,b].

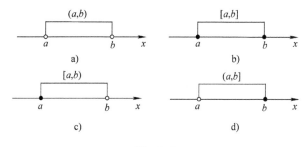

图 1-2

此外,还有一类区间称为无穷区间,例如:$[a,+\infty)=\{x\mid x\geqslant a\}$,$(a,+\infty)=\{x\mid x>a\}$,$(-\infty,b)=\{x\mid x<b\}$,$(-\infty,b]=\{x\mid x\leqslant b\}$,$(-\infty,+\infty)=\{x\mid x\in\mathbf{R}\}$.

"邻域"与"去心邻域"是我们以后经常要用到的两个概念,在刻画函数极限中发挥着重要的作用.

称实数集$\{x\mid|x-a|<\delta,\delta>0\}$为点$a$的$\delta$邻域,记作$U(a,\delta)$,点$a$叫做邻域的中心,$\delta$叫做邻域的半径.它在数轴上表示以点$a$为中心,长度为$2\delta(\delta>0)$的对称开区间(见图1-3a).

称实数集$\{x\mid 0<|x-a|<\delta,\delta>0\}$为点$a$的$\delta$去心邻域,记作$\mathring{U}(a,\delta)$;称实数集$\{x\mid 0<x-a<\delta,\delta>0\}$为点$a$的右$\delta$邻域;称实数集$\{x\mid-\delta<x-a<0,\delta>0\}$为点$a$的左$\delta$邻域(见图1-3b).

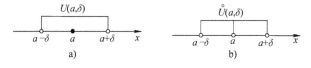

图 1-3

二、函数的概念

1. 常量与变量

在考察某个自然现象或社会经济现象时,会遇到诸如长度、面积、体积、时间、速度、温度等的量.将在过程中始终保持恒定的量称为常量,将在过程中不断发展变化的量称为变量.例如,在商品销售过程中,如果商品以统一价格出售,则商品售价是常量,而商品销量与商品收益都是变量.又如,一辆汽车在匀速行驶,则汽车行驶速度是常量,而汽车行驶时间和行驶路程是变量.

2. 函数的定义

在研究实际问题时,不同的变量间往往并不是相互独立存在的,而是互相依赖的.

例1 自由落体运动

一个物体从高空自由落下,用$t(\mathrm{s})$表示物体从静止状态开始

函数的概念

3

的自由落体的时间,用 $s(m)$ 表示在该段时间内物体自由落体的路程. 假设物体在自由落体过程中仅受重力作用,我们知道 s 与 t 之间具有如下的数量关系

$$s = \frac{1}{2}gt^2,$$

其中,g 为重力加速度,一般取 $g = 9.8\text{m/s}^2$.

若物体从开始到落地所需的时间为 T,则时间变量 t 的变化范围为

$$0 \leqslant t \leqslant T.$$

当 t 在这一变化区间内取某确定值时,可求出 s 的对应值. 例如

$$t = 0\text{s} \text{ 时}, s = \frac{1}{2} \times 9.8 \times 0^2 = 0\text{m};$$

$$t = 3\text{s} \text{ 时}, s = \frac{1}{2} \times 9.8 \times 3^2 = 44.1\text{m}.$$

例 2 成本问题

某工厂一个月生产产品 Q 件时,总成本为 $C = 30Q + 100$(万元),可以看出总成本 C 和产品生产件数 Q 之间存在确定性的对应关系,当产品生产件数 Q 每取一个正整数值,便可得到相应的总成本(见表 1-1).

表 1-1

Q	1	2	3	4	5	6	7
C	130	160	190	220	250	280	310

以上两个例子都表达了两个变量之间的相互依存关系,当一个变量取定后,另一个变量按一定法则就有一个唯一确定的值与之对应. 将这种确定的依赖关系抽象出来,就产生了函数的概念.

定义 1 设 $D \subset R$,若对于 D 中的任意一个 x,按照对应法则 f,都有唯一确定的实数 y 与之对应,则称 f 为定义在 D 上的函数,记作 $y = f(x)$. x 称为自变量,y 称为因变量,D 称为函数的定义域,记作 D_f,全体函数值的集合称为函数的值域,记作 R_f 或 $f(D)$,即

$$R_f = f(D) = \{y \mid y = f(x), x \in D\}.$$

对定义 1 作如下补充说明:

(1)函数一词是德国数学家莱布尼茨首先提出来的,我国清代数学家李善兰于 1859 年在《代数学》一书中首次将"function"译作"函数".

(2)定义域 D 和对应法则 f 是构成函数的两个决定要素. 一个函数当它的定义域 D 和对应法则 f 确定后,值域 R_f 也就随之确定. 因此定义域 D 和对应法则 f 是决定函数的两个要素. 因此用

$$y = f(x), x \in D$$

来表示一个函数.

（3）函数的定义域一般按照如下两种情形来确定：对于有实际背景的函数，根据变量的实际意义来确定定义域；具有解析表达式的函数，其定义域就是使得这个解析式有意义的自变量全体组成的集合，这样的定义域也称为自然定义域.例如，对于函数 $y = \ln x$，可知其定义域是 $(0, +\infty)$；对于函数 $y = \sqrt{x-2}$，可知其定义域是 $[2, +\infty)$.

（4）两个函数相同或相等，是指它们具有相同的定义域和相同的对应法则.例如 $y = x$ 与 $y = \sqrt{x^2}$ 是不相同的两个函数，因为这两个函数的对应法则不相同.又如 $y = x$ 与 $y = \dfrac{x^2 - x}{x - 1}$ 也是不相同的两个函数，是因为它们的定义域不同.两个相等的函数，其对应法则的表达形式也可能不同，例如 $y = \sqrt{x^2}$ 与 $y = |x|$，从表面形式上看不相同，但却是同一个函数.

定义 1 只考虑了因变量 y 与一个自变量 x 之间的关系.但在实际问题中往往会遇到具有多个自变量的情形.例如长方体的体积 V，由它的长 x、宽 y 和高 z 所决定，即 $V = xyz$ 是三个自变量 x、y 和 z 的函数.只含有一个自变量的函数称为一元函数，含有两个或两个以上自变量的函数称为多元函数.本书上册讨论一元函数微积分，下册研究多元函数微积分.

3. 函数的表示法

表示函数的主要方法有三种：解析法、表格法和图像法.解析法是指用一个解析式来表示函数的表示法，解析法便于理论研究和数学计算；表格法是指用一张表格来表示函数的对应法则的表示法，表格法便于直接查用；图像法是指函数的对应法则是通过坐标平面上的一段曲线来表示的表示法.

一般地，把坐标平面内的点集

$$\{P(x,y) \mid y = f(x), x \in D_f\}$$

称为这个函数的图形.

通常，在定义域的不同部分用不同的解析式来表示的函数称为分段函数，下面仅举三例.

例 3 函数

$$y = |x| = \begin{cases} x, & x \geq 0, \\ -x, & x < 0 \end{cases}$$

称为绝对值函数，它的定义域是 $(-\infty, +\infty)$，值域是 $[0, +\infty)$.（见图 1-4）

例 4 函数

$$\operatorname{sgn} x = \begin{cases} -1, & x < 0, \\ 0, & x = 0, \\ 1, & x > 0 \end{cases}$$

分段函数

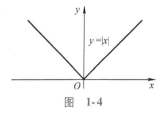
图 1-4

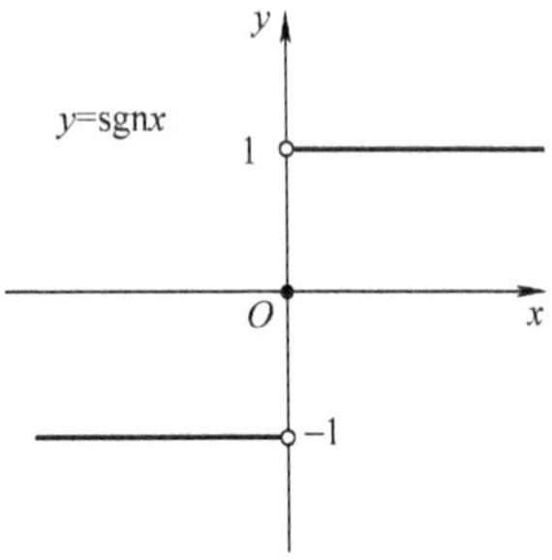

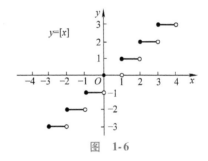

y=sgn$x$

图 1-5

称为符号函数,它的定义域是$(-\infty,+\infty)$,值域是$\{-1,0,1\}$.(见图1-5)

例5　函数

$$y=[x]$$

称为取整函数,其中$[x]$表示不超过x的最大整数,例如$[-1.2]=-2$,$[1.2]=1$,$[1.8]=1$.取整函数的定义域是$(-\infty,+\infty)$,值域是 **Z**.(见图1-6).

y=[x]

图 1-6

三、 函数的基本性质

1. 有界性

设函数$y=f(x)$定义域为D,若存在正数M,对一切$x\in D$,恒有

$$|f(x)|\leqslant M,$$

则称$f(x)$为D上的有界函数. 否则,称$f(x)$为D上的无界函数.

函数的有界性与定义域D有关. 例如$f(x)=\dfrac{1}{x}$在$[1,+\infty)$上

有界,因为存在$M=1$,使对一切$x\in[1,+\infty)$,有$\left|\dfrac{1}{x}\right|\leqslant1$. 但它在$(0,1)$内却是无界的(见图1-7).

有界函数的图形必位于两条直线$y=M$与$y=-M$之间. 例如,$y=\sin x$是有界函数,因为在它的定义域$(-\infty,+\infty)$内,$|\sin x|\leqslant1$.

由图1-8和图1-9不难看出,函数$y=x^3$和$y=x^2$是无界函数,因为$y=x^3$在$(-\infty,+\infty)$内无界. 函数$y=x^2$在$(-\infty,+\infty)$内仅有下界.

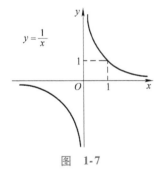

$y=\dfrac{1}{x}$

图 1-7

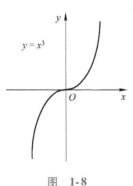

$y=x^3$

图 1-8

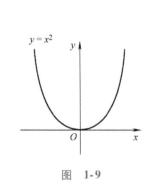

$y=x^2$

图 1-9

2. 单调性

设函数 $y = f(x)$ 定义域为 D，如果对 D 中任意两个数 x_1, x_2，若当 $x_1 < x_2$ 时，恒有

$$f(x_1) \leqslant f(x_2),$$

则称 $f(x)$ 在定义域 D 上单调增加或递增；若当 $x_1 < x_2$ 时，恒有

$$f(x_1) \geqslant f(x_2).$$

则称 $f(x)$ 在定义域 D 上单调减少或递减. 进一步，若当 $x_1 < x_2$ 时，总有

$$f(x_1) < f(x_2),$$

则称 $f(x)$ 在定义域 D 上严格单调递增；若当 $x_1 < x_2$ 时，总有

$$f(x_1) > f(x_2),$$

则称 $f(x)$ 在定义域 D 上严格单调递减.

单调递增和单调递减的函数统称为单调函数，严格单调递增和严格单调递减的函数统称为严格单调函数. 严格单调增函数、严格单调减函数分别见图 1-10 和图 1-11.

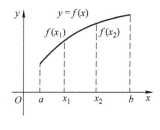

图 1-10

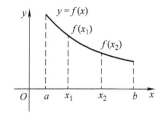

图 1-11

例 6 证明：函数 $f(x) = x^2$（见图 1-9）在 $(0, +\infty)$ 内是严格单调递增的.

证 因为对任意 $x_1, x_2 \in (0, +\infty)$，当 $x_1 < x_2$ 时，有 $x_1 - x_2 < 0$，$x_1 + x_2 > 0$，所以

$$f(x_1) - f(x_2) = x_1^2 - x_2^2 = (x_1 - x_2)(x_1 + x_2) < 0.$$

进而 $f(x_1) < f(x_2)$.

因此，函数 $f(x) = x^2$ 在 $(0, +\infty)$ 内是严格单调递增的.

进一步，函数 $f(x) = x^2$（见图 1-9）在 $(-\infty, +\infty)$ 内不是单调函数，因为 $f(x) = x^2$ 在区间 $(-\infty, 0]$ 上严格单调递减，在区间 $[0, +\infty)$ 上严格单调递增，但在整个区间内却不是单调的.

 函数的基本性质

3. 奇偶性

设 $y = f(x)$ 的定义域 D 关于原点对称，如果对定义域中任意一点 x，都有

$$f(-x) = -f(x),$$

则称 $f(x)$ 为奇函数（见图 1-12）；如果对定义域中任意一点 x，都有

$$f(-x) = f(x),$$

则称 $f(x)$ 为偶函数（见图 1-13）. 在坐标平面上，奇函数的图形关于

原点对称,偶函数的图形关于 y 轴对称.

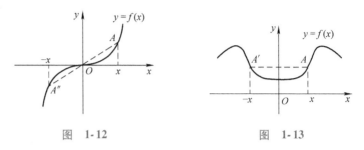

图 1-12　　　　　　　　图 1-13

例7　证明:$f(x)=2^x-2^{-x}$ 是定义在 $(-\infty,+\infty)$ 上的奇函数,$g(x)=2^x+2^{-x}$ 是定义在 $(-\infty,+\infty)$ 上的偶函数.

证　因为对任意 $x\in(-\infty,+\infty)$,总有

$$f(-x)=2^{-x}-2^x=-(2^x-2^{-x})=-f(x),$$
$$g(-x)=2^{-x}+2^x=g(x).$$

因此,$f(x)=2^x-2^{-x}$ 是定义在 $(-\infty,+\infty)$ 上的奇函数,$g(x)=2^x+2^{-x}$ 是定义在 $(-\infty,+\infty)$ 上的偶函数.

4. 周期性

设函数 $y=f(x)$ 的定义域为 D,如果存在常数 $l\neq0$,使得对于定义域内任意一点 x,恒有

$$f(x+l)=f(x),$$

则称 $f(x)$ 为周期函数,l 称为 $f(x)$ 的一个周期(见图 1-14).

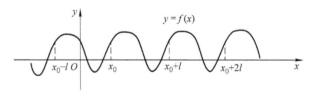

图 1-14

通常所说周期函数的周期是指最小正周期. 如果 l 为 $f(x)$ 的一个周期,则 kl($k=\pm1,\pm2,\cdots$)也都是它的周期. 因此周期函数一定有无穷多个周期. 例如,在三角函数中,$y=\sin x$,$y=\cos x$ 是以 2π 为周期的周期函数,$y=\tan x$ 和 $y=\cot x$ 是以 π 为周期的周期函数.

并不是所有的周期函数都有最小正周期. 例如常量函数 $f(x)=C$ 是周期函数,任何实数都是它的周期,因而不存在最小正周期.

习题 1-1(A)

1. 用集合的描述法表示下列集合:
   (1)所有非负实数组成的集合;
   (2)圆 $x^2+y^2=1$ 外部(不包括圆周)一切点组成的集合;
   (3)双曲线 $2x^2-y^2=1$ 与直线 $y=x$ 交点组成的集合;

（4）抛物线 $y = x^2 + 2x - 2$ 与直线 $y = x$ 交点组成的集合.

2. 用集合的列举法表示下列集合：

（1）双曲线 $2x^2 - y^2 = 1$ 与直线 $y = -x$ 交点组成的集合；

（2）抛物线 $y = x^2 + 2x - 1$ 与直线 $y = x + 1$ 交点组成的集合；

（3）椭圆 $\dfrac{x^2}{4} + y^2 = 1$ 与直线 $y = x$ 交点组成的集合.

3. 设 $I = \{1, 2, 3, 4, 5, 6, 7\}, A = \{1, 2, 4, 6\}, B = \{3, 4, 5\}, C = \{2, 3, 7\}$，求下列集合：

（1）$A \cup B$；　　　　　　（2）$A \cap B$；　　　　　　（3）$A \backslash B$；

（4）$A \cup B \cup C$；　　　　（5）$A \cap B \cap C$；　　　（6）$A^c \cap B^c$.

4. 用区间表示满足下列不等式的所有 x 的集合：

（1）$|x - 4| \leqslant 2$；　　　　　　（2）$|x - 4| > 2$.

5. 求下列函数的定义域：

（1）$y = \dfrac{1}{\sqrt{x-1}} + e^x$；　　　　　　（2）$y = \sqrt{\ln(1 + x - x^2)}$；

（3）$y = \sqrt{1 + x} - \sqrt{2 - x}$；　　　　（4）$y = \ln\sqrt{\dfrac{1+x}{1-x}}$.

6. 设函数 $f(x - 1) = 2x^2 + x$，求 $f(x)$.

7. 设函数 $f(x) = \begin{cases} x^2, & -1 \leqslant x \leqslant 1, \\ \sqrt{x^2 - 1}, & |x| > 1, \end{cases}$ 求 $f(-2), f(0)$.

8. 下列各题中，各组函数是否为同一个函数？为什么？

（1）$f(x) = |x|$ 与 $g(x) = \sqrt{x^2}$；　　（2）$f(x) = \dfrac{x^2}{x}$ 与 $g(x) = x$；

（3）$f(x) = x$ 与 $g(x) = e^{\ln x}$；

（4）$f(x) = \dfrac{\sqrt{x+1}}{\sqrt{x-3}}$ 与 $g(x) = \sqrt{\dfrac{x+1}{x-3}}$.

9. 判断下列函数的奇偶性：

（1）$f(x) = a^x + a^{-x} (a > 0)$；　　　（2）$f(x) = \ln\dfrac{1+x}{1-x}$.

10. 设 $f(x)$ 和 $g(x)$ 是定义在 $(-l, l)$ 上的两个奇函数，$h(x)$ 和 $q(x)$ 是定义在 $(-l, l)$ 上的两个偶函数，证明：

（1）$f(x) + g(x)$ 是奇函数，$h(x) + q(x)$ 是偶函数；

（2）$f(x)g(x)$ 与 $h(x)q(x)$ 均是偶函数，$f(x)h(x)$ 是奇函数.

习题 1-1（B）

1. 已知函数 $f(x)$ 的定义域为 $(0, 1)$，求函数 $f(|x|), f(x - 2)$，$f\left(\dfrac{1}{x-1}\right)$ 的定义域.

2. 若对任何实数 x,y,恒有 $f(x+y)=f(x)+f(y)$,且 $f(2)=4$, 求 $f(1)$.

3. 若对任何实数 x,y,恒有 $f(x+y)=f(x)f(y)$,且 $f(1)=4$, 求 $f(2)$.

4. 设对任意的 x,有 $f(x)+2f(1-x)=x^2-1$,求 $f(x)$.

5. 证明:函数 $f(x)=\lg(x+\sqrt{1+x^2})$ 是定义在 $(-\infty,+\infty)$ 上的奇函数.

第二节 基本初等函数

本节主要回顾中学已经学习过的函数,并对它们的性质加以总结.

1. 指数函数

$$y=a^x\ (a>0,a\neq1)$$

定义域为 $(-\infty,+\infty)$,值域为 $(0,+\infty)$,图像恒通过点 $(0,1)$. 当 $a>1$ 时,$y=a^x$ 为严格单调递增函数;当 $0<a<1$ 时,$y=a^x$ 为严格单调递减函数(见图 1-15). 常用的指数函数是 $y=e^x$,其中 $e=2.7182818284\cdots$ 为无理数.

2. 对数函数

$$y=\log_a x\ (a>0,a\neq1)$$

定义域为 $(0,+\infty)$,值域为 $(-\infty,+\infty)$. 图像恒过 $(1,0)$. 当 $a\geqslant1$ 时,$y=\log_a x$ 为严格单调递增函数,当 $0<a<1$ 时,$y=\log_a x$ 为严格单调递减函数(见图 1-16).

以 e 为底的对数函数 $y=\log_e x$,称为自然对数,并简记为 $y=\ln x$.

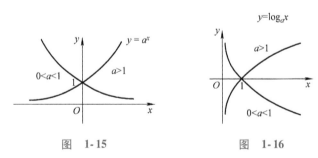

图 1-15　　　　　　图 1-16

3. 幂函数

$$y=x^\mu\ (\mu\in\mathbf{R},\mu\neq0)$$

定义域和值域依赖于参数 μ,图像恒过 $(1,1)$. 不论 μ 为何值,幂函数在 $(0,+\infty)$ 内总有定义. $\mu=-1,1,2,3$ 时的图形如图 1-17 所示.

4. 三角函数

正弦函数　　　　$y=\sin x,\ -\infty<x<+\infty$;

余弦函数　　　$y = \cos x , - \infty < x < + \infty$ ；

正切函数　　　$y = \tan x , x \neq k\pi + \dfrac{\pi}{2}$ $(k \in \mathbf{Z})$ ；

余切函数　　　$y = \cot x , x \neq k\pi$ $(k \in \mathbf{Z})$ ；

正割函数　　　$y = \sec x , x \neq k\pi + \dfrac{\pi}{2}$ $(k \in \mathbf{Z})$ ；

余割函数　　　$y = \csc x , x \neq k\pi$ $(k \in \mathbf{Z})$.

关于三角函数作如下说明：

（1）正弦函数与余弦函数都是以 2π 为周期的周期函数，正弦函数为奇函数，余弦函数为偶函数. 这两类函数的值域均为 $[-1,1]$ ，故均为有界函数（见图 1-18a，b）.

（2）正切函数与余切函数都以 π 为周期. 它们都是奇函数，其图形关于原点对称. 正切函数在区间 $\left(-\dfrac{\pi}{2} + k\pi , \dfrac{\pi}{2} + k\pi \right)$ $(k \in \mathbf{Z})$ 内严格单调递增，余切函数在区间 $(k\pi , \pi + k\pi)$ $(k \in \mathbf{Z})$ 内严格单调递减（见图 1-18c，d）.

（3）正割函数与余割函数均是以 2π 为周期的周期函数. 正割函数为偶函数，余割函数为奇函数. 由于 $\sec x = \dfrac{1}{\cos x}$ ，$\csc x = \dfrac{1}{\sin x}$ ，故对正割函数与余割函数的讨论可以分别转化为对余弦函数和正弦函数的讨论.

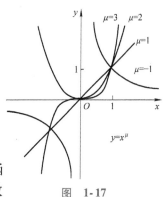

图　1-17

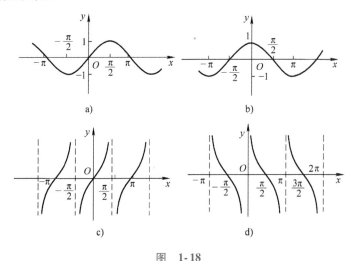

a)

b)

c)

d)

图　1-18

5. 反三角函数

由于三角函数都是周期函数，所以对于其值域的每个 y 值，与之对应的 x 值有无穷多个. 但若在各三角函数特定的严格单调区间内，对于其值域的每一个值，都有单调区间内的一个值与之一一对应，将三角函数的值域、三角函数的严格单调区间分别作为新的函数的定义域和值域，这种新的函数就称为反三角函数. 四种反三角

反三角函数

函数的具体形式如下:

反正弦函数:
$$y = \arcsin x, x \in [-1, 1], y \in \left[-\frac{\pi}{2}, \frac{\pi}{2}\right];$$

反余弦函数:
$$y = \arccos x, x \in [-1, 1], y \in [0, \pi];$$

反正切函数:
$$y = \arctan x, x \in (-\infty, +\infty), y \in \left(-\frac{\pi}{2}, \frac{\pi}{2}\right);$$

反余切函数:
$$y = \text{arccot} x, x \in (-\infty, +\infty), y \in (0, \pi).$$

它们的图形如图 1-19a ~ d 所示.

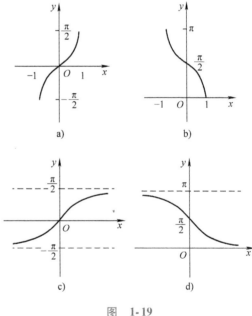

图 1-19

习题 1-2(A)

1. 求下列函数的定义域:

$(1) y = \ln \dfrac{x^2}{x-1}$;

$(2) y = \dfrac{x^2}{\sin x} + \log_2(x-4)$;

$(3) y = \arcsin(2x+1)$;

$(4) y = \arctan \dfrac{x+1}{x^2-1}$;

$(5) y = \dfrac{\arccos \frac{x-1}{2}}{\sqrt{|x|-2}}$;

$(6) y = \arcsin(x-1) + \ln(x+1)$.

2. 判断下列函数的奇偶性:

$(1) f(x) = \dfrac{x\cos x}{\sqrt{1-x^2}}$;

$(2) f(x) = x\tan x + \cos x$.

3. 在下列函数中哪些是周期函数？如果是周期函数,指出其最小
   正周期.
   （1）$y = \sin(3x + 5)$；　　　　　　（2）$y = \tan(2 + 4x)$；
   （3）$y = \sin x^2$；　　　　　　　　（4）$y = 1 + \cos 5x$.

4. 下列各题中,各组函数是否为同一个函数？为什么？
   （1）$f(x) = 1$ 与 $g(x) = 2\cos^2 x - \cos 2x$；
   （2）$f(x) = 1$ 与 $g(x) = \sec^2 x - \tan^2 x$.

5. 证明下列恒等式：
   （1）$\tan^2 x + 1 = \sec^2 x$；　　　　　（2）$\cot^2 x + 1 = \csc^2 x$.

习题 1-2（B）

1. 若函数 $f(x)$ 的定义域为 $[0,1]$,求函数 $f\left(\dfrac{x-1}{x}\right)$,$f(x+2) +$
   $f(2x+3)$ 的定义域.

2. 若 $f(x)$ 是定义在 $(-\infty, +\infty)$ 上的函数,证明：$F(x) = f(x) +$
   $f(-x)$ 是偶函数,$H(x) = f(x) - f(-x)$ 是奇函数.

3. 定义在 $(-a,a)(a>0)$ 上的任何一个函数都可以表示成一个奇
   函数和一个偶函数之和,并且表示法唯一.

第三节　反函数 复合函数

一、 反函数

如果函数 $y = f(x)$ 的定义域 D 中点与值域 R_f 中点一一对应,那
么不仅对定义域 D 中每一个点 x 都有值域 R_f 中一个点 y 与之对
应,而且对值域 R_f 中每一个点 y 都有定义域 D 中一个点 x 与之对
应. 考察 x 随 y 而定的法则. 就是函数 $y = f(x)$ 的反函数.

 反函数的概念

定义1　设函数 $y = f(x)$,$x \in D$,值域为 R_f. 若对每一个 $y \in$
R_f,必有唯一 $x \in D$,使 $f(x) = y$,则可在 R_f 上确定一个函数,称此
函数为函数 $y = f(x)$ 的反函数,记

$$x = f^{-1}(y), y \in R_f.$$

按照通常的习惯,若以 x 表示自变量,y 表示因变量,则 $y =$
$f(x)$,$x \in D$ 的反函数可改写为

$$y = f^{-1}(x), x \in R_f.$$

反函数 $y = f^{-1}(x)$ 的定义域和值域分别是原函数 $y = f(x)$ 的值
域和定义域. 因此两者互为反函数. 例如,函数 $y = x^3$ 的反函数是

$$y = \sqrt[3]{x}.$$

并不是任何一个函数都有反函数的. 例如 $y = \sin x$ 就没有反函数, 因为对值域 $(-1, 1)$ 上任一正数 y, 在其定义域 $(-\infty, +\infty)$ 内有无数个 x 值与之对应. 但如果把正弦函数自变量 x 限制在 $\left[-\dfrac{\pi}{2}, \dfrac{\pi}{2} \right]$ 上, 则正弦函数具有反函数 $y = \arcsin x$, 即 $y = \arcsin x$ $(x \in [-1, 1])$ 是函数 $y = \sin x \left(x \in \left[-\dfrac{\pi}{2}, \dfrac{\pi}{2} \right] \right)$ 的反函数.

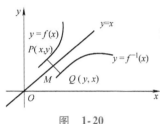

图 1-20

在同一坐标平面内, $y = f(x)$ 与 $y = f^{-1}(x)$ 的图形是关于直线 $y = x$ 对称的(见图 1-20), 因为如果 $P(x, f(x))$ 是函数 $y = f(x)$ 的图形上的任意一点, 则 $Q(f(x), x)$ 是反函数 $y = f^{-1}(x)$ 上的点; 反之也一样, 因此 $y = f(x)$ 与 $y = f^{-1}(x)$ 的图形关于直线 $y = x$ 对称.

通过函数单调性的定义容易证明 $y = f(x)$ 与 $y = f^{-1}(x)$ 的图形不仅关于直线 $y = x$ 对称, 还具有相同的单调性.

定理 1 严格单调函数必有反函数, 且反函数与原函数具有相同的单调性.

例 1 求函数 $y = \dfrac{3^x}{3^x + 2}$ 的反函数.

解 由 $y = \dfrac{3^x}{3^x + 2}$, 得

$$x = \log_3 \left(\frac{2y}{1 - y} \right),$$

所以 $y = \dfrac{3^x}{3^x + 2}$ 的反函数为 $y = \log_3 \left(\dfrac{2x}{1 - x} \right)$.

二、 复合函数

在实际问题中, 我们还经常遇到这样的情形:第一个量依赖于第二个量, 第二个量依赖于第三个量, 因此, 第一个量实际是由第三个量确定. 例如, 实心铁球的质量 m 是体积 V 的函数

$$m = \rho V,$$

其中, ρ 为实心铁球的密度. 同时, 实心铁球的体积 V 是球半径 r 的函数

$$V = \frac{4}{3} \pi r^3.$$

将 $V = \dfrac{4}{3} \pi r^3$ 代入 $m = \rho V$, 有

$$m = \frac{4 \pi \rho}{3} r^3.$$

因此, 实心铁球的质量与铁球半径的对应关系是由两个函数 $m = \rho V$ 与 $V = \dfrac{4}{3} \pi r^3$ 复合而成的. 下面给出函数复合的概念.

定义2 已知两个函数
$$y = f(u), u \in D_1,$$
$$u = \varphi(x), x \in D_2.$$
如果 $D = \{x \mid \varphi(x) \in D_1, x \in D_2\} \neq \varnothing$，则对每个 $x \in D$，通过函数 $u = \varphi(x)$ 有确定的 $u \in D_1$ 与之对应，又通过函数 $y = f(u)$ 有确定的实数 y 与 u 对应，从而得到一个以 x 为自变量，y 为因变量定义在 D 上的函数，称其为由函数 $y = f(u)$ 与 $u = \varphi(x)$ 复合而成的复合函数，记作
$$y = f[\varphi(x)], x \in D,$$
其中，$u = \varphi(x)$ 称为中间变量.

由定义2可知，当 $D \neq \varnothing$ 时，即函数 $y = f(u)$ 的定义域与函数 $u = \varphi(x)$ 的值域的交集非空时，两个函数才能复合. 例如，函数 $y = \sqrt{u}$ 与 $u = 2 + x^2$ 可以复合成函数 $y = \sqrt{2 + x^2}$；但函数 $y = \sqrt{u-3}$ 与 $u = \cos x$ 就不能进行复合，因为函数 $y = \sqrt{u-3}$ 的定义域 $[3, +\infty)$ 与函数 $u = \cos x$ 的值域 $[-1, 1]$ 不相交.

复合函数的概念

两个函数复合的过程，其实就是用内层函数表达式来代替外层函数表达式中的自变量，使之成为复合函数的表达式.

例2 设 $f(x) = \begin{cases} 2+x, & x < 0, \\ 5, & x \geqslant 0, \end{cases}$ 求 $f[f(x)]$.

解 $f[f(x)] = \begin{cases} 2+f(x), & f(x) < 0, \\ 5, & f(x) \geqslant 0. \end{cases}$

易知当 $x < -2$ 时，$f(x) = 2 + x < 0$，而 $f[f(x)] = 2 + f(x) = 2 + (2+x) = 4 + x$. 当 $x \geqslant -2$ 时，无论 $-2 \leqslant x < 0$ 或 $x \geqslant 0$. 均有 $f(x) \geqslant 0$，从而 $f[f(x)] = 5$. 所以
$$f[f(x)] = \begin{cases} 4+x, & x < -2, \\ 5, & x \geqslant -2. \end{cases}$$

复合函数可以由两个以上的函数构成. 例如，由三个函数 $y = \ln u, u = v^3, v = 2x - 1$ 复合而成的函数为
$$y = \ln(2x-1)^3.$$

反过来，也能将一个比较复杂的函数分解成几个简单函数的复合. 例如，函数 $y = \log_2 \sqrt{\sin x}$ 可以看作由以下三个函数
$$y = \log_2 u, u = \sqrt{v}, v = \sin x$$
复合而成.

三、函数的四则运算

设函数 $f(x), g(x)$ 的定义域分别为 $D_1, D_2, D = D_1 \cap D_2 \neq \varnothing$，定义这两个函数的下列运算：

函数的和（差）$f \pm g$：$(f \pm g)(x) = f(x) \pm g(x), x \in D$；

函数的积 $f \cdot g$：$(f \cdot g)(x) = f(x) \cdot g(x)$，$x \in D$；

函数的商 $\dfrac{f}{g}$：$\left(\dfrac{f}{g}\right)(x) = \dfrac{f(x)}{g(x)}$，$x \in D \setminus \{x \mid g(x) = 0\}$．

即两个函数的和、差、积、商(除式不为零)的函数值是这两个函数的函数值作相应运算的结果.

四、初等函数

初等函数

将由常数和基本初等函数经过有限次的四则运算及有限次的函数复合所形成的并且能用一个解析式表示的函数称为初等函数.

例如,函数

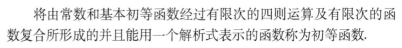
$$y = \sin x^2,\ y = \ln x^3 + e^x,\ y = 2^{\tan x} - x + \log_2(1 + 2x^2)$$

都是初等函数.

并非所有函数皆为初等函数,分段函数一般就不是初等函数. 例如,符号函数 $y = \mathrm{sgn}\,x$ 和取整函数 $y = [x]$ 都不是初等函数. 但也有分段函数能用一个解析式来表示的,如函数 $f(x) = \begin{cases} x, & x \geqslant 0, \\ -x, & x < 0 \end{cases}$ 可以写成 $f(x) = \sqrt{x^2}$,因此它是一个初等函数.

本书中主要讨论初等函数.

习题 1-3(A)

1. 求下列函数的反函数：

(1) $y = \arcsin(2x - 5)$；　　　　(2) $y = 2x + 5$；

(3) $y = \ln \dfrac{x+2}{2}$；　　　　(4) $y = \dfrac{x-2}{x+2}$；

(5) $y = \sqrt{1 + \ln x}$；　　　　(6) $y = e^{\sin 2x}$, $-\dfrac{\pi}{4} \leqslant x \leqslant \dfrac{\pi}{4}$.

2. 指出下列函数的复合过程：

(1) $y = \sqrt{1 + \ln x}$；　　　　(2) $y = e^{\sin(2x+3)}$；

(3) $y = \ln \dfrac{x+2}{2}$；　　　　(4) $y = \cos \sqrt{x^2 - 4}$；

(5) $y = \sqrt{\ln x}$；　　　　(6) $y = \arctan[\ln(2x+3)]$.

3. 已知 $f(x) = x^3 - 1$, $g(x) = \sin 2x$,求 $f(g(x))$ 和 $g(f(x))$.

习题 1-3(B)

1. 求函数 $y = \begin{cases} e^x + 1, & x < 0, \\ \sqrt{4 + x^3}, & x \geqslant 0 \end{cases}$ 的反函数.

2. 求函数 $y = \sqrt{x+2} - \sqrt{x-1}$ 的反函数.

3. 下面哪些是初等函数,哪些不是初等函数,并说明理由：

$(1) f(x) = \begin{cases} 2-x, & x \le 1, \\ x, & x > 1; \end{cases}$ $\qquad (2) f(x) = \begin{cases} 2, & x \le 1, \\ 5, & x > 1; \end{cases}$

$(3) f(x) = \sqrt{x} + \ln(1 - 2\sin x);$ $\qquad (4) f(x) = x^x (x > 0).$

4. 设 $f(x) = \dfrac{x}{\sqrt{1+x^2}}$, 求 $f_n(x) = f\{f[\cdots f(x)]\}$ (共有 n 个 f, 即进行 $n-1$ 次复合).

5. 设函数 $f(x) = \begin{cases} 1, & |x| \le 1, \\ 0, & |x| > 1, \end{cases}$ 求函数 $f[f(x)]$.

第四节 经济数学模型的建立

在经济分析中,对成本、价格、收益等经济量之间的关系研究,是人们十分关注的问题. 运用数学工具去解决实际经济问题,往往需要先明确问题中的自变量和因变量,根据问题的具体要求确定变量间关系,从而建立变量间的函数关系,并根据实际问题确定函数定义域. 下面我们将简述一下经济数学模型中涉及的经济学基本概念,然后通过几个实例来给出经济数学模型的建立过程.

在经济学中,某一商品的需求量是指在一定的价格水平,在一定的时间内消费者愿意而且有支付能力购买的商品量;某一商品的供给量是指在一定的价格条件下,在一定时期内生产者愿意生产并可供出售的商品量;总成本是生产和经营一定数量产品所需要的总投入;总收益是指出售一定数量产品所得到的全部收入;总利润是总收益减去总成本和上缴税金后的余额(为简单起见,在计算总利润时一般不计上缴税金).

例 1 某种品牌的洗衣机每台售价为 3000 元时,每月可销售 2000 台,每台售价降价 500 元时,每月可多销售 300 台. 试求该洗衣机的线性需求函数.

解 设 Q 是销售量,P 是每台售价,由题意可知 $Q = b - aP$,

当 $P = 3000$ 时,$Q = 2000$;当 $P = 2500$ 时,$Q = 2300$. 将上述条件代入 $Q = b - aP$,解得

$$b = 3800, a = 0.6.$$

所以,$Q = 3800 - 0.6P$.

经济数学模型的建立

例 2 某商场销售某种商品 10000 件,每件原价 60 元,当销售量在 6000 件以内(包含 6000 件)时,按照原价出售,超过 6000 件部分,打九折销售. 试建立总销售收入 R 与销售量 x 之间的函数关系.

解 由题意可知总销售收入仅依赖于销售量.

当 $0 \le x \le 6000$,$R = 60x$;

当 $6000 < x \le 10000$,$R = 60 \times 6000 + 60 \times 0.9 \times (x - 6000) = 54x + 36000$.

所以总销售收入和销售量的关系如下:

$$R = \begin{cases} 60x, & 0 \leqslant x \leqslant 6000, \\ 54x + 36000, & 6000 < x \leqslant 10000. \end{cases}$$

例 3 某商场将每台进价为 2000 元的冰箱以 3000 元销售时,每天销售 10 台,调研表明这种冰箱的售价每降低 50 元,每天就能多销售 4 台. 试建立每天销售利润 L 与冰箱售价 P 的关系.

解 由题意可知销售利润依赖于冰箱进价、冰箱售价和销售台数,当冰箱定价为 P 元时,此时冰箱销售台数为 $10 + \dfrac{3000 - P}{50} \times 4 = 250 - 0.08P$ 台,此时销售收入 $R = P(250 - 0.08P)$,成本函数 $C = 2000 \times (250 - 0.08P)$,因此每天销售利润与冰箱售价关系如下:

$$L = R - C = (P - 2000)(250 - 0.08P).$$

习题 1-4(A)

1. 经济学上,将市场供求平衡时的价格称为商品的均衡价格,现已知某商品需求函数 $Q_d(P)$ 和供给函数 $Q_s(P)$ 均是价格 P(单位:元)的线性函数:

$$Q_d(P) = 2000 - 15P, \quad Q_s(P) = 400 + 10P,$$

求该商品的均衡价格.

2. 经过市场调研,某商品的总收益 R 是产量 x 的二次函数,当产量 x 分别为 0,1,3 时,相应总收益 R 分别为 0,2,12,试确定总收益 R 和产量 x 的函数关系.

3. 某商店出售某种商品,售价为 3 元/kg,现在促销,规定超过 10kg 时,超过部分打 9 折,列出购物货款 P 与购物重量 W 之间的函数关系.

习题 1-4(B)

1. 现行税法对个人所得税实行阶梯式纳税:纳税起征点为 5000 元(在 5000 元以内不纳税),工资收入超过 5000 元部分需要纳税,不超过 3000 元部分适用税率 3%,超过 3000 元不超过 12000 元部分适用税率 10%,超过 12000 元不超过 25000 元部分适用税率 20%,超过 25000 元不超过 35000 元部分适用税率 25%,超过 35000 元不超过 55000 元部分适用税率 30%,超过 55000 元不超过 80000 元部分适用税率 35%,超过 80000 元部分适用税率 45%,试建立个人收入纳税额与工资收入的函数关系.

第五节 MATLAB 数学实验

MATLAB 中用来绘制函数图像的命令为 plot,其使用格式为 plot(x,y);MATLAB 中用来求解复合函数的命令为 compose,其使用格式为 compose(y,x);MATLAB 中用来求解已知函数的反函数的命令为 finverse,其使用格式为 finverse(y,x). 下面给出具体实例.

例 1　绘制下列函数图像:$y = \sin x, x \in [-7, 7]$.

【MATLAB 代码】

```
>> x = -7:0.001:7;
>> y = sin(x);
>> plot(x,y)
```

运行结果:

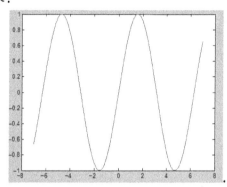

例 2　绘制下列函数图像:$y = x, y = x^2, x \in [0, 2]$

【MATLAB 代码】

```
>> x = -2:0.001:2;
>> y1 = x;y2 = x.^2;
>> plot(x,y1,'-',x,y2,':')
```

运行结果:

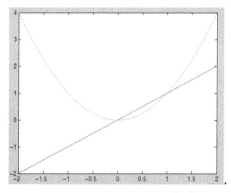

例 3　绘制下列函数图像:$y = 2^x, y = \left(\dfrac{1}{2}\right)^x, x \in [-1, 1]$.

【MATLAB 代码】

```
>> x = -1:0.001:1;
>> y1 = 2.^x;y2 = (1/2).^x;
>> plot(x,y1,'-',x,y2,':')
```

运行结果:

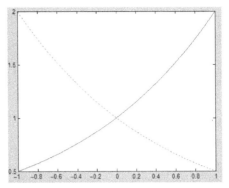

例4 绘制下列函数图像：$y = x^3 - x^2 + 1, x \in [-4, 4]$.

【MATLAB 代码】

```
>> x = -4:0.001:4;
>> y = x.^3 - x.^2 + 1;
>> plot(x,y)
```

运行结果：

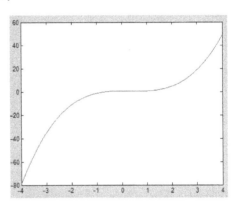

例5 绘制下列函数图像：$y = \cos x + \sin x, x \in \left[-\dfrac{3\pi}{4}, \dfrac{5\pi}{4}\right]$.

【MATLAB 代码】

```
>> x = (-3*pi/4):0.01:(5*pi/4);
>> y = cos(x) + sin(x);
>> plot(x,y)
```

运行结果：

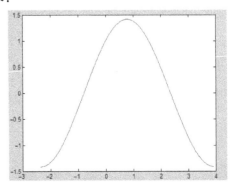

例 6 已知 $f(u) = e^u, g(x) = \sin x$,求 $f(g(x))$.

【MATLAB 代码】

```
>> syms u x;
>> f = exp(u);
>> g = sin(x);
>> compose(f,g)
```

运行结果:

```
ans =
exp(sin(x))
```

由上述结果可知: $f(g(x)) = e^{\sin x}$.

例 7 已知 $f(x) = \dfrac{2^x}{2^x + 1}$,求 $f^{-1}(x)$.

【MATLAB 代码】

```
>> syms x;
>> y = 2^x/(2^x + 1);
>> g = finverse(y,x)
```

运行结果:

```
g =
log(-x/(x - 1))/log(2)
```

由上述结果可知: $y = \dfrac{2^x}{2^x + 1}$ 的反函数为 $f^{-1}(x) = \log_2\left(\dfrac{x}{1-x}\right)$.

总习题一

1. 下列各组函数是否相同? 试说明理由:

(1) $f(x) = 1 + 2x^2 (0 \leqslant x \leqslant 2)$, $g(x) = 1 + 2x^2 (0 \leqslant x \leqslant 3)$;

(2) $f(x) = \dfrac{x^3 + x^2}{x}$, $g(x) = x^2 + x$;

(3) $f(x) = \sqrt{x^2}, h(x) = \begin{cases} x, & x \geqslant 0, \\ -x, & x < 0. \end{cases}$

2. 求下列函数的定义域:

(1) $y = \dfrac{1}{\sqrt{x^2 - 9}}$;   (2) $y = \sqrt{x^2 - 2}$;

(3) $y = \dfrac{1}{x + 1} - \sqrt{1 - x^2}$;   (4) $y = \dfrac{2x + 4}{x^2 - 3x - 4} + \arcsin x$;

(5) $y = \ln(x^2 - x - 2) - \sqrt{4 - x^2}$;

(6) $y = \arctan(x - x^2) + \arcsin(x^2 - 2x)$.

3. 设函数 $y = \begin{cases} \dfrac{1}{\sqrt{x^2 - 9}}, & |x| > 3, \\ e^{1-x}, & |x| \leqslant 3, \end{cases}$ 求 $f(-3), f(0)$ 和 $f(\pi)$.

4. 下列函数是不是周期函数？如果是,指出它的周期.

(1) $y = |\sin x| + 3$;　　　　　　　(2) $y = 3\cos^2 x + 1$;

(3) $y = x\sin x$;　　　　　　　　　(4) $y = 3\tan(2x + 1)$.

5. 求下列函数的反函数:

(1) $y = 1 + \ln(x + 1)$;　　　　　　(2) $y = \begin{cases} x - 1, & x < 0, \\ x^2 - 1, & x \geqslant 0; \end{cases}$

(3) $y = \dfrac{3^x - 1}{3^x + 1}$;　　　　　　　(4) $y = \ln\dfrac{2 - x}{2 + x}$.

6. 在下列各题中,写出所给函数的复合函数:

(1) $y = \sqrt{u}$, $u = 3^x - 1$;　　　　(2) $y = \arcsin u$, $u = \dfrac{x - 1}{2 + x}$;

(3) $y = e^u$, $u = \sin v$, $v = x^3 + x$;　(4) $y = \sin u$, $u = \sqrt{v}$, $v = e^x - 1$.

7. 下列各函数是由哪些基本初等函数复合而成的:

(1) $y = \sin\sqrt{x^2 + 4}$;　　　　　(2) $y = e^{\arctan(\sin 2x)}$;

(3) $y = \ln^3\sqrt{x}$;　　　　　　　(4) $y = e^{-2x^3}$.

8. 设 $g(x) = e^x$,证明:$g(x)g(y) = g(x + y)$.

9. 自来水公司规定居民阶梯水价如下:每户年用水不超过 220m^3 收费 3.5 元/m^3;每户年用水在 220m^3 以上,但不超过 300m^3,收费 4.9 元/m^3;每户年用水在 300m^3 以上,收费 5.8 元/m^3.试将每户年阶梯水价表示为用水量的函数.

10. 已知 $f(x)$ 为定义在 $(-2,2)$ 内的奇函数,若 $f(x)$ 在 $(-2,0)$ 内严格单调递增,证明:$f(x)$ 在 $(0,2)$ 内也严格单调递增.

11. 下列两个函数分别称为双曲正弦函数和双曲余弦函数:

$$\text{sh}x = \frac{1}{2}(e^x - e^{-x}); \qquad \text{ch}x = \frac{1}{2}(e^x + e^{-x}).$$

证明:

(1) $\text{ch}^2 x - \text{sh}^2 x = 1$;

(2) $\text{sh}(x \pm y) = \text{sh}x\text{ch}y \pm \text{ch}x\text{sh}y$;

(3) $\text{ch}(x \pm y) = \text{ch}x\text{ch}y \pm \text{sh}x\text{sh}y$;

(4) $\text{sh}2x = 2\text{sh}x\text{ch}x$;

(5) $\text{ch}2x = \text{ch}^2 x + \text{sh}^2 x$.

12. 设 $f(x) = \begin{cases} 1, & x > 1, \\ 2x^2 - x, & x \leqslant 1, \end{cases}$ $g(x) = e^x$,写出 $f[g(x)]$ 和 $g[f(x)]$ 的表达式.

第二章
极限与连续

　　尽管微积分的思想很早就在人类的生产实践中产生,但是作为一门完整的学科体系却是在极限理论完善之后才逐渐建立起来的,本章将给出数列极限与函数极限的定义、性质以及极限的计算方法,并讨论函数的连续性问题.

第一节　数列极限

一、引例

　　极限的概念是在探求很多具体问题中产生的,例如我国古代数学家刘徽(公元 3 世纪)利用圆内接正多边形来推算圆面积的方法——割圆术,就是极限思想在几何学上的应用.

　　设有一单位圆,首先作其内接正三角形,它的面积记为 S_1;再作内接正六边形,其面积记为 S_2;再作内接正十二边形,其面积记为 S_3;如此下去,每次边数加倍,把内接正 $3 \times 2^{n-1}$ 边形的面积记为 $S_n\ (n \in \mathbf{N}^+)$,现在易知 $S_n = 3 \times 2^{n-2} \sin \dfrac{\pi}{3 \times 2^{n-2}}$,这样就得到了一系列内接正多边形的面积

$$S_1, S_2, S_3, \cdots, S_n, \cdots.$$

它们构成一列有次序的数,也就是形成了一个数列.边数 n 越大,内接正多边形与圆的差别就越小,从而以 S_n 作为圆面积的近似值就越精确.但是无论 n 取值多大,只要 n 取定了,S_n 终究只是正多边形的面积,而不是圆的面积.因此,设想 n 无限增大(记为 $n \to \infty$,读作 n 趋于无穷大),即圆内接正多边形的边数无限增加,在这个过程中,内接正多边形无限接近于圆,同时 S_n 也无限接近于某一确定的数值,这个确定的数值就理解为圆的面积.这个确定的数值在数学上就称为数列 $S_1, S_2, S_3, \cdots, S_n, \cdots$ 当 $n \to \infty$ 时的极限.根据这个数列的极限精确地表达了圆的面积.

　　在上述引例中,单位圆内接正 $3 \times 2^{n-1}$ 边形的面积无限接近于单位圆的面积,实际上也就是数列 $S_n = 3 \times 2^{n-2} \sin \dfrac{\pi}{3 \times 2^{n-2}}$ 的极限为

$S = \pi$. 这种在实际问题中逐渐形成的极限方法,已成为微积分中的一种基本方法.

二、数列的有关概念

以正整数集 $\mathbf{N}^+$ 为定义域的函数 $f(n)$ 按 $f(1), f(2), \cdots,$ $f(n), \cdots$ 排列而成的一列数,称为数列,通常用 $x_1, x_2, x_3, \cdots, x_n, \cdots$ 表示,其中,$x_n = f(n)$,简写为 $\{x_n\}$,数列中的每一个数叫做数列的项,第 n 项 x_n 称为数列的通项或一般项,例如:

$$\left\{\frac{1}{n}\right\}: 1, \frac{1}{2}, \frac{1}{3}, \cdots, \frac{1}{n}, \cdots;$$

$$\left\{\frac{n+1}{n}\right\}: 2, \frac{3}{2}, \frac{4}{3}, \cdots, \frac{n+1}{n}, \cdots;$$

$$\left\{\frac{1}{n(n+1)}\right\}: \frac{1}{2}, \frac{1}{6}, \frac{1}{12}, \cdots, \frac{1}{n(n+1)}, \cdots;$$

$$\{2^n\}: 2, 4, 8, \cdots, 2^n, \cdots;$$

$$\left\{\frac{1}{2^n}\right\}: \frac{1}{2}, \frac{1}{4}, \frac{1}{8}, \cdots, \frac{1}{2^n}, \cdots;$$

$$\{(-1)^n\}: -1, 1, -1, \cdots, (-1)^n, \cdots.$$

若存在数 L 和 $M(L < M)$,对所有的 n 都满足 $L \leqslant x_n \leqslant M$,则称数列 $\{x_n\}$ 为有界数列,否则称为无界数列.

若仅存在实数 L,对一切 n 都满足 $x_n \geqslant L$,则称 $\{x_n\}$ 为下有界,L 是 $\{x_n\}$ 的一个下界. 同样,若存在实数 M,对一切 n 都满足 $x_n \leqslant M$,则称 $\{x_n\}$ 为上有界,M 是 $\{x_n\}$ 的一个上界. 显然数列 $\{x_n\}$ 是有界数列的等价条件是数列 $\{x_n\}$ 既有上界,又有下界.

在保持数列 $\{x_n\}$ 原有顺序情况下,任取其中无穷多项所构成的新数列称为数列 $\{x_n\}$ 的子数列,简称子列,子数列一般记为 $\{x_{n_k}\}$,其中 n_k 的下标 k 是子数列的项的序号(即子列的第 k 项的序号). 下面两个特殊的子列

$$x_1, x_3, x_5, \cdots, x_{2n-1}, \cdots$$

$$x_2, x_4, x_6, \cdots, x_{2n}, \cdots$$

分别称为数列 $\{x_n\}$ 的奇子列 $\{x_{2n-1}\}$ 和偶子列 $\{x_{2n}\}$.

三、数列极限的定义

通常要研究数列 $\{x_n\}$ 的变化趋势,即要讨论是否存在一个常数 a,当 n 无限增大时,x_n 能与这个常数 a 无限接近. 若回答是肯定的,则称 a 是数列 $\{x_n\}$ 当 $n \to \infty$ 时的极限. 例如通过下表的数值计算可知 1 是数列 $\left\{\frac{n+1}{n}\right\}$ 的极限.

n	5	10	20	50	100	1000	10000
$x_n = \dfrac{n+1}{n}$	1.2	1.1	1.05	1.02	1.01	1.001	1.0001

尽管通过数值可以观察到当 n 无限增大时,数列 $\left\{\dfrac{n+1}{n}\right\}$ 与 1 无限接近,但是"无限增大"与"无限接近"均为一种模糊的说法,那么能否用数学语言来度量 "无限增大"与"无限接近"呢? 众所周知,两个数的接近程度可以用两个数间的距离(两个数差的绝对值)来度量,如果两个数的距离越小,那么两个数越接近.

在本例中,数列 $\left\{\dfrac{n+1}{n}\right\}$ 与 1 无限接近可用 $\left|\dfrac{n+1}{n}-1\right|$ 小于某个正数 ε 来表示.

设 ε 是任意给定的正数(这里的 ε 可以任意小),因为对数列来说,自变量的变化方式是逐渐增大的,因此要说明在 n 逐渐增大的过程中,确实存在某一时刻(项),从此时刻(项)起,以后的所有项都能使不等式 $\left|\dfrac{n+1}{n}-1\right|<\varepsilon$ 恒成立. 也就是要找到某一项(记作第 N 项),从这一项起以后的所有项 $\dfrac{n+1}{n}$,都使 $\left|\dfrac{n+1}{n}-1\right|=\dfrac{1}{n}<\varepsilon$ 成立.

比如,如果取 $\varepsilon=0.1$,则存在 $N=10$,只要 $n>N$,就能使 $\left|\dfrac{n+1}{n}-1\right|=\dfrac{1}{n}<0.1$ 恒成立;

如果取 $\varepsilon=0.01$,要使 $\left|\dfrac{n+1}{n}-1\right|=\dfrac{1}{n}<0.01$ 恒成立,只要取 $N=100$,当 $n>N=100$ 时,就能使 $\left|\dfrac{n+1}{n}-1\right|<0.01$ 恒成立;

对任意给定的正数 ε,要使 $\left|\dfrac{n+1}{n}-1\right|<\varepsilon$ 恒成立,只需要 n 满足 $n>\dfrac{1}{\varepsilon}$ 即可. 因此用 $N=\left[\dfrac{1}{\varepsilon}\right]+1$ 作为 n 变化的"某一时刻",用 $n>N$ 来刻画"从这一时刻起",以后的各项 $\dfrac{n+1}{n}$ 都能保证 $\left|\dfrac{n+1}{n}-1\right|$ 小于任意给定的正数 ε. 因此,数列 $\left\{\dfrac{n+1}{n}\right\}$ 以 1 为极限 $\Leftrightarrow$ 任给 $\varepsilon>0$,总存在正整数 $N=\left[\dfrac{1}{\varepsilon}\right]+1$,当 $n>N$ 时, $\left|\dfrac{n+1}{n}-1\right|<\varepsilon$ 恒成立.

一般地,我们有如下定义.

定义 设数列 $\{x_n\}$,如果存在常数 a,对任意给定的 $\varepsilon>0$,总存在正整数 N,当 $n>N$ 时,$|x_n-a|<\varepsilon$ 恒成立,则称数列 $\{x_n\}$ 以 a 为极限,记为

$$\lim_{n\to\infty}x_n=a \text{ 或 } x_n\to a(n\to\infty).$$

注意到 $|x_n-a|<\varepsilon$ 等价于 $a-\varepsilon<x_n<a+\varepsilon$,因此数列 $\{x_n\}$ 以

数列极限的定义

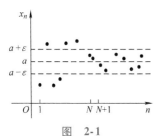

图 2-1

利用定义证明数列极限

a 为极限可以用图 2-1 直观的表示:

$\lim\limits_{n\to\infty}x_n=a \Leftrightarrow$ 对于任意给定的 $\varepsilon>0$,都存在一个正整数 N,使得第 N 项以后的所有 x_n,都进入以直线 $y=a$ 为中心、宽为 2ε 的带状区域内.

例 1 证明:数列 $\lim\limits_{n\to\infty}\dfrac{1}{n(n+1)}=0$.

分析 令 $x_n=\dfrac{1}{n(n+1)}$,即要证明,对于任给的 $\varepsilon>0$,存在正整数 N,当 $n>N$ 时恒有

$$|x_n-0|=\left|\frac{1}{n(n+1)}-0\right|<\varepsilon.$$

证 由于 $|x_n-0|=\left|\dfrac{1}{n(n+1)}-0\right|=\dfrac{1}{n(n+1)}<\dfrac{1}{n}$,因此对于任给的 $\varepsilon>0$,要使 $|x_n-0|<\varepsilon$,只需 $\dfrac{1}{n}<\varepsilon$,即 $n>\dfrac{1}{\varepsilon}$. 为此,取 $N=\left[\dfrac{1}{\varepsilon}\right]+1$,只要 $n>N$,就有

$$|x_n-0|=\left|\frac{1}{n(n+1)}-0\right|=\frac{1}{n(n+1)}<\frac{1}{n}<\varepsilon,$$

因此

$$\lim\limits_{n\to\infty}\frac{1}{n(n+1)}=0.$$

例 2 已知 $|q|<1$,证明:$\lim\limits_{n\to\infty}q^n=0$.

证 本题分 $q=0$ 和 $0<|q|<1$ 两种情况来讨论.

(1)当 $q=0$ 时,结论显然成立;

(2)当 $0<|q|<1$ 时,

由于 $|q^n-0|=|q^n|=|q|^n$,因此,对任给的 $\varepsilon>0$,要使 $|q^n-0|<\varepsilon$,只需 $|q|^n<\varepsilon$ 即可,即 $n\ln|q|<\ln\varepsilon$. 由于 $|q|<1$,故有 $\ln|q|<0$,因此要使 $|q|^n<\varepsilon$,只需 $n>\dfrac{\ln\varepsilon}{\ln|q|}$.

因此取 $N=\max\left\{\left(\dfrac{\ln\varepsilon}{\ln|q|}\right)+1,1\right\}$,当 $n>N$ 时,恒有 $|q^n-0|<\varepsilon$.

综上,当 $|q|<1$ 时,$\lim\limits_{n\to\infty}q^n=0$.

例 3 证明:如果数列 $\{x_n\}$ 收敛于 a,那么 $\lim\limits_{n\to\infty}|x_n|=|a|$.

证 由于数列 $\{x_n\}$ 收敛于 a,因此对于任意给定的 $\varepsilon>0$,存在正整数 N,当 $n>N$ 时,恒有 $|x_n-a|<\varepsilon$ 成立. 因此,对于任意给定的 $\varepsilon>0$,存在正整数 N,当 $n>N$ 时,恒有

$$\big||x_n|-|a|\big|\leqslant|x_n-a|<\varepsilon.$$

因此 $\lim\limits_{n\to\infty}|x_n|=|a|$.

四、 数列极限的性质

性质 1(唯一性) 数列 $\{x_n\}$ 收敛,那么它的极限必唯一.

分析　如果收敛数列的极限不是唯一的,假设存在两个极限值,则这两个值之间必存在一个距离,但是在 $n \to \infty$ 时,收敛的数列不可能同时趋于两个有一定距离的点. 下面用反证法给出严格的证明.

证　假设数列 $\{x_n\}$ 同时以 $a, b(a \neq b)$ 为极限. 取 $\varepsilon = \dfrac{|b-a|}{2} > 0$,由于 $\lim\limits_{n \to \infty} x_n = a$,因此,存在正整数 N_1,当 $n > N_1$ 时,恒有

$$|x_n - a| < \frac{|b-a|}{2} \qquad (2.1)$$

成立.

同样,由 $\lim\limits_{n \to \infty} x_n = b$,存在正整数 N_2,当 $n > N_2$ 时,恒有

$$|x_n - b| < \frac{|b-a|}{2} \qquad (2.2)$$

成立. 取 $N = \max\{N_1, N_2\}$,那么当 $n > N$ 时,有

$$|b - a| = |x_n - a + b - x_n| \leqslant |x_n - a| + |b - x_n|$$
$$< \frac{|b-a|}{2} + \frac{|b-a|}{2} = |b - a| \qquad (2.3)$$

式(2.3)是不可能的,所以假设该数列同时以 $a, b(a \neq b)$ 为极限是错误的,因此收敛数列的极限是唯一的.

性质 2 (有界性)　收敛数列必定有界.

证　假设数列 $\{x_n\}$ 收敛于 a,根据收敛数列的定义,取 $\varepsilon = 1$,存在正整数 N,当 $n > N$ 时,恒有

$$|x_n - a| < 1$$

成立.

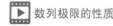

数列极限的性质

由于 $|x_n| = |(x_n - a) + a| \leqslant |x_n - a| + |a|$,因此,当 $n > N$ 时,
$$|x_n| \leqslant |x_n - a| + |a| \leqslant 1 + |a|.$$

取 $M = \max\{|x_1|, |x_2|, \cdots, |x_N|, 1 + |a|\}$,那么对任意的 n,恒有

$$|x_n| \leqslant M.$$

这就是说,收敛数列必定有界.

性质 3　若 $\lim\limits_{n \to \infty} x_n = a$,且 $a > 0 (a < 0)$,则必存在正整数 N,当 $n > N$ 时,恒有 $x_n > 0 (x_n < 0)$.

证　仅就 $a > 0$ 加以证明. 因为 $\lim\limits_{n \to \infty} x_n = a > 0$,因此,对于 $\varepsilon = \dfrac{a}{2}$,存在正整数 N,当 $n > N$ 时,有

$$|x_n - a| < \frac{a}{2},\ \text{即}\ \frac{a}{2} < x_n < \frac{3a}{2},$$

因此,存在正整数 N,当 $n > N$ 时,有 $x_n > \dfrac{a}{2} > 0$.

推论　如果 $\lim\limits_{n \to \infty} x_n = a$,并且从某项起有 $x_n \geqslant 0 (x_n \leqslant 0)$,那么 $a \geqslant 0 (a \leqslant 0)$.

下面给出数列 $\{x_n\}$ 极限存在的两个判别条件.

定理 1　数列 $\{x_n\}$ 收敛于 a 的充分必要条件是它的任何一个子数列也必收敛于 a.

定理 2　数列 $\{x_n\}$ 收敛于 a 的充分必要条件是它的奇子列和偶子列均收敛于 a.

定理 2 等价于:$\lim\limits_{n\to\infty} x_n = a \Leftrightarrow \lim\limits_{n\to\infty} x_{2n-1} = \lim\limits_{n\to\infty} x_{2n} = a.$

五、数列极限四则运算法则

数列四则运算
法则及其应用

下面研究数列极限的运算法则,并利用这些运算法则求数列的极限.

定理 3　如果 $\lim\limits_{n\to\infty} x_n = a$,$\lim\limits_{n\to\infty} y_n = b$,那么

(1) $\lim\limits_{n\to\infty}(x_n \pm y_n) = a \pm b$;

(2) $\lim\limits_{n\to\infty}(x_n y_n) = ab$;

(3) 如果 $\lim\limits_{n\to\infty} y_n = b \neq 0$,那么 $\lim\limits_{n\to\infty}\dfrac{x_n}{y_n} = \dfrac{a}{b}$.

例 4　求极限 $\lim\limits_{n\to\infty}\left(\dfrac{1}{n} + \dfrac{1}{2^n}\right)$.

解　$\lim\limits_{n\to\infty}\left(\dfrac{1}{n} + \dfrac{1}{2^n}\right) = \lim\limits_{n\to\infty}\dfrac{1}{n} + \lim\limits_{n\to\infty}\dfrac{1}{2^n} = 0 + 0 = 0.$

例 5　求极限 $\lim\limits_{n\to\infty}\left(1 - \dfrac{1}{n^2}\right)\left(2 + \dfrac{1}{n}\right)$.

解　$\lim\limits_{n\to\infty}\left(1 - \dfrac{1}{n^2}\right)\left(2 + \dfrac{1}{n}\right) = \lim\limits_{n\to\infty}\left(1 - \dfrac{1}{n^2}\right)\lim\limits_{n\to\infty}\left(2 + \dfrac{1}{n}\right)$

$= (1 - 0)(2 + 0) = 2.$

例 6　求极限 $\lim\limits_{n\to\infty}\dfrac{n^2 - 1}{2n^2 + 1}$.

解　$\lim\limits_{n\to\infty}\dfrac{n^2 - 1}{2n^2 + 1} = \lim\limits_{n\to\infty}\dfrac{1 - \dfrac{1}{n^2}}{2 + \dfrac{1}{n^2}} = \dfrac{\lim\limits_{n\to\infty}\left(1 - \dfrac{1}{n^2}\right)}{\lim\limits_{n\to\infty}\left(2 + \dfrac{1}{n^2}\right)} = \dfrac{1 - 0}{2 + 0} = \dfrac{1}{2}.$

习题 2-1(A)

1. 下列数列中,哪些数列收敛? 哪些数列发散? 对收敛数列,通过观察 $\{x_n\}$ 的变化趋势写出其极限:

(1) $x_n = \dfrac{(-1)^n}{n}$;　　　(2) $x_n = 2 + \dfrac{1}{n^2}$;

(3) $x_n = \cos\dfrac{1}{n}$;　　　(4) $x_n = \dfrac{1}{n}\sin n^2$;

(5) $x_n = \dfrac{1 + (-1)^n}{1 + n}$;　(6) $x_n = (-1)^n 2^n$.

2. 判断下列论述是否正确? 如果是对的,说明理由;如果是错的,
给出反例.

(1)如果 $\lim\limits_{n\to\infty}x_n=a$,则对于 $\varepsilon>0$,必存在正整数 N,当 $n>N$ 时,

$a-\varepsilon<x_n<a+\varepsilon$ 成立;

(2)数列 $\{x_n\}$ 有界是 $\lim\limits_{n\to\infty}x_n$ 存在的必要非充分条件;

(3)如果 $\lim\limits_{n\to\infty}x_n=a$,$\lim\limits_{n\to\infty}y_n=b$,并且 $x_n>y_n$,则有 $a>b$;

(4)如果数列 $\{x_n\}$ 收敛,数列 $\{y_n\}$ 发散,则数列 $\{x_ny_n\}$ 必发散;

(5)如果 $\lim\limits_{n\to\infty}x_n=a$,则有 $\lim\limits_{n\to\infty}|x_n|=a$,反之亦成立;

(6)极限 $\lim\limits_{n\to\infty}x_n=0$ 是极限 $\lim\limits_{n\to\infty}|x_n|=0$ 的充分必要条件.

3. 求下列极限:

$(1)\lim\limits_{n\to\infty}\left(\dfrac{1}{n^2}+\dfrac{2^n}{3^n}\right);$ $\qquad$ $(2)\lim\limits_{n\to\infty}\left(1+\dfrac{1}{\sqrt{n}}+\dfrac{1}{n^3}\right);$

$(3)\lim\limits_{n\to\infty}\left(1-\dfrac{1}{\sqrt{n}}\right)\left(3+\dfrac{5}{n}\right);$ $\qquad$ $(4)\lim\limits_{n\to\infty}\dfrac{1+2+\cdots+n}{n^2}.$

习题 2-1(B)

1. 求下列数列极限:

$(1)\lim\limits_{n\to\infty}\left[\dfrac{1}{1\cdot3}+\dfrac{1}{3\cdot5}+\dfrac{1}{5\cdot7}+\cdots+\dfrac{1}{(2n-1)(2n+1)}\right];$

$(2)\lim\limits_{n\to\infty}\left(1+\dfrac{1}{3}+\dfrac{1}{3^2}+\cdots+\dfrac{1}{3^{n-1}}\right);$

$(3)\lim\limits_{n\to\infty}(1+0.1)(1+0.1^2)(1+0.1^4)\cdots(1+0.1^{2^n}).$

2. 利用数列极限的定义证明下列极限:

$(1)\lim\limits_{n\to\infty}\dfrac{1}{\sqrt{n}}=0;$ $\qquad$ $(2)\lim\limits_{n\to\infty}\dfrac{\cos n}{n}=0;$

$(3)\lim\limits_{n\to\infty}\dfrac{n}{n+1}=1;$ $\qquad$ $(4)\lim\limits_{n\to\infty}\dfrac{\sin n}{n^2+n}=0.$

3. 若数列 $\{x_n\}$ 和 $\{y_n\}$ 满足如下条件: $\lim\limits_{n\to\infty}x_n=0$, $|y_n|<C(C>0)$,

证明: $\lim\limits_{n\to\infty}x_ny_n=0$.

4. 证明:极限 $\lim\limits_{n\to\infty}\dfrac{n!}{n^n}=0$.

5. 证明:对于数列 $\{x_n\}$,如果 $\lim\limits_{n\to\infty}x_{2n}=a$, $\lim\limits_{n\to\infty}x_{2n-1}=a$,则 $\lim\limits_{n\to\infty}x_n=a$.

第二节　函数极限

一、函数极限的定义

数列 $\{x_n\}$ 可看作自变量为 n 的函数 $x_n = f(n)$，$n \in \mathbf{N}^+$，所以数列 $\{x_n\}$ 的极限为 a，也就是指当自变量 n 取正整数且无限增大（即 $n \to \infty$）时，对应的函数值 $f(n)$ 无限接近于确定的数 a，利用数列极限可以引出函数极限的一般概念：在自变量的某个变化过程中，如果对应的函数值无限接近于某个确定的数，那么这个确定的数就叫做自变量在这一变化过程中函数的极限. 下面主要在两种情形下研究函数 $f(x)$ 的极限：

（1）自变量 x 趋于有限值 x_0（记作 $x \to x_0$）时，对应的函数值 $f(x)$ 的变化情形；

（2）自变量 x 的绝对值 $|x|$ 趋于无穷大（记作 $x \to \infty$）时，对应的函数值 $f(x)$ 的变化情形.

1. 自变量趋于有限值时函数的极限

假定函数 $f(x)$ 在点 x_0 的某个去心邻域内有定义，如果在 $x \to x_0$ 的过程中，对应的函数值 $f(x)$ 无限接近于一个确定的数值 A，那么就说 A 是函数 $f(x)$ 当 $x \to x_0$ 时的极限. 下面请看两个例子.

例 1　函数 $f(x) = 3x + 2$ 定义域为 $(-\infty, +\infty)$，我们考察 $x \to 1$ 时，这个函数的变化趋势，具体见下表：

x	0.75	0.8	0.85	0.9	0.95	0.99	1	1.01	1.05	1.1	1.15	1.2	1.25
$f(x)$	4.25	4.4	4.55	4.7	4.85	4.97	5	5.03	5.15	5.3	5.45	5.6	5.75

当 x 越接近 1 时，$f(x)$ 与 5 的差越接近于 0，也就是当 x 充分接近 1 时，$|f(x) - 5|$ 可以任意小. 因此，对于任意给定的 $\varepsilon > 0$，要使

$$|f(x) - 5| = |(3x + 2) - 5| = 3|x - 1| < \varepsilon,$$

只要取 $|x - 1| < \dfrac{\varepsilon}{3}$ 就可以，这就是说，当 x 进入 $x = 1$ 的 $\delta = \dfrac{\varepsilon}{3}$ 邻域 $\left(1 - \dfrac{\varepsilon}{3}, 1 + \dfrac{\varepsilon}{3}\right)$ 时，$|f(x) - 5| < \varepsilon$ 恒成立，这时称当 x 趋于 1 时，函数 $f(x) = 3x + 2$ 以 5 为极限.

例 2　函数 $f(x) = \dfrac{x^2 - 1}{x - 1}$ 定义域为 $(-\infty, 1) \cup (1, +\infty)$，我们考察当 $x \to 1$ 时，这个函数的变化趋势，具体见下表：

x	0.94	0.95	0.96	0.97	0.98	0.99	1.01	1.02	1.03	1.04	1.05	1.06
$f(x)$	1.94	1.95	1.96	1.97	1.98	1.99	2.01	2.02	2.03	2.04	2.05	2.06

当 x 越接近 1 时，$f(x)$ 与 2 的差越接近于 0，也就是当 x 充分接近 1 时，$|f(x) - 2|$ 可以任意小. 因此，对于任意给定的 $\varepsilon > 0$，要使

$$|f(x) - 2| = \left| \dfrac{x^2 - 1}{x - 1} - 2 \right| = |x - 1| < \varepsilon,$$

只要取 $0 < |x-1| < \varepsilon$ 就可以. 这就是说,当 x 进入 $x=1$ 的 $\delta = \varepsilon$ 去心邻域 $(1-\varepsilon,1) \cup (1,1+\varepsilon)$ 时, $|f(x)-2| < \varepsilon$ 恒成立. 这时称当 x 趋于 1 时,函数 $f(x) = \dfrac{x^2-1}{x-1}$ 以 2 为极限.

由上面的两个例子可以看出,研究当 $x \to x_0$ 函数 $f(x)$ 的极限为 A 时, ε 刻画 $f(x)$ 与常数 A 的接近程度, δ 刻画 x 与 x_0 的接近程度; ε 是任意给定的, δ 一般是随 ε 而确定的;研究 x 趋于 x_0 时 $f(x)$ 的极限问题与函数 $f(x)$ 在 $x = x_0$ 处有无定义无关.

通过以上分析,给出 $x \to x_0$ 时函数极限的定义.

定义 1 设函数 $f(x)$ 在 x_0 的某一个去心邻域内有定义. 若存在常数 A,使得对于任意的 $\varepsilon > 0$,总存在正数 δ,使得当 $0 < |x-x_0| < \delta$ 时,恒有

$$|f(x)-A| < \varepsilon$$

成立,则称当 $x \to x_0$ 时, $f(x)$ 以 A 为极限,记作

$$\lim_{x \to x_0} f(x) = A \text{ 或 } f(x) \to A(x \to x_0).$$

否则称 $x \to x_0$ 时, $f(x)$ 没有极限,习惯上表达成 $\lim\limits_{x \to x_0} f(x)$ 不存在.

函数极限的定义

函数 $f(x)$ 当 $x \to x_0$ 时的极限为 A 的几何解释:任意给定正数 ε,作平行于 x 轴的两条直线 $y = A - \varepsilon$ 和 $y = A + \varepsilon$,介于这两条直线之间是一横条区域,根据定义,对于给定的 ε,存在着点 x_0 的一个 δ 邻域 $(x_0 - \delta, x_0) \cup (x_0, x_0 + \delta)$, $f(x)$ 的图形落入以直线 $y = A$ 为中心、宽为 2ε 的横条区域里(见图 2-2).

例 3 证明: $\lim\limits_{x \to x_0} C = C$,此处 C 为常数.

证 由于 $|f(x)-C| = |C-C| = 0$,因此对于任给的 $\varepsilon > 0$,可取任意的正数 δ,使得当 $0 < |x-x_0| < \delta$ 时,不等式

$$|f(x)-C| < \varepsilon$$

恒成立. 所以 $\lim\limits_{x \to x_0} C = C$.

例 4 证明: $\lim\limits_{x \to 1}(2x+4) = 6$.

分析 即要证明,对于任给的 $\varepsilon > 0$,找到正数 δ,当 $0 < |x-1| < \delta$ 时,恒有

$$|f(x)-A| = |(2x+4)-6| = 2|x-1| < \varepsilon.$$

证 由于

$$|f(x)-A| = |(2x+4)-6| = 2|x-1|,$$

因此,对于任给的 $\varepsilon > 0$,要使 $|f(x)-A| < \varepsilon$,只要 $2|x-1| < \varepsilon$ 即可.

为此,对于任给的 $\varepsilon > 0$,取 $\delta = \dfrac{\varepsilon}{2}$,当 $0 < |x-1| < \delta$ 时,就有

$$|f(x)-A| = |(2x+4)-6| = 2|x-1| < 2\delta = \varepsilon$$

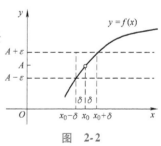

图 2-2

恒成立. 因此 $\lim\limits_{x\to 1}(2x+4)=6$.

例 5 设 x_0 是一个任意实数,证明: $\lim\limits_{x\to x_0}x=x_0$.

证 由于

$$|f(x)-A|=|x-x_0|,$$

因此,任给 $\varepsilon>0$,取正数 $\delta=\varepsilon$,则当 $|x-x_0|<\delta$ 时,恒有

$$|f(x)-A|=|x-x_0|<\delta=\varepsilon$$

成立. 这就证明了 $\lim\limits_{x\to x_0}x=x_0$.

例 6 设 x_0 是一个任意实数,证明: $\lim\limits_{x\to x_0}\sin x=\sin x_0$.

利用定义证明函数极限

证 由于 $|a|<\dfrac{\pi}{2}$ 时,不等式 $|\sin a|\leqslant|a|$ 成立(详细证明见本章第三节),所以

$$\left|\sin x-\sin x_0\right|=\left|2\cos\frac{x+x_0}{2}\sin\frac{x-x_0}{2}\right|\leqslant 2\left|\sin\frac{x-x_0}{2}\right|\leqslant|x-x_0|,$$

因此,任给 $\varepsilon>0$,取正数 $\delta=\varepsilon$,则当 $|x-x_0|<\delta$ 时,恒有

$$|\sin x-\sin x_0|\leqslant|x-x_0|<\delta=\varepsilon$$

成立. 这就证明了 $\lim\limits_{x\to x_0}\sin x=\sin x_0$.

注 本题在化简时运用了下面三角函数和差化积公式中的第二个,三角函数和差化积公式如下:

$$\sin x+\sin y=2\sin\frac{x+y}{2}\cos\frac{x-y}{2},\ \sin x-\sin y=2\cos\frac{x+y}{2}\sin\frac{x-y}{2}$$

$$\cos x+\cos y=2\cos\frac{x+y}{2}\cos\frac{x-y}{2},\ \cos x-\cos y=-2\sin\frac{x+y}{2}\sin\frac{x-y}{2}.$$

利用上述三角函数和差化积公式中第四个,不难得到 $\lim\limits_{x\to x_0}\cos x=\cos x_0$,证明过程留给读者.

函数 $f(x)$ 的极限概念同时考虑了从 x_0 的左侧和 x_0 的右侧趋近于 x_0 时函数 $f(x)$ 的变化趋势,但有时只要考虑 x 从某一侧趋近 x_0 时函数 $f(x)$ 的变化趋势即可. 这就产生了单侧极限的概念.

定义 2 设函数 $f(x)$ 在 x_0 的右邻域有定义,若存在一个常数 A,使得对于任意的 $\varepsilon>0$,总存在 $\delta>0$,当 $0<x-x_0<\delta$ 时,恒有

$$|f(x)-A|<\varepsilon$$

成立,则称 A 为当 $x\to x_0$ 时 $f(x)$ 的右极限,记作

$$\lim\limits_{x\to x_0^+}f(x)=A\ \text{或}\ f(x_0^+)=A.$$

类似地,可给出当 $x\to x_0$ 时 $f(x)$ 左极限的定义. $f(x)$ 在 $x\to x_0$ 时的左极限记作

$$\lim\limits_{x\to x_0^-}f(x)=A\ \text{或}\ f(x_0^-)=A.$$

函数在某点处左极限与右极限统称为函数在该点处的单侧极限.

由 $f(x)$ 的极限、右极限与左极限的定义,可得如下结论:

$$\lim_{x \to x_0} f(x) = A \Leftrightarrow \lim_{x \to x_0^+} f(x) = \lim_{x \to x_0^-} f(x) = A.$$

例 7　证明函数

$$f(x) = \begin{cases} x^2, & x \leq 0, \\ x, & x > 0 \end{cases}$$

当 $x \to 0$ 时,极限存在.

证　因为

$$f(0^+) = \lim_{x \to 0^+} f(x) = \lim_{x \to 0^+} x = 0,$$
$$f(0^-) = \lim_{x \to 0^-} f(x) = \lim_{x \to 0^-} x^2 = 0,$$

所以 $f(0^+) = f(0^-) = 0$,进而 $\lim_{x \to 0} f(x) = 0$.

例 8　证明函数

$$f(x) = \begin{cases} 1, & x > 0, \\ 0, & x = 0, \\ -1, & x < 0 \end{cases}$$

当 $x \to 0$ 时,极限不存在.

证　因为

$$f(0^+) = \lim_{x \to 0^+} f(x) = \lim_{x \to 0^+} 1 = 1,$$
$$f(0^-) = \lim_{x \to 0^-} f(x) = \lim_{x \to 0^-} (-1) = -1,$$

所以 $f(0^+) \neq f(0^-)$,进而 $\lim_{x \to 0} f(x)$ 不存在.

2. 自变量趋于无穷大时函数的极限

接下来考虑当自变量 $x \to \infty$ 时,函数 $f(x)$ 的极限.

定义 3　设函数 $f(x)$ 当 $|x|$ 大于某正数时有定义. 如果存在常数 A,对于任意给定的正数 ε,总存在正数 X,使得当 $|x| > X$ 时,恒有 $|f(x) - A| < \varepsilon$ 成立,则称函数 $f(x)$ 在 $x \to \infty$ 时以 A 为极限,记作

$$\lim_{x \to \infty} f(x) = A \text{ 或 } f(x) \to A(x \to \infty).$$

从几何上来说,$\lim_{x \to \infty} f(x) = A$ 的意义是:作直线 $y = A - \varepsilon$ 和 $y = A + \varepsilon$,则总有一个正数 X 存在,使得当 $x > X$ 或 $x < -X$ 时,函数 $y = f(x)$ 的图形位于这两条直线之间(见图 2-3). 此时,直线 $y = A$ 是函数 $y = f(x)$ 的图形的水平渐近线.

类似地,可定义当 $x \to -\infty$ 时函数 $f(x)$ 的极限,用数学语言表达如下:

$$\lim_{x \to -\infty} f(x) = A \Leftrightarrow \forall \varepsilon > 0, \exists X > 0, \text{对任意的 } x < -X, \text{恒有 } |f(x) - A| < \varepsilon.$$

同样,可定义当 $x \to +\infty$ 时函数 $f(x)$ 的极限,用数学语言表达

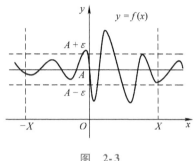

图 2-3

如下:

$$\lim_{x \to +\infty} f(x) = A \Leftrightarrow \forall \varepsilon > 0, \exists X > 0, 对任意的 x > X, 恒有 |f(x) - A| < \varepsilon.$$

由上述定义可得如下结论:

$$\lim_{x \to \infty} f(x) = A \Leftrightarrow \lim_{x \to +\infty} f(x) = \lim_{x \to -\infty} f(x) = A.$$

二、极限的性质

由于函数极限具有多种情况,这里仅给出 $x \to x_0$ 情形下的定理证明,当自变量以其他方式变化时的证明过程类似.

性质 1（唯一性） 如果 $\lim\limits_{x \to x_0} f(x)$ 存在,那么极限是唯一的.

证 假设函数 $f(x)$ 当 $x \to x_0$ 时以 $A, B(A \neq B)$ 为极限. 取 $\varepsilon = \dfrac{|B - A|}{2} > 0$, 由于 $\lim\limits_{x \to x_0} f(x) = A$, 因此存在正数 δ_1, 使得当 $0 < |x - x_0| < \delta_1$ 时, 恒有

$$|f(x) - A| < \frac{|B - A|}{2}$$

函数极限的性质

成立.

同样, 由 $\lim\limits_{x \to x_0} f(x) = B$ 可知: 存在正数 δ_2, 使得当 $0 < |x - x_0| < \delta_2$ 时, 恒有

$$|f(x) - B| < \frac{|B - A|}{2}$$

成立. 取 $\delta = \min\{\delta_1, \delta_2\}$, 使得当 $0 < |x - x_0| < \delta$ 时, 有

$$|B - A| = |f(x) - A + B - f(x)| \leqslant |f(x) - A| + |B - f(x)|$$

$$< \frac{|B - A|}{2} + \frac{|B - A|}{2} = |B - A|.$$

上式是不可能的, 因此假设函数 $f(x)$ 当 $x \to x_0$ 时以 $A, B(A \neq B)$ 为极限是错误的. 因此函数极限是唯一的.

性质 2（局部有界性） 如果 $\lim\limits_{x \to x_0} f(x)$ 存在, 那么存在常数 $M > 0$ 和 $\delta > 0$, 使得当 $0 < |x - x_0| < \delta$ 时, 恒有

$$|f(x)| \leqslant M.$$

证 设有 $\lim\limits_{x \to x_0} f(x)$ 存在, 且收敛于 A, 根据函数极限的定义, 对于 $\varepsilon = 1$,

存在正数 δ，使得当 $0 < |x - x_0| < \delta$ 时，恒有
$$|f(x) - A| < 1$$
成立. 取 $M = 1 + |A|$，因此，当 $0 < |x - x_0| < \delta$ 时，
$$|f(x)| = |(f(x) - A) + A| \leqslant |f(x) - A| + |A| < 1 + |A| = M.$$
这就是说，该收敛数列是有界的.

性质 3（保号性） 如果 $\lim\limits_{x \to x_0} f(x) = A$，并且 $A > 0 (A < 0)$，那么存在常数 $\delta > 0$，使得当 $0 < |x - x_0| < \delta$ 时，有 $f(x) > 0 (f(x) < 0)$.

证 对两种情况进行证明.

（1）$\lim\limits_{x \to x_0} f(x) = A > 0$，因此对于 $\varepsilon = \dfrac{A}{2}$，存在正数 δ，使得当 $0 < |x - x_0| < \delta$ 时，恒有
$$|f(x) - A| < \frac{A}{2}, \text{即} \frac{A}{2} < f(x) < \frac{3A}{2}.$$

因此，存在正数 δ，使得当 $0 < |x - x_0| < \delta$ 时，恒有 $f(x) > \dfrac{A}{2} > 0$.

（2）$\lim\limits_{x \to x_0} f(x) = A < 0$，因此对于 $\varepsilon = \dfrac{-A}{2}$，存在正数 δ，使得当 $0 < |x - x_0| < \delta$ 时，恒有
$$|f(x) - A| < \frac{-A}{2}, \text{即} \frac{3A}{2} < f(x) < \frac{A}{2}.$$

因此，存在正数 δ，使得当 $0 < |x - x_0| < \delta$ 时，恒有 $f(x) < \dfrac{A}{2} < 0$.

推论 1 如果 $\lim\limits_{x \to x_0} f(x) = A$，并且 $A \neq 0$，那么存在常数 $\delta > 0$，使得当 $0 < |x - x_0| < \delta$ 时，有 $|f(x)| > \dfrac{|A|}{2}$.

推论 2 如果 $\lim\limits_{x \to x_0} f(x) = A$，并且在 x_0 的某个去心邻域内有 $f(x) \geqslant 0 (f(x) \leqslant 0)$，那么 $A \geqslant 0 (A \leqslant 0)$.

三、函数极限的四则运算法则

下面研究函数极限的四则运算法则，并利用这些运算法则计算函数的极限.

定理 如果 $\lim\limits_{x \to x_0} f(x) = A$，$\lim\limits_{x \to x_0} g(x) = B$，那么

（1）$\lim\limits_{x \to x_0} [f(x) \pm g(x)] = A \pm B$；

（2）$\lim\limits_{x \to x_0} [f(x) g(x)] = AB$；

（3）若 $\lim\limits_{x \to x_0} g(x) = B \neq 0$，则 $\lim\limits_{x \to x_0} \dfrac{f(x)}{g(x)} = \dfrac{A}{B}$.

与数列极限四则运算法则的证明过程相似，不再赘述，并且当 $x \to \infty$ 时，函数极限的四则运算法则亦成立.

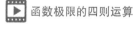

函数极限的四则运算法则及其应用

例 9　求极限 $\lim\limits_{x \to x_0} x^n$.

解　$\lim\limits_{x \to x_0} x^n = \lim\limits_{x \to x_0} x \cdot \lim\limits_{x \to x_0} x \cdots \lim\limits_{x \to x_0} x = x_0 x_0 \cdots x_0 = x_0^n$.

例 10　求极限 $\lim\limits_{x \to 1}(3x^3 + 3x - 5)$.

解　$\lim\limits_{x \to 1}(3x^3 + 3x - 5) = 3\lim\limits_{x \to 1} x^3 + 3\lim\limits_{x \to 1} x - 5 = 3 \times 1 + 3 \times 1 - 5 = 1$.

例 11　求极限 $\lim\limits_{x \to 1}\dfrac{x^2 - 1}{x^3 - 1}$.

解　$\lim\limits_{x \to 1}\dfrac{x^2 - 1}{x^3 - 1} = \lim\limits_{x \to 1}\dfrac{(x-1)(x+1)}{(x-1)(x^2+x+1)}$

$$= \lim\limits_{x \to 1}\dfrac{x+1}{x^2+x+1} = \dfrac{\lim\limits_{x \to 1}(x+1)}{\lim\limits_{x \to 1}(x^2+x+1)} = \dfrac{2}{3}.$$

习题 2-2(A)

1. 下列函数极限中,哪些函数极限是存在的? 如果函数极限存在, 请给出极限值,如果函数极限不存在,请简述理由.

(1) $\lim\limits_{x \to 1} 3^x$;

(2) $\lim\limits_{x \to -1}\dfrac{x^2 - 1}{x + 1}$;

(3) $\lim\limits_{x \to +\infty} \operatorname{arccot} x$;

(4) $\lim\limits_{x \to 0}\dfrac{|x|}{x}$;

(5) $\lim\limits_{x \to -\infty} e^x$;

(6) $\lim\limits_{x \to 0} \tan x$.

2. 判断下列论述是否正确? 并说明理由:

(1) 在函数极限的"$\varepsilon - \delta$"定义中,要求 $0 < |x - x_0| < \delta$,因此这说明函数在 x_0 点极限存在与函数在 x_0 点是否有定义没有关系;

(2) 函数在 x_0 处极限存在与函数在 x_0 处的左右极限都存在等价;

(3) 如果 $\lim\limits_{x \to x_0} f(x) = A > 0$,那么必存在 x_0 的一个邻域,在该邻域内 $f(x) > 0$.

3. 根据分段函数 $f(x) = \begin{cases} x - 1, & x < 0, \\ 0.5, & x = 0, \\ x + 2, & x > 0 \end{cases}$ 的图形写出下列各题的

结果:

(1) $\lim\limits_{x \to 2} f(x)$;　　　　(2) $\lim\limits_{x \to -2} f(x)$;　　　　(3) $\lim\limits_{x \to 0^-} f(x)$;

(4) $\lim\limits_{x \to 0^+} f(x)$;　　　　(5) $\lim\limits_{x \to 0} f(x)$.

4. 设函数 $f(x) = \dfrac{\sqrt{x^2}}{x}$,试回答如下问题:

(1) 函数 $f(x)$ 在 $x = 0$ 处左、右极限是否存在? 函数 $f(x)$ 在 $x = 0$ 处极限是否存在?

(2) 函数 $f(x)$ 在 $x = -1$ 处极限是否存在?

5. 设函数 $f(x) = \begin{cases} e^x - 1, & x \leqslant 0, \\ x + a, & x > 0, \end{cases}$ 求 a 的值,使得 $\lim\limits_{x \to 0} f(x)$ 存在.

6. 设函数 $f(x) = \begin{cases} \sin x + 1, & x < 0, \\ 0, & x = 0, \\ b\cos x, & x > 0, \end{cases}$ 求 b 的值,使得 $\lim\limits_{x \to 0} f(x)$ 存在.

7. 求下列数列极限:

(1) $\lim\limits_{h \to 0} \dfrac{(x+h)^2 - x^2}{h}$;

(2) $\lim\limits_{x \to \infty} \left(6 + \dfrac{1}{x^2} \right)$;

(3) $\lim\limits_{x \to 1} (x^2 + 1)$;

(4) $\lim\limits_{x \to 0} (\cos x - \sin x)$;

(5) $\lim\limits_{x \to 1} \dfrac{x^2 - 2}{x}$;

(6) $\lim\limits_{x \to 1} \dfrac{x^2 + x - 2}{x^2 - 3x + 2}$.

习题 2-2(B)

1. 用极限定义证明下列极限:

(1) $\lim\limits_{x \to 2} (2x + 3) = 7$;

(2) $\lim\limits_{x \to \infty} \dfrac{x}{2x + 1} = \dfrac{1}{2}$.

2. 求下列数列极限:

(1) $\lim\limits_{x \to 1} \dfrac{x^n - 1}{x^m - 1}$ (m, n 是正整数);

(2) $\lim\limits_{x \to 1} \dfrac{x + x^2 + x^3 - 3}{x - 1}$;

(3) $\lim\limits_{x \to -\infty} \left(1 + \sin \dfrac{1}{x} \right)(1 + e^x)$;

(4) $\lim\limits_{x \to 1} \dfrac{\sqrt[3]{x} - 1}{\sqrt{x} - 1}$.

3. 证明:如果 $\lim\limits_{x \to x_0^-} f(x) = \lim\limits_{x \to x_0^+} f(x) = A$,那么 $\lim\limits_{x \to x_0} f(x) = A$.

第三节 极限存在准则 两个重要极限

本节将给出两个判定极限存在的准则,并且利用这两个准则讨论两个重要的极限.

一、夹逼准则

准则 1(函数极限的夹逼准则) 如果函数 $g(x), f(x), h(x)$ 满足

(1) 当 $x \in \mathring{U}(x, r)$(或 $|x| > M$)时,$g(x) \leqslant f(x) \leqslant h(x)$,

(2) $\lim\limits_{\substack{x \to x_0 \\ (x \to \infty)}} g(x) = A$,$\lim\limits_{\substack{x \to x_0 \\ (x \to \infty)}} h(x) = A$,

则有

$$\lim_{\substack{x \to x_0 \\ (x \to \infty)}} f(x) = A.$$

证 只对 $x \to x_0$ 时的情况给出证明.

夹逼准则

由于 $\lim\limits_{x\to x_0}g(x)=A$,因此,对 $\forall\varepsilon>0$,$\exists\delta_1>0$,当 $0<|x-x_0|<\delta_1$

时,有
$$|g(x)-A|<\varepsilon.$$

由于 $\lim\limits_{x\to x_0}h(x)=A$,因此,对 $\forall\varepsilon>0$,$\exists\delta_2>0$,当 $0<|x-x_0|<\delta_2$

时,有
$$|h(x)-A|<\varepsilon.$$

因此,$\forall\varepsilon>0$,取 $\delta=\min(\delta_1,\delta_2)>0$,当 $0<|x-x_0|<\delta$ 时,有
$$A-\varepsilon<g(x)<A+\varepsilon,A-\varepsilon<h(x)<A+\varepsilon.$$

由 $g(x)\leqslant f(x)\leqslant h(x)$,有
$$A-\varepsilon<g(x)\leqslant f(x)\leqslant h(x)<A+\varepsilon.$$

因此,对 $\forall\varepsilon>0$,$\exists\delta>0$,当 $0<|x-x_0|<\delta$ 时,有
$$|f(x)-A|<\varepsilon.$$

因此,$\lim\limits_{x\to x_0}f(x)=A.$

由于数列是函数取正整数值得到的,因此上述结论对于数列极限亦成立.

准则 1′(数列极限的夹逼准则)   如果数列 $\{a_n\}$,$\{b_n\}$,$\{c_n\}$
满足

(1)$b_n\leqslant a_n\leqslant c_n$,

(2)$\lim\limits_{n\to\infty}b_n=A$,$\lim\limits_{n\to\infty}c_n=A$,

则有
$$\lim\limits_{n\to\infty}a_n=A.$$

在数列极限的夹逼准则中,第一个条件可以放松到条件(1)′:

(1)′如果存在 N,当 $n\geqslant N$ 时,有 $b_n\leqslant a_n\leqslant c_n$,

结论亦成立.

作为准则 1 的应用,下面证明**第一个重要极限**:
$$\lim\limits_{x\to0}\frac{\sin x}{x}=1.$$

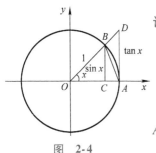

▶ 第一个重要极限

证 $\dfrac{\sin x}{x}$ 的定义域为全体非零实数.

首先,证明 $\lim\limits_{x\to0^+}\dfrac{\sin x}{x}=1$.

如图 2-4 所示的单位圆中,设圆心角 $\angle AOB=x\left(0<x<\dfrac{\pi}{2}\right)$,点

图 2-4

A 处圆的切线与 OB 的延长线相交于 D,又 $BC\perp OA$,则
$$CB=\sin x,\overset{\frown}{AB}=x,AD=\tan x.$$

因为 $\triangle AOB$ 的面积 $<$ 扇形 AOB 的面积 $<\triangle AOD$ 的面积,
所以

$$\frac{1}{2}\sin x < \frac{1}{2}x < \frac{1}{2}\tan x,$$

即有

$$\sin x < x < \tan x.$$

于是

$$\cos x < \frac{\sin x}{x} < 1.$$

又因为

$$\lim_{x \to 0^+} \cos x = \cos 0 = 1,$$

所以,由函数极限夹逼准则,有

$$\lim_{x \to 0^+} \frac{\sin x}{x} = 1.$$

其次,利用变量代换证明 $\lim\limits_{x \to 0^-} \dfrac{\sin x}{x} = 1$.

由于

$$\lim_{x \to 0^-} \frac{\sin x}{x} = \lim_{x \to 0^-} \frac{\sin(-x)}{-x} = \lim_{u \to 0^+} \frac{\sin u}{u} = 1,$$

故

$$\lim_{x \to 0^+} \frac{\sin x}{x} = \lim_{x \to 0^-} \frac{\sin x}{x} = 1.$$

最后,由函数极限存在的判定条件可知

$$\lim_{x \to 0} \frac{\sin x}{x} = 1.$$

注　极限中变量代换并不会改变极限的值,具体可见本章第五节定理 2.

一般的,第一个重要极限具有以下一般形式

$$\lim_{u(x) \to 0} \frac{\sin(u(x))}{u(x)} = 1$$

例 1　求 $\lim\limits_{x \to 0} \dfrac{\arcsin x}{x}$.

解　令 $\arcsin x = t$,则有 $x = \sin t$,并且当 $x \to 0$ 时,$t \to 0$,于是

$$\lim_{x \to 0} \frac{\arcsin x}{x} = \lim_{t \to 0} \frac{t}{\sin t} = 1.$$

例 2　求 $\lim\limits_{x \to 0} \dfrac{\tan x}{x}$.

解　$\lim\limits_{x \to 0} \dfrac{\tan x}{x} = \lim\limits_{x \to 0} \left(\dfrac{\sin x}{\cos x} \cdot \dfrac{1}{x} \right) = \lim\limits_{x \to 0} \dfrac{\sin x}{x} \cdot \lim\limits_{x \to 0} \dfrac{1}{\cos x} = 1 \times 1 = 1.$

例 3　求 $\lim\limits_{x \to 0} \dfrac{1 - \cos x}{x^2}$.

解　$\lim\limits_{x \to 0} \dfrac{1 - \cos x}{x^2} = \lim\limits_{x \to 0} \dfrac{2\sin^2 \dfrac{x}{2}}{x^2} = \dfrac{1}{2} \lim\limits_{x \to 0} \dfrac{\sin^2 \dfrac{x}{2}}{\left(\dfrac{x}{2} \right)^2}$

$$= \frac{1}{2} \lim_{x \to 0} \left(\frac{\sin \frac{x}{2}}{\frac{x}{2}} \right)^2 = \frac{1}{2} \cdot 1^2 = \frac{1}{2}.$$

例 4 证明: $\lim_{n \to \infty} n \left(\frac{1}{1+n^2} + \frac{1}{2+n^2} + \cdots + \frac{1}{n+n^2} \right) = 1.$

证 记

$$a_n = n \left(\frac{1}{1+n^2} + \frac{1}{2+n^2} + \cdots + \frac{1}{n+n^2} \right),$$

对 a_n 进行放缩变换,有

$$a_n < n \left(\frac{1}{1+n^2} + \frac{1}{1+n^2} + \cdots + \frac{1}{1+n^2} \right) = \frac{n^2}{1+n^2},$$

$$a_n > n \left(\frac{1}{n+n^2} + \frac{1}{n+n^2} + \cdots + \frac{1}{n+n^2} \right) = \frac{n^2}{n+n^2},$$

记 $b_n = \frac{n^2}{n+n^2}, c_n = \frac{n^2}{1+n^2},$ 则有 $b_n < a_n < c_n,$

并且

$$\lim_{n \to \infty} b_n = \lim_{n \to \infty} \frac{n^2}{n+n^2} = 1, \lim_{n \to \infty} c_n = \lim_{n \to \infty} \frac{n^2}{1+n^2} = 1.$$

因此,由数列极限的夹逼准则定理可得 $\lim_{n \to \infty} a_n = 1,$ 即

$$\lim_{n \to \infty} n \left(\frac{1}{1+n^2} + \frac{1}{2+n^2} + \cdots + \frac{1}{n+n^2} \right) = 1.$$

二、 单调有界收敛准则

数列 $\{x_n\}$ 若满足 $x_1 \leqslant x_2 \leqslant x_3 \leqslant \cdots \leqslant x_n \leqslant x_{n+1} \leqslant \cdots,$ 称数列 $\{x_n\}$ 为单调递增数列;若数列满足 $x_1 \geqslant x_2 \geqslant x_3 \geqslant \cdots \geqslant x_n \geqslant x_{n+1} \geqslant \cdots,$ 称数列 $\{x_n\}$ 为单调递减数列. 单调递增数列与单调递减数列统称单调数列. 从第一节可知:收敛数列一定有界,有界数列不一定收敛,但如果单调数列有界,那么这个数列一定收敛.

准则 2(单调收敛准则) 单调有界数列必有极限.

由于单调递增数列 $\{x_n\}$ 具有一个下界 $x_1,$ 单调递减数列 $\{x_n\}$ 具有一个上界 $x_1,$ 因此单调收敛准则包含以下两种情形:

(1)单调递增有上界的数列必存在极限;

(2)单调递减有下界的数列必存在极限.

这里不证明这一准则,仅给出几何解释.

如果数列 $\{x_n\}$ 是单调递增的,那么随着项数 n 无限增大,它只能有两种情形出现:x_n 沿数轴移向正无穷远处($x_n \to +\infty$),或者无限趋近于一个定点 $A(x_n \to A)$. 但由于数列 $\{x_n\}$ 是有界的,因此它不可能趋于正无穷大,只能无限趋近一个常数,即它有极限(见图 2-5).

如果数列 $\{x_n\}$ 是单调递减的,那么随着项数 n 无限增大,它只能有两种情形出现:x_n 沿数轴移向负无穷远处($x_n \to -\infty$);或者无

单调收敛准则

限趋近于一个定点 $A(x_n \to A)$. 但由于数列 $\{x_n\}$ 是有界的,因此它不可能趋于负无穷大,只能无限趋近一个常数,即它有极限(见图 2-6).

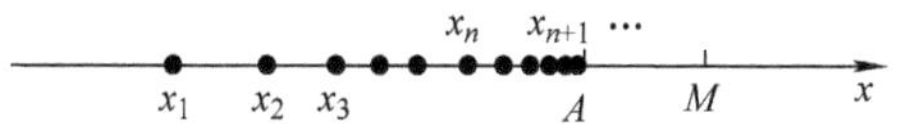

图 2-5

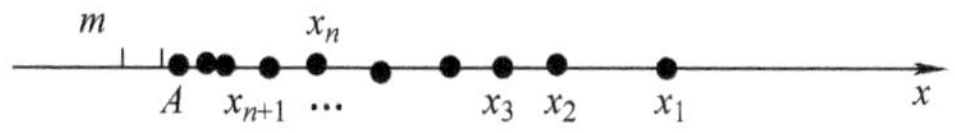

图 2-6

接下来,利用单调有界收敛准则来证明**第二个重要极限**:

$$\lim_{n \to \infty}\left(1 + \frac{1}{n}\right)^n.$$

证 设 $x_n = \left(1 + \frac{1}{n}\right)^n$,根据准则 2,接下来需要证明数列 $\{x_n\}$ 单调递增有上界.

第二个重要极限

首先,利用均值不等式证明数列 $\{x_n\}$ 单调递增:

$$x_n = \left(1 + \frac{1}{n}\right)^n = \left(1 + \frac{1}{n}\right)\cdots\left(1 + \frac{1}{n}\right)\cdot 1 < \left[\frac{\left(1 + \frac{1}{n}\right) + \cdots + \left(1 + \frac{1}{n}\right) + 1}{n + 1}\right]^{n+1}$$

$$= \left(1 + \frac{1}{n+1}\right)^{n+1} = x_{n+1}$$

因此有 $x_{n+1} > x_n$,即数列是单调递增的.

其次,证明 $\{x_n\}$ 有界. 由于 $\{x_n\}$ 为单调递增数列,因此只需证明其有上界.

根据二项式展开定理有

$$x_n = \left(1 + \frac{1}{n}\right)^n$$

$$= 1 + \frac{n}{1!}\cdot\frac{1}{n} + \frac{n(n-1)}{2!}\cdot\frac{1}{n^2} + \frac{n(n-1)(n-2)}{3!}\cdot\frac{1}{n^3} + \cdots + \frac{n(n-1)\cdots[n-(n-1)]}{n!}\cdot\frac{1}{n^n}$$

$$= 1 + 1 + \frac{1}{2!}\left(1 - \frac{1}{n}\right) + \frac{1}{3!}\left(1 - \frac{1}{n}\right)\left(1 - \frac{2}{n}\right) + \cdots + \frac{1}{n!}\left(1 - \frac{1}{n}\right)\left(1 - \frac{2}{n}\right)\cdots\left(1 - \frac{n-1}{n}\right)$$

$$\leq 1 + 1 + \frac{1}{2!} + \cdots + \frac{1}{n!} < 1 + 1 + \frac{1}{2} + \frac{1}{2^2} + \cdots + \frac{1}{2^{n-1}}$$

$$= 1 + \frac{1 - \frac{1}{2^n}}{1 - \frac{1}{2}} = 3 - \frac{1}{2^{n-1}} < 3.$$

故该数列 $\{x_n\}$ 是有上界的.

根据单调有界收敛准则可知,数列 $\lim_{n \to \infty}\left(1 + \frac{1}{n}\right)^n$ 极限存在,用 e

来表示此极限,即

$$\lim_{n \to \infty} \left(1 + \frac{1}{n} \right)^n = e.$$

可以证明,当 x 取实数而趋于 ∞ 时,函数 $y = \left(1 + \frac{1}{x} \right)^x$ 的极限都存在而且也都等于 e. 即有

$$\lim_{x \to \infty} \left(1 + \frac{1}{x} \right)^x = e.$$

这个 e 是无理数,它的值是 $e = 2.718281828459045\cdots$.

一般的,第二个重要极限的一般形式为

$$\lim_{v(x) \to \infty} \left(1 + \frac{1}{v(x)} \right)^{v(x)} = e \text{ 或 } \lim_{u(x) \to 0} (1 + u(x))^{\frac{1}{u(x)}} = e.$$

在利用第二个重要极限来计算函数极限时,常会遇到形如 $[f(x)]^{g(x)}$(称为幂指函数)的极限,这里不加证明的给出如下结论:如果 $\lim_{x \to x_0} f(x) = A > 0, \lim_{x \to x_0} g(x) = B$,则

$$\lim_{x \to x_0} [f(x)]^{g(x)} = A^B.$$

例 5 求 $\lim_{x \to 1} x^{\frac{1}{x-1}}$.

解 当 $x \to 1$ 时,$x - 1 \to 0$,于是

$$\lim_{x \to 1} x^{\frac{1}{x-1}} = \lim_{x \to 1} \left[1 + (x - 1) \right]^{\frac{1}{x-1}} = e.$$

例 6 求 $\lim_{x \to \infty} \left(1 + \frac{1}{x} \right)^{3x+5}$.

解 因为

$$\lim_{x \to \infty} \left(1 + \frac{1}{x} \right)^x = e, \lim_{x \to \infty} \frac{3x+5}{x} = 3,$$

所以 $\lim_{x \to \infty} \left(1 + \frac{1}{x} \right)^{3x+5} = \lim_{x \to \infty} \left[\left(1 + \frac{1}{x} \right)^x \right]^{\frac{3x+5}{x}} = e^3.$

例 7 求 $\lim_{x \to 0} \frac{\ln(1 + x)}{x}$.

解 因为

$$\lim_{x \to 0} (1 + x)^{\frac{1}{x}} = e,$$

所以 $\lim_{x \to 0} \frac{\ln(1 + x)}{x} = \lim_{x \to 0} \ln(1 + x)^{\frac{1}{x}} = \ln \left[\lim_{x \to 0} (1 + x)^{\frac{1}{x}} \right] = \ln e = 1.$

注:对于基本初等函数定义域内一点 x_0,有 $\lim_{x \to x_0} f(x) = f(x_0)$.

例 8 求 $\lim_{x \to 0} \frac{e^x - 1}{x}$.

解 令 $u = e^x - 1$,则 $x = \ln(1 + u)$,并且当 $x \to 0$ 时,$u \to 0$,于是

$$\lim_{x\to 0}\frac{e^x-1}{x}=\lim_{u\to 0}\frac{u}{\ln(1+u)}=\lim_{u\to 0}\frac{1}{\ln(1+u)^{\frac{1}{u}}}=\frac{1}{\lim_{u\to 0}\ln(1+u)^{\frac{1}{u}}}=\frac{1}{1}=1.$$

例 9　设 $x_1>3$，$x_{n+1}=\sqrt{6+x_n}$（$n=1,2,3,\cdots$），证明：极限 $\lim_{n\to\infty}x_n$ 存在，并求之.

证　$x_{n+1}-x_n=\sqrt{6+x_n}-\sqrt{6+x_{n-1}}=\dfrac{x_n-x_{n-1}}{\sqrt{6+x_n}+\sqrt{6+x_{n-1}}}$，于是

$x_{n+1}-x_n$ 与 x_n-x_{n-1} 同号，进而与 x_2-x_1 同号.

因为 $x_2-x_1=\sqrt{6+x_1}-x_1=\dfrac{6+x_1-x_1^2}{\sqrt{6+x_1}+x_1}=\dfrac{(3-x_1)(2+x_1)}{\sqrt{6+x_1}+x_1}.$

所以，当 $x_1>3$ 时，$x_2-x_1<0$，数列 $\{x_n\}$ 单调减少，并且 $0<x_n\leqslant x_1$，所以极限 $\lim_{n\to\infty}x_n$ 存在.

设 $\lim_{n\to\infty}x_n=a$，则由

$$x_{n+1}=\sqrt{6+x_n},$$

有

$$a=\sqrt{6+a},$$

解得

$$a=3.\ a=-2（舍）$$

所以

$$\lim_{n\to\infty}x_n=3.$$

三、连续复利

复利是指将整个借贷期限分割为若干段，前一段按本金计算出的利息要加入到本金中，形成新的本金，作为下一段计算利息的本金基数，这就可以得出整个借贷期内的本金和利息总和. 连续复利是指在期数趋于无限大的极限情况下得到的利率. 设一笔贷款 P_0（称本金），年利率为 r，如果每年计息一次，则

连续复利

第一年末的本利和

$$P_1=P_0+P_0r=P_0(1+r);$$

第二年末的本利和

$$P_2=P_1+P_1r=P_0(1+r)^2;$$

第 t 年末的本利和

$$P_t=P_{t-1}+P_{t-1}r=P_0(1+r)^t.$$

如果一年分 n 期计息，年利率仍为 r，则每期利率为 $\dfrac{r}{n}$，且前一期的本利和为后一期的本金，于是第一年末的本利和

$$A_1=P_0\left(1+\frac{r}{n}\right)^n;$$

第 t 年末共计复利 nt 次,其本利和为

$$A_t = P_0 \left(1 + \frac{r}{n} \right)^{nt}.$$

上式称为 t 年末本利和的离散复利公式.

如果计息期数 $n \to \infty$,即利息随时计入本金(称为连续复利),则第 t 年末的本利和为

$$B_t = \lim_{n \to \infty} P_0 \left(1 + \frac{r}{n} \right)^{nt} = \lim_{n \to \infty} P_0 \left\{ \left[\left(1 + \frac{r}{n} \right) \right]^{\frac{n}{r}} \right\}^{tr} = P_0 e^{tr}.$$

上式称为 t 年末本利和的连续复利公式.

当 $P_0 = 100, r = 0.08$ 时,给出三种计息方式下第 3 年末的本利和.

P_t	A_t						B_t
	$n = 6$	$n = 9$	$n = 12$	$n = 15$	$n = 36$	$n = 365$	
125.9712	126.9235	126.9902	127.0237	127.0439	127.0911	127.1216	127.1249

通过上表可以看出:每年单次计息下第 3 年末本利和最低,连续复利下第 3 年末本息和最高.

习题 2-3(A)

1. 求下列极限:

(1) $\lim\limits_{x \to 0} \dfrac{\sin 3x}{x}$;

(2) $\lim\limits_{x \to 0} \dfrac{\tan 2x}{x}$;

(3) $\lim\limits_{x \to 0} \dfrac{\sin x}{\tan 2x}$;

(4) $\lim\limits_{x \to 0} x \cot x$;

(5) $\lim\limits_{x \to 0^+} \dfrac{1 - \cos \sqrt{x}}{x}$;

(6) $\lim\limits_{x \to \infty} x \sin \dfrac{1}{x}$;

(7) $\lim\limits_{x \to +\infty} 2^x \tan \dfrac{1}{2^x}$;

(8) $\lim\limits_{x \to 0} \dfrac{\arctan x}{x}$.

2. 求下列极限:

(1) $\lim\limits_{x \to 0} (1 - x)^{\frac{1}{x}}$;

(2) $\lim\limits_{x \to \infty} \left(1 - \dfrac{2}{x} \right)^{\frac{x}{2}}$;

(3) $\lim\limits_{x \to 0} (1 - 2x)^{\frac{1}{x}}$;

(4) $\lim\limits_{x \to 1} x^{\frac{1}{\sin(x-1)}}$;

(5) $\lim\limits_{x \to \infty} \left(\dfrac{x - 2}{x} \right)^{2x}$;

(6) $\lim\limits_{x \to 1} (2x - 1)^{\frac{1}{x-1}}$;

(7) $\lim\limits_{x \to \infty} \left(\dfrac{2x + 1}{2x - 1} \right)^x$;

(8) $\lim\limits_{x \to 0} (1 + 2x)^{\frac{1}{\sin x}}$.

3. 用极限存在准则求下列极限:

(1) $\lim\limits_{n \to \infty} n \left(\dfrac{1}{2 + 2n^2} + \dfrac{1}{4 + 2n^2} + \cdots + \dfrac{1}{2n + 2n^2} \right)$;

(2) $\lim\limits_{n \to \infty} \left(\dfrac{1}{\sqrt{\pi + n^2}} + \dfrac{1}{\sqrt{2\pi + n^2}} + \cdots + \dfrac{1}{\sqrt{n\pi + n^2}} \right)$;

$(3)\lim\limits_{n\to\infty}\sqrt[n]{1+2^n+3^n+4^n}.$

习题 2-3(B)

1. 求下列极限:

$(1)\lim\limits_{x\to a}\dfrac{\sin x-\sin a}{x-a};$ $(2)\lim\limits_{x\to 2}\dfrac{\sqrt{x+2}-2}{\sin(x-2)};$

$(3)\lim\limits_{n\to\infty}\left(1+\dfrac{1}{n}+\dfrac{2}{n^2}\right)^n.$

2. 若 $\lim\limits_{x\to\infty}\left(\dfrac{x+a}{x+1}\right)^x=\mathrm{e}^5$,求常数 a.

3. 数列 $x_1=\sqrt{2}$,$x_2=\sqrt{2+\sqrt{2}}$,$\cdots$,$x_n=\sqrt{2+\sqrt{2+\cdots+\sqrt{2+\sqrt{2}}}}$ (共 n 个根号),证明:$\lim\limits_{n\to\infty}x_n$ 存在,并求之.

4. 若数列 $\{x_n\}$ 满足 $1<x_n<2$,且 $x_{n+1}=4x_n-x_n^2-2$,证明:$\lim\limits_{n\to\infty}x_n$ 存在,并求之.

5. 证明:$\lim\limits_{n\to\infty}\sqrt[n]{a^n+b^n+c^n}=\max\{a,b,c\}\ (a>0,b>0,c>0).$

6. 设 $0<a<1$,求极限 $\lim\limits_{n\to\infty}\left[(n+1)^a-n^a\right].$

第四节 无穷小与无穷大

一、 无穷小的概念及其应用

1. 无穷小的概念

定义 1 如果函数 $f(x)$ 在 $x\to x_0$(或 $x\to\infty$)时以零为极限,那么称函数 $f(x)$ 为当 $x\to x_0$(或 $x\to\infty$)时的无穷小.

例 1 $\lim\limits_{x\to 2}(x-2)=0$,所以 $x-2$ 为 $x\to 2$ 时的无穷小;由于 $\lim\limits_{x\to-\infty}\mathrm{e}^x=0$,所以 e^x 为 $x\to-\infty$ 时的无穷小.

注意,无穷小是一个变量,任何一个不等于零的常量都不是无穷小. 常数零是无穷小,而且它是唯一为常数的无穷小. 不要把无穷小和很小的数混为一谈,比如,虽然 $1000^{-10000000}$ 是很小的数,但如果把它看作常值函数,它的极限不为零,因此它不是无穷小.

一般说来,如果 $\lim\limits_{x\to x_0}f(x)=A$,并不是说 $f(x)=A$. 但是我们可以利用极限值 A 和无穷小表示函数 $f(x)$.

定理 1 在自变量的某一变化过程中,函数 $f(x)$ 以常数 A 为极限的充分必要条件是 $f(x)=A+\alpha$,其中 α 是同一过程下的无穷小.

证 以 $\lim\limits_{x\to x_0}f(x)=A$ 为例进行证明.

▶ 无穷小的概念及性质

必要性. 由 $\lim\limits_{x\to x_0}f(x)=A$, 取 $\alpha=f(x)-A$, 则 $\lim\limits_{x\to x_0}\alpha=\lim\limits_{x\to x_0}f(x)-A=$ 0. 因此 α 是 $x\to x_0$ 时的无穷小, 并且 $f(x)=A+\alpha$.

充分性. 设 $f(x)=A+\alpha$, 其中 A 为常数, α 是 $x\to x_0$ 时的无穷小. 于是 $\lim\limits_{x\to x_0}f(x)=\lim\limits_{x\to x_0}(A+\alpha)=\lim\limits_{x\to x_0}A+\lim\limits_{x\to x_0}\alpha=A+0=A$,

这说明在 $x\to x_0$ 时, $f(x)$ 以 A 为极限.

无穷小是一个极限存在的变量, 它具有如下性质:

性质 1 无穷小与有界函数的乘积仍为无穷小.

证 仅就 $x\to x_0$ 的情形进行证明, 其他情形可类似证明. 设当 $x\to x_0$ 时, α 是无穷小, β 是在 $\overset{\circ}{U}(x_0,\delta_1)$ 内的有界量, 即存在 $M>0$, 使得当 $0<|x-x_0|<\delta_1$ 时, 有 $|\beta|<M$.

由于 $x\to x_0$ 时, α 是无穷小, 因此, 对任给的 $\varepsilon>0$, $\exists\,\delta_2>0$, 当 $0<|x-x_0|<\delta_2$ 时, 恒有 $|\alpha|<\dfrac{\varepsilon}{M}$, 取 $\delta=\min(\delta_1,\delta_2)$, 因此当 $0<|x-x_0|<\delta$ 时, 有

$$|\alpha\beta|=|\alpha|\cdot|\beta|<\frac{\varepsilon}{M}\cdot M=\varepsilon.$$

结论得证.

例如, 在 $x\to\infty$ 时, $\dfrac{1}{x}$ 为无穷小, 而 $\sin x$ 是一个有界变量, 因此

$$\lim_{x\to\infty}\frac{\sin x}{x}=0,$$

即在 $x\to\infty$ 时, $\dfrac{\sin x}{x}$ 为无穷小.

性质 2 有限个无穷小的和是无穷小.

证 考虑两个无穷小的和, 仅就 $x\to x_0$ 的情形进行证明, 其他情形可类似证明.

设 α 及 β 是 $x\to x_0$ 时的两个无穷小, 令 $\gamma=\alpha+\beta$.
则

$$\lim_{x\to x_0}\gamma=\lim_{x\to x_0}\alpha+\lim_{x\to x_0}\beta=0.$$

这就证明了两个无穷小的和也是无穷小.

同理, 有限个无穷小之和的情形也可以证明.

推论 1 常数与无穷小的积是无穷小.

推论 2 有限个无穷小的积是无穷小.

必须指出, 两个无穷小的商未必是无穷小, 如当 $x\to 0$ 时, x, $2x$ 都是无穷小, 但 $\lim\limits_{x\to 0}\dfrac{x}{2x}=\dfrac{1}{2}$.

例 2 求极限 $\lim\limits_{x\to 0}x\arctan\dfrac{1}{x}$.

解 由于 $\left|\arctan\dfrac{1}{x}\right|\leqslant\dfrac{\pi}{2}\,(x\neq 0)$, 故 $\left|\arctan\dfrac{1}{x}\right|$ 在 $x=0$ 的任一去

心邻域内是有界的，而函数 x 是 $x \to 0$ 时的无穷小，由性质 1 知
$x\arctan\dfrac{1}{x}$ 是 $x \to 0$ 时的无穷小，即

$$\lim_{x \to 0} x\arctan\frac{1}{x} = 0.$$

2. 无穷小的比较

两个无穷小的和、差和积仍是无穷小，但是两个无穷小的商的极限会出现多种情况. 例如：

在 $x \to 0$ 时，$x, 5x^4, \sin x$ 等都是无穷小，但是不同无穷小商的极限却有不同结果

$$\lim_{x \to 0} \frac{5x^4}{x} = 0; \quad \lim_{x \to 0} \frac{x}{5x^4} = \infty; \quad \lim_{x \to 0} \frac{\sin x}{x} = 1.$$

两个无穷小之商的极限的不同情况，反映了无穷小趋向于零的"快慢"程度，在上述例子中，在 $x \to 0$ 的过程中，$5x^4 \to 0$ 比 $x \to 0$"快些"，反过来，$x \to 0$ 比 $5x^4 \to 0$"慢些"，而 $\sin x \to 0$ 与 $x \to 0$"快慢相同". 下面给出两个无穷小比较的定义.

> **定义 2**　设 α, β 为同一过程下的无穷小，且 $\alpha \neq 0$.
>
> 如果 $\lim \dfrac{\beta}{\alpha} = 0$，就称 β 是比 α 高阶的无穷小，记作 $\beta = o(\alpha)$；
>
> 如果 $\lim \dfrac{\beta}{\alpha} = \infty$，就称 β 是比 α 低阶的无穷小；
>
> 如果 $\lim \dfrac{\beta}{\alpha} = c \neq 0$，就称 β 与 α 是同阶无穷小. 进一步，若 $c = 1$，则称 β 与 α 是等价无穷小，记作 $\alpha \sim \beta$；
>
> 如果 $\lim \dfrac{\beta}{\alpha^k} = c \neq 0$，就称 β 是关于 α 的 k 阶无穷小.

按照上边的讨论，我们有

在 $x \to 0$ 时，x 与 $\sin x$ 不仅是同阶无穷小，而且还是等价无穷小；$5x^4$ 是比 x 高阶的无穷小，同时也是 x 的四阶无穷小；x 是比 $5x^4$ 低阶的无穷小.

▶ 等价无穷小及应用

例 3　求 $\lim\limits_{x \to 0} \dfrac{\arctan x}{x}$.

解　令 $u = \arctan x$，当 $x \to 0$ 时，$u \to 0$，于是

$$\lim_{x \to 0} \frac{\arctan x}{x} = \lim_{u \to 0} \frac{u}{\tan u} = \lim_{u \to 0}\left(\frac{u}{\sin u} \cdot \cos u\right) = \lim_{u \to 0} \frac{u}{\sin u} \times \lim_{u \to 0} \cos u = 1.$$

例 4　求 $\lim\limits_{x \to 0} \dfrac{(1+x)^n - 1}{nx}$.

解

$$\begin{aligned}
\lim_{x \to 0} \frac{(1+x)^n - 1}{nx} &= \lim_{x \to 0} \frac{(C_n^0 + C_n^1 x + C_n^2 x^2 + \cdots + C_n^{n-1}x^{n-1} + C_n^n x^n) - 1}{nx} \\
&= \lim_{x \to 0} \frac{C_n^1 + C_n^2 x + \cdots + C_n^{n-1}x^{n-2} + C_n^n x^{n-1}}{n} \\
&= \frac{C_n^1}{n} \\
&= 1.
\end{aligned}$$

不加证明可将例 4 中极限推广到如下情形: $\lim\limits_{x \to 0} \dfrac{(1+x)^{\alpha}-1}{\alpha x}=1$

$(\alpha > 0)$. 结合上一节和本节例题可得以下常见的等价无穷小:

当 $x \to 0$ 时,

(1) $x \sim \sin x \sim \tan x \sim \ln(1+x) \sim e^x - 1 \sim \arcsin x \sim \arctan x$;

(2) $1 - \cos x \sim \dfrac{1}{2}x^2$;

(3) $(1+x)^{\alpha} - 1 \sim \alpha x \, (\alpha > 0)$.

等价无穷小在极限计算中具有重要作用.

定理 2　设 $\alpha \sim \alpha', \beta \sim \beta'$, 且 $\lim \dfrac{\beta'}{\alpha'}$ 存在, 则

$$\lim \frac{\beta}{\alpha} = \lim \frac{\beta'}{\alpha'}.$$

证

$$\lim \frac{\beta}{\alpha} = \lim \left(\frac{\beta}{\beta'} \cdot \frac{\beta'}{\alpha'} \frac{\alpha'}{\alpha} \right) = \lim \frac{\beta}{\beta'} \cdot \lim \frac{\beta'}{\alpha'} \cdot \lim \frac{\alpha'}{\alpha} = \lim \frac{\beta'}{\alpha'}.$$

例 5　求 $\lim\limits_{x \to 0} \dfrac{\tan 4x}{\arcsin 3x}$.

解　由于当 $x \to 0$ 时, $\tan 4x \sim 4x, \arcsin 3x \sim 3x$, 因此

$$\lim_{x \to 0} \frac{\tan 4x}{\arcsin 3x} = \lim_{x \to 0} \frac{4x}{3x} = \frac{4}{3}.$$

例 6　求 $\lim\limits_{x \to 0} \dfrac{\log_a(1+x)}{x}$.

解　由于当 $x \to 0$ 时, $\ln(1+x) \sim x$, 因此

$$\lim_{x \to 0} \frac{\log_a(1+x)}{x} = \lim_{x \to 0} \frac{\ln(1+x)}{x \ln a} = \lim_{x \to 0} \frac{x}{x \ln a} = \frac{1}{\ln a}.$$

例 7　求 $\lim\limits_{x \to 0} \dfrac{a^x - 1}{x} \, (a > 0)$.

解　由于当 $x \to 0$ 时, $e^{x \ln a} - 1 \sim x \ln a$, 因此

$$\lim_{x \to 0} \frac{a^x - 1}{x} = \lim_{x \to 0} \frac{e^{x \ln a} - 1}{x} = \lim_{x \to 0} \frac{x \ln a}{x} = \ln a.$$

例 8　求 $\lim\limits_{x \to 0} \dfrac{\ln(1+x)}{x^2 + 3x}$.

解　由于当 $x \to 0$ 时, $\ln(1+x) \sim x$, 因此

$$\lim_{x \to 0} \frac{\ln(1+x)}{x^2 + 3x} = \lim_{x \to 0} \frac{x}{x^2 + 3x} = \lim_{x \to 0} \frac{1}{x + 3} = \frac{1}{3}.$$

例 9　求 $\lim\limits_{x \to 0} \dfrac{\sqrt[3]{1+x^3} - 1}{\sin x (\cos x - 1)}$.

解　由于当 $x \to 0$ 时, $\sqrt[3]{1+x^3} - 1 \sim \dfrac{1}{3}x^3, \sin x \sim x, 1 - \cos x \sim \dfrac{1}{2}x^2$,

因此

$$\lim_{x \to 0} \frac{\sqrt[3]{1+x^3}-1}{\sin x (\cos x - 1)} = \lim_{x \to 0} \frac{\dfrac{x^3}{3}}{-\dfrac{x^3}{2}} = -\frac{2}{3}.$$

二、 无穷大的概念

下面给出无穷大的定义.

> **定义 3** 设 $f(x)$ 在 x_0 的某去心邻域内有定义(或 $|x|$ 大于某一正数时有定义),若对于任意给定的 $M>0$,总存在正数 δ(或正数 X),当 $0<|x-x_0|<\delta$(或 $|x|>X$)时,恒有 $|f(x)| \geqslant M$ 成立,则称 $f(x)$ 为 $x \to x_0$(或 $x \to \infty$)时的无穷大.

显然无穷大是极限不存在的量,但通常将定义 2 所给的无穷大表示为 $\lim\limits_{x \to x_0} f(x) = \infty$(或 $\lim\limits_{x \to \infty} f(x) = \infty$).

注意,不要把无穷大与无界量混为一谈. 例如,数列 $\{1,0,2,0,3,0,4,0,\cdots\}$ 是无界量,但不是无穷大. 事实上,对于任意给定的 $M>0$,总能找到该数列中的至少一项 a_n,使 $|a_n|>M$(因此它是无界量);但却找不到这样的一项,使其后的所有项,皆满足 $|a_n|>M$,因此它是无界量,但不是无穷大.

在定义 2 中,如果将 $|f(x)| \geqslant M$ 换成 $f(x) \geqslant M$,则称 $f(x)$ 为 $x \to x_0$(或 $x \to \infty$)时的正无穷大,记作 $\lim\limits_{x \to x_0} f(x) = +\infty$ $(\lim\limits_{x \to \infty} f(x) = +\infty)$.

在定义 2 中,如果将 $|f(x)| \geqslant M$ 换成 $f(x) \leqslant -M$,则称 $f(x)$ 为 $x \to x_0$(或 $x \to \infty$)时的负无穷大,记作 $\lim\limits_{x \to x_0} f(x) = -\infty$ $(\lim\limits_{x \to \infty} f(x) = -\infty)$.

三、 无穷小与无穷大的关系

定理 3 在自变量的某一变化过程中,如果 $f(x)$ 为无穷大,那么 $\dfrac{1}{f(x)}$ 为无穷小;反之,如果 $f(x)$ 为无穷小且不等于零,那么 $\dfrac{1}{f(x)}$ 为无穷大.

证 以自变量的变化过程 $x \to x_0$ 为例,其他情形可类似证明.

设 $\lim\limits_{x \to x_0} f(x) = \infty$,对于 $\forall \varepsilon > 0$,根据无穷大的定义,对于 $M = \dfrac{1}{\varepsilon} > 0$,存在 $\delta > 0$,当 $0 < |x-x_0| < \delta$ 时,恒有

$$|f(x)| > M = \frac{1}{\varepsilon},$$

即有

$$\left| \frac{1}{f(x)} \right| < \varepsilon,$$

由无穷小的定义,$\dfrac{1}{f(x)}$ 为 $x \to x_0$ 时的无穷小.

反之,设 $\lim\limits_{x \to x_0} f(x) = 0$,对于 $\varepsilon = \dfrac{1}{M}(M > 0)$,根据无穷小的定义,

存在 $\delta > 0$,当 $0 < |x - x_0| < \delta$ 时,恒有 $|f(x)| < \varepsilon = \dfrac{1}{M}$. 由于 $f(x)$ 不

等于零,因此 $\left| \dfrac{1}{f(x)} \right| > M$,由无穷大的定义,$\dfrac{1}{f(x)}$ 为 $x \to x_0$ 时的无

穷大.

习题 2-4(A)

1. 判断下列论述是否正确? 并说明理由:

(1)无穷小不是很小的数,例如当 $x \to 0$ 时,x,$e^x - 1$ 是无穷小;

(2)当 $x \to 0$ 时,$\alpha(x)$ 是无穷小,那么当 $x \to 0$ 时,$|\alpha(x)|$ 也是无穷小;

(3)若 β 与 α 是等价无穷小,那么 β 与 α 是同阶无穷小;

(4)由于当 $x \to 0$ 时,$\sin x \sim x$,$\tan x \sim x$,因此有

$$\lim_{x \to 0} \frac{\tan x - \sin x}{x^3} = \lim_{x \to 0} \frac{x - x}{x^3} = 0;$$

(5)无穷大一定是无界量,无界量也一定是无穷大.

2. 下列函数在自变量怎样的变化趋势下为无穷小? 又在怎样的变化趋势下为无穷大?

(1) $f(x) = \dfrac{x^2 - 1}{x + 1}$; 　　　　 (2) $f(x) = \dfrac{x}{1 - x}$.

3. 比较下列各对无穷小:

(1)当 $x \to 0$ 时,$\alpha(x) = 2x + 3x^2$ 与 $\beta(x) = x^4 + 5x$;

(2)当 $x \to 0$ 时,$\alpha(x) = 1 - \cos x$ 与 $\beta(x) = x \sin x$.

4. 求下列极限:

(1) $\lim\limits_{x \to 0} \dfrac{\sin 3x}{\tan 5x}$; 　　　　 (2) $\lim\limits_{x \to 0^+} \dfrac{1 - \cos \sqrt{2x}}{x}$;

(3) $\lim\limits_{x \to 0} \dfrac{\tan x (1 - \cos x)}{\sin^3 x}$; 　　　　 (4) $\lim\limits_{x \to 0} \dfrac{\sin^4 x}{\sin x^3}$;

(5) $\lim\limits_{x \to 0} \dfrac{x \sin x}{1 - \cos x}$; 　　　　 (6) $\lim\limits_{x \to 0} \dfrac{\sqrt{1 + x \sin x} - 1}{x \tan x}$;

(7) $\lim\limits_{x \to 0} \dfrac{\sqrt{x + 1} - 1}{\sqrt[3]{x + 1} - 1}$; 　　　　 (8) $\lim\limits_{x \to 1} \dfrac{x^3 - 1}{x^5 - 1}$;

(9) $\lim\limits_{x \to +\infty} (\sqrt{x^2 + 5x} - x)$; 　　　　 (10) $\lim\limits_{x \to 0} \dfrac{\ln(1 + 2x)}{e^{5x} - 1}$;

(11) $\lim\limits_{x \to 0} \dfrac{x \arcsin x^2}{(1 - \cos x) \tan x}$; 　　　　 (12) $\lim\limits_{x \to 0} \dfrac{x \arctan x}{\sqrt{1 + x^2} - 1}$.

5. 若极限 $\lim\limits_{x \to 0} f(x) = 2$,求 $\lim\limits_{x \to 0} \dfrac{\sqrt{1 + x f(x)} - 1}{x + x^2}$.

习题 2-4（B）

1. 当 $x \to 0$ 时，证明：

   （1）$e^x - e^{\sin x} \sim x - \sin x$；　　　（2）$2(\tan x - \sin x) \sim x^3$.

2. 当 $x \to 0$ 时，若 $x(\sqrt[4]{1+ax} - 1)$ 与 $\cos 2x - 1$ 是等价无穷小，求常数 a.

3. 求下列极限：

   （1）$\lim\limits_{x \to 0} \dfrac{(1+x)^x - 1}{x^2}$；　　　（2）$\lim\limits_{x \to 0} \dfrac{\csc x - \cot x}{x}$；

   （3）$\lim\limits_{x \to 0} \dfrac{\sqrt{\cos x} - 1}{x \arcsin x}$；　　　（4）$\lim\limits_{x \to 0} \dfrac{\tan(\sqrt{x+1} - 1)}{\sqrt{4+x} - 2}$.

4. 若极限 $\lim\limits_{x \to 1} \dfrac{x^2 + x + a}{x - 1} = b$，求 a 和 b.

5. 已知极限 $\lim\limits_{x \to +\infty} (\sqrt[4]{1 + 2x^3 + x^4} - ax - b) = 0$，求常数 a 和 b.

第五节 极限的计算方法

1. 极限的四则运算法则

利用极限的四则运算法则计算数列极限和函数极限.

例 1　$\lim\limits_{n \to +\infty} \left[\dfrac{1}{n} - \left(\dfrac{2}{3} \right)^n + 1 \right]$.

解　$\lim\limits_{n \to +\infty} \left[\dfrac{1}{n} - \left(\dfrac{2}{3} \right)^n + 1 \right] = \lim\limits_{n \to +\infty} \dfrac{1}{n} - \lim\limits_{n \to +\infty} \left(\dfrac{2}{3} \right)^n + \lim\limits_{n \to +\infty} 1 = 1$.

例 2　设 $P_n(x) = a_n x^n + a_{n-1} x^{n-1} + a_{n-2} x^{n-2} + \cdots + a_1 x + a_0$，证明：对任意 $x_0 \in \mathbf{R}$，$\lim\limits_{x \to x_0} P_n(x) = P_n(x_0)$.

证　$\lim\limits_{x \to x_0} P_n(x) = \lim\limits_{x \to x_0} (a_n x^n + a_{n-1} x^{n-1} + a_{n-2} x^{n-2} + \cdots + a_1 x + a_0)$

$\qquad = \lim\limits_{x \to x_0} a_n x^n + \lim\limits_{x \to x_0} a_{n-1} x^{n-1} + \lim\limits_{x \to x_0} a_{n-2} x^{n-2} + \cdots + \lim\limits_{x \to x_0} a_1 x$

$\qquad\quad + \lim\limits_{x \to x_0} a_0$

$\qquad = a_n \lim\limits_{x \to x_0} x^n + a_{n-1} \lim\limits_{x \to x_0} x^{n-1} + a_{n-2} \lim\limits_{x \to x_0} x^{n-2} + \cdots + a_1 \lim\limits_{x \to x_0} x$

$\qquad\quad + \lim\limits_{x \to x_0} a_0$

$\qquad = a x_0^n + a_{n-1} x_0^{n-1} + a_{n-2} x_0^{n-2} + \cdots + a_1 x_0 + a_0$

$\qquad = P_n(x_0)$.

由例 2 可知，求多项式函数**在一点处**的极限等于该多项式函数在该点处的函数值.

例 3　求 $\lim\limits_{x \to 1} (x^3 - 2x^2 + 1)$.

解　$\lim\limits_{x \to 1} (x^3 - 2x^2 + 1) = 1^3 - 2 \times 1^2 + 1 = 0$.

例 4 若 $P_n(x)$ 和 $P_m(x)$ 分别表示 x 的 n 次、m 次多项式，且 $P_m(x_0) \neq 0$，证明 $\lim\limits_{x \to x_0} \dfrac{P_n(x)}{P_m(x)} = \dfrac{P_n(x_0)}{P_m(x_0)}$.

解 由例 2，有

$$\lim_{x \to x_0} P_n(x) = P_n(x_0), \quad \lim_{x \to x_0} P_m(x) = P_m(x_0).$$

又因为 $P_m(x_0) \neq 0$，利用极限四则运算法则，有

$$\lim_{x \to x_0} \frac{P_n(x)}{P_m(x)} = \frac{P_n(x_0)}{P_m(x_0)}.$$

例 5 求 $\lim\limits_{x \to 1} \dfrac{x^2 + x - 3}{x^2 + 2x - 1}$.

解 $\lim\limits_{x \to 1}(x^2 + 2x - 1) = 2 \neq 0$，因此

$$\lim_{x \to 1} \frac{x^2 + x - 3}{x^2 + 2x - 1} = \frac{\lim\limits_{x \to 1}(x^2 + x - 3)}{\lim\limits_{x \to 1}(x^2 + 2x - 1)} = \frac{1^2 + 1 - 3}{1^2 + 2 \times 1 - 1} = -\frac{1}{2}.$$

2. 倒数法

利用无穷小和无穷大的关系可以将无穷大转化为无穷小，进而达到求解极限的目的.

例 6 求 $\lim\limits_{x \to 1} \dfrac{x^2 + 2x + 3}{x^2 - 1}$.

解 因为分母的极限 $\lim\limits_{x \to 1}(x^2 - 1) = 0$，因此不能直接用商的极限的运算法则，但 $\lim\limits_{x \to 1}(x^2 + 2x + 3) = 6 \neq 0$，因此

$$\lim_{x \to 1} \frac{x^2 - 1}{x^2 + 2x + 3} = \frac{\lim\limits_{x \to 1}(x^2 - 1)}{\lim\limits_{x \to 1}(x^2 + 2x + 3)} = \frac{0}{6} = 0.$$

从而，由无穷小和无穷大的关系得

$$\lim_{x \to 1} \frac{x^2 + 2x + 3}{x^2 - 1} = \infty.$$

3. 消零因子法

在求解两个函数商式的极限时，若分子和分母中函数极限均为零，则不能直接用函数极限四则运算法则，这两个非零无穷小的比的极限，通常称为"$\dfrac{0}{0}$". 这类极限有可能存在，也有可能不存在，因此这类极限称为未定式，可考虑利用消零因子法求解极限.

例 7 求 $\lim\limits_{x \to 1} \dfrac{x^2 + 3x - 4}{x^2 - 1}$.

解 当 $x \to 1$ 时，$x^2 + 3x - 4 \to 0$，$x^2 - 1 \to 0$，可将分子与分母分别分解因式后，消去相同因子后再求极限：

$$\lim_{x \to 1} \frac{x^2 + 3x - 4}{x^2 - 1} = \lim_{x \to 1} \frac{(x + 4)(x - 1)}{(x - 1)(x + 1)} = \lim_{x \to 1} \frac{x + 4}{x + 1} = \frac{\lim\limits_{x \to 1}(x + 4)}{\lim\limits_{x \to 1}(x + 1)} = \frac{5}{2}.$$

4. 无穷小分出法

例 8 求 $\lim\limits_{x \to \infty} \dfrac{5x^3 - x^2 + 2}{3x^3 + x^2 + 5x + 1}$

解 先用 x^3 去除分子和分母,然后求极限,得

$$\lim_{x \to \infty} \frac{5x^3 - x^2 + 2}{3x^3 + x^2 + 5x + 1} = \lim_{x \to \infty} \frac{5 - \dfrac{1}{x} + \dfrac{2}{x^3}}{3 + \dfrac{1}{x} + \dfrac{5}{x^2} + \dfrac{1}{x^3}} = \frac{5}{3}.$$

例 9 求 $\lim\limits_{x \to \infty} \dfrac{4x^2 - 3x + 1}{2x^3 + 3x^2 - 12}$.

解 先用 x^3 去除分子和分母,然后求极限,得

$$\lim_{x \to \infty} \frac{4x^2 - 3x + 1}{2x^3 + 3x^2 - 12} = \lim_{x \to \infty} \frac{\dfrac{4}{x} - \dfrac{3}{x^2} + \dfrac{1}{x^3}}{2 + \dfrac{3}{x} - \dfrac{12}{x^3}} = \frac{0}{2} = 0.$$

例 10 $\lim\limits_{x \to \infty} \dfrac{2x^3 + 3x^2 - 12}{4x^2 - 3x + 1}$.

解 由例 9 可知,$\dfrac{4x^2 - 3x + 1}{2x^3 + 3x^2 - 12}$ 是 $x \to \infty$ 时的无穷小,由无穷小与无穷大之间的关系,可知 $\dfrac{2x^3 + 3x^2 - 12}{4x^2 - 3x + 1}$ 是 $x \to \infty$ 时的无穷大,即

$$\lim_{x \to \infty} \frac{2x^3 + 3x^2 - 12}{4x^2 - 3x + 1} = \infty.$$

例 8、例 9 和例 10 都是当 $x \to \infty$ 时多项式商的极限的特殊情况,利用上述例题中同样的方法可得出当 $x \to \infty$ 时多项式函数商的极限的一般结论,即当 $a_n \neq 0, b_m \neq 0, n$ 和 m 为非负整数时有

$$\lim_{x \to \infty} \frac{a_n x^n + a_{n-1} x^{n-1} + \cdots + a_0}{b_m x^m + b_{m-1} x^{m-1} + \cdots + b_0} = \begin{cases} \dfrac{a_n}{b_m}, & n = m, \\ \infty, & n > m, \\ 0, & n < m. \end{cases}$$

例 11 求极限 $\lim\limits_{n \to \infty} \left(\dfrac{1}{n^2} + \dfrac{2}{n^2} + \cdots + \dfrac{n}{n^2} \right)$.

解 $\lim\limits_{n \to \infty} \left(\dfrac{1}{n^2} + \dfrac{2}{n^2} + \cdots + \dfrac{n}{n^2} \right) = \lim\limits_{n \to \infty} \dfrac{1 + 2 + \cdots + n}{n^2} = \lim\limits_{n \to \infty} \dfrac{n(n+1)}{2n^2}$

$$= \lim_{n \to \infty} \frac{n+1}{2n} = \frac{1}{2}.$$

本例说明无穷多个无穷小之和不一定是无穷小.

5. 通分法

两个无穷大之差的极限也是未定式,通常记为"$\infty - \infty$".计算此类极限可以通过恒等变形将其化为"$\dfrac{0}{0}$"或"$\dfrac{\infty}{\infty}$"型未定式后,再进行极限求解.

例 12 求 $\lim\limits_{x \to 1} \left(\dfrac{3}{x^2 + x - 2} - \dfrac{1}{x - 1} \right)$.

解　$\lim\limits_{x \to 1}\left(\dfrac{3}{x^2+x-2}-\dfrac{1}{x-1}\right)=\lim\limits_{x \to 1}\left(\dfrac{3}{(x+2)(x-1)}-\dfrac{x+2}{(x+2)(x-1)}\right)$

$$=\lim_{x \to 1}\frac{1-x}{(x+2)(x-1)}=\lim_{x \to 1}\frac{-1}{x+2}=-\frac{1}{3}.$$

6. 无理根式有理化

例 13　求 $\lim\limits_{n \to \infty}\left(\sqrt{n}-\sqrt{n+1}\right)$.

解　$\lim\limits_{n \to \infty}\left(\sqrt{n}-\sqrt{n+1}\right)=\lim\limits_{n \to \infty}\dfrac{\left(\sqrt{n}-\sqrt{n+1}\right)\left(\sqrt{n}+\sqrt{n+1}\right)}{\sqrt{n}+\sqrt{n+1}}$

$$=\lim_{n \to \infty}\frac{-1}{\sqrt{n}+\sqrt{n+1}}$$

$$=\lim_{n \to \infty}\frac{\dfrac{-1}{\sqrt{n}}}{1+\sqrt{1+\dfrac{1}{n}}}=\frac{0}{2}=0.$$

7. 无穷小代换

例 14　求 $\lim\limits_{x \to 1}\dfrac{\sqrt[3]{x}-1}{\sqrt{x}-1}$.

解　当 $x \to 1$ 时,$\sqrt[3]{x}-1=\left[1+(x-1)\right]^{\frac{1}{3}}-1 \sim \dfrac{1}{3}(x-1)$, $\sqrt{x}-1 \sim$

$\dfrac{1}{2}(x-1)$,因此

$$\lim_{x \to 1}\frac{\sqrt[3]{x}-1}{\sqrt{x}-1}=\lim_{x \to 1}\frac{\dfrac{1}{3}(x-1)}{\dfrac{1}{2}(x-1)}=\frac{2}{3}.$$

8. 基本初等函数极限运算法则

定理 1　若 $f(x)$ 是基本初等函数,则对于定义域 D 内的任意一点 x_0 都有

$$\lim_{x \to x_0}f(x)=f(x_0).$$

例 15　求 $\lim\limits_{x \to \frac{1}{2}}\arcsin x$.

解　$\lim\limits_{x \to \frac{1}{2}}\arcsin x=\arcsin\dfrac{1}{2}=\dfrac{\pi}{6}.$

9. 复合函数极限运算法则

定理 2　设有函数 $y=f[g(x)]$ 在 x_0 的某去心邻域内有定义. 若

$$\lim_{x \to x_0}g(x)=u_0,$$

以及 $\lim\limits_{u \to u_0}f(u)=A$,且在 x_0 的某去心邻域内 $g(x) \neq u_0$,则有

$$\lim_{x \to x_0}f[g(x)]=A.$$

进一步在定理条件下,做代换 $u=g(x)$ 即可把 $\lim\limits_{x\to x_0} f[g(x)]$ 化成 $\lim\limits_{u\to u_0} f(u)$.

例 16 求 $\lim\limits_{x\to 1}\dfrac{\sqrt[3]{x}-1}{\sqrt{x}-1}$.

解 由于分子和分母中函数均带根式,可以考虑做变量代换 $\sqrt[6]{x}=u$, 并且当 $x\to 1$ 时,等价于 $u\to 1$,变量改变并不会影响函数的极限值.

$$\lim_{x\to 1}\frac{\sqrt[3]{x}-1}{\sqrt{x}-1}=\lim_{u\to 1}\frac{u^2-1}{u^3-1}=\lim_{u\to 1}\frac{(u-1)(u+1)}{(u-1)(u^2+u+1)}$$

$$=\lim_{u\to 1}\frac{u+1}{u^2+u+1}=\frac{\lim\limits_{u\to 1}(u+1)}{\lim\limits_{u\to 1}(u^2+u+1)}=\frac{2}{3}.$$

例 17 求 $\lim\limits_{x\to 0}\sqrt{3x^2-2x+3}$.

解 做代换 $u=3x^2-2x+3$,当 $x\to 0$ 时,$u=3x^2-2x+3\to 3$. 因此
$$\lim_{x\to 0}\sqrt{3x^2-2x+3}=\lim_{u\to 3}\sqrt{u}=\sqrt{3}.$$

例 18 求 $\lim\limits_{x\to 2}\sqrt{\dfrac{x-2}{x^2-4}}$.

解 $\lim\limits_{x\to 2}\sqrt{\dfrac{x-2}{x^2-4}}=\lim\limits_{x\to 2}\sqrt{\dfrac{1}{x+2}}=\lim\limits_{x\to 2}\dfrac{1}{\sqrt{x+2}}=\dfrac{1}{2}.$

习题 2-5(A)

1. 求下列数列极限:

(1) $\lim\limits_{n\to\infty}\left(\dfrac{1}{n}+\dfrac{1}{6^n}\right)$;

(2) $\lim\limits_{n\to\infty}\dfrac{3^n-1}{2^n-3^n}$;

(3) $\lim\limits_{n\to\infty}\dfrac{4n^2+3n-5}{n^2+5n+1}$;

(4) $\lim\limits_{n\to\infty}\dfrac{n+\sin n}{n-\sin n}$;

(5) $\lim\limits_{n\to\infty}\dfrac{1+3+5\cdots+(2n-1)}{n^2}$;

(6) $\lim\limits_{n\to\infty}\dfrac{1+\dfrac{1}{2}+\dfrac{1}{2^2}+\cdots+\dfrac{1}{2^n}}{1+\dfrac{1}{5}+\dfrac{1}{5^2}+\cdots+\dfrac{1}{5^n}}$.

2. 求下列函数极限:

(1) $\lim\limits_{x\to 1}\dfrac{x^2+5x-6}{x-1}$;

(2) $\lim\limits_{h\to 0}\dfrac{(x+h)^5-x^5}{h}$;

(3) $\lim\limits_{x\to 5}\dfrac{\sqrt{x}-\sqrt{5}}{x-5}$;

(4) $\lim\limits_{x\to 1}\left(\dfrac{1}{x-1}-\dfrac{3}{x^3-1}\right)$;

(5) $\lim\limits_{x\to\infty}\dfrac{5x^5-6x^3-5}{x^5-1}$;

(6) $\lim\limits_{x\to\infty}\dfrac{5x^5-6x^3-5}{x^6+5x^5-1}$;

(7) $\lim\limits_{x\to a}\dfrac{\sqrt{x}-\sqrt{a}}{\sin(x-a)}(a>0)$;

(8) $\lim\limits_{x\to a}\dfrac{\sin x-\sin a}{e^x-e^a}$;

$(9)\lim_{x\to\infty}\left(1+x\sin\dfrac{1}{x}\right)\left(1+\dfrac{1}{x}\sin x\right)$; $(10)\lim_{x\to+\infty}(\sqrt{x^2+x+1}-x)$;

$(11)\lim_{x\to+\infty}\sqrt{x}(\sqrt{x+4}-\sqrt{x+3})$; $(12)\lim_{x\to-1}\dfrac{\sqrt{x^2+2x+1}}{x+1}$.

3. 已知 $\lim_{x\to\infty}\left(\dfrac{x^2+2}{x+2}-ax+b\right)=0$, 求 a 和 b.

习题 2-5(B)

1. 求下列数列极限:

$(1)\lim_{x\to1}(1-x)\tan\left(\dfrac{\pi}{2}x\right)$;

$(2)\lim_{n\to\infty}\left[\dfrac{1}{2\cdot4}+\dfrac{1}{4\cdot6}+\dfrac{1}{6\cdot8}+\cdots+\dfrac{1}{2n(2n+2)}\right]$;

$(3)\lim_{n\to\infty}\left[(1+x)(1+x^2)(1+x^4)\cdots(1+x^{2^n})\right]\ (|x|<1)$;

$(4)\lim_{n\to\infty}0.77\cdots7$(共有 n 个 7);

$(5)\lim_{x\to1}\dfrac{(x+1)^3\ln x}{\arctan(x^2-1)}$;

$(6)\lim_{x\to0}\dfrac{\sqrt{1+\tan x}-\sqrt{1+\sin x}}{x^3}$;

$(7)\lim_{x\to+\infty}(\sin\sqrt{x+1}-\sin\sqrt{x})$;

$(8)\lim_{x\to1}\dfrac{x+x^2+\cdots+x^6-6}{x-1}$.

第六节 函数的连续性及间断点

一、函数的连续性

自然界中有很多现象都是连续不断变化的,例如河流流动、车辆行驶、物体自由落体运动和植物生长等.这些现象表现在函数关系上称为函数的连续性.函数的连续性表现在图像上是一条连绵不断的曲线.比如以 80km/h 的速度行驶的车辆当时间变动很小时,其路程改变量也很微小,路程与时间函数关系 $s=80t$ 的图像就是一条连绵不断的曲线,就称函数 $s=80t$ 在定义域内是连续的.下面首先给出增量的概念,然后利用增量来描述函数连续性,最后给出函数连续性定义.

设变量 u 从它的初值 u_1 变到终值 u_2,称终值与初值的差 u_2-u_1 为变量 u 的增量,记作 Δu,即 $\Delta u=u_2-u_1$.

注意:记号 Δu 是一个整体的记号;当 Δu 为正时,变量 u 从 u_1

变到 $u_2 = u_1 + \Delta u$ 时是增大的;当 Δu 为负时,变量 u 从 u_1 变到 $u_2 = u_1 + \Delta u$ 时是减小的.

假定函数 $y = f(x)$ 在点 x_0 的某一邻域内是有定义的. 当自变量 x 在这邻域内从 x_0 变到 $x_0 + \Delta x$ 时,相应的函数 y 从 $f(x_0)$ 变到 $f(x_0 + \Delta x)$,因此函数 y 的对应增量为

$$\Delta y = f(x_0 + \Delta x) - f(x_0).$$

这个关系式的几何解释如图 2-7 所示.

假如保持 x_0 不变而让自变量的增量 Δx 变动,一般说来,函数 y 的增量 Δy 也要随着变动,现在对连续性的概念可以这样描述:如果当 Δx 趋于零时,函数 y 的对应增量 Δy 也趋于零,即

$$\lim_{\Delta x \to 0} \Delta y = 0$$

或 $$\lim_{\Delta x \to 0} [f(x_0 + \Delta x) - f(x_0)] = 0,$$

则称 $y = f(x)$ 在点 x_0 处是连续的. 下面给出定义 1.

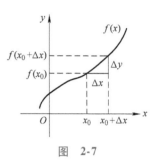

图 2-7

定义 1 设函数 $y = f(x)$ 在 x_0 的某一个邻域内有定义,如果

$$\lim_{\Delta x \to 0} \Delta y = 0,$$

则称 $f(x)$ 在 x_0 点连续.

为了应用方便,令 $x = x_0 + \Delta x$,则

$$\lim_{\Delta x \to 0} [f(x_0 + \Delta x) - f(x_0)] = 0$$

可化为

$$\lim_{x \to x_0} [f(x) - f(x_0)] = 0,$$

进而 $$\lim_{x \to x_0} f(x) = f(x_0).$$

接下来,给出函数 $y = f(x)$ 在 x_0 点连续的另外一种定义.

定义 2 如果设函数 $y = f(x)$ 在 x_0 的某一个邻域内有定义,如果

$$\lim_{x \to x_0} f(x) = f(x_0),$$

则称 $f(x)$ 在 x_0 点连续.

从定义 2 可以看出 $y = f(x)$ 在 x_0 处连续能够推导出 $y = f(x)$ 在 x_0 处极限存在,但反之不成立.

例 1 证明:$y = x^5 + 3x^3$ 在其定义域 $(-\infty, +\infty)$ 内处处连续.

证 在函数 $y = x^5 + 3x^3$ 的定义域 $(-\infty, +\infty)$ 内任意取一点 x_0,则

$$\lim_{x \to x_0} (x^5 + 3x^3) = \lim_{x \to x_0} x^5 + \lim_{x \to x_0} 3x^3 = x_0^5 + 3x_0^3.$$

所以 $y = x^5 + 3x^3$ 在 $x = x_0$ 连续.

又因为 x_0 是定义区间 $(-\infty, +\infty)$ 内任意一点,

因此,$y = x^5 + 3x^3$ 在其定义区间 $(-\infty, +\infty)$ 内处处连续.

类似于极限中的单侧极限概念,函数连续也有单侧连续的概念.

若 $\lim\limits_{x \to x_0^+} f(x) = f(x_0)$,则称 $f(x)$ 在 x_0 点**右连续**;若 $\lim\limits_{x \to x_0^-} f(x) = f(x_0)$,则称 $f(x)$ 在 x_0 点**左连续**.

由极限与单侧极限的关系,根据上述定义显然有:

$f(x)$ 在 x_0 点连续的充分必要条件为 $f(x)$ 在 x_0 点既右连续也左连续.

定义 1 和定义 2 已经给出了函数在一点处连续性的定义,接下来给出函数在区间上连续性的定义.

若函数在区间上的每一点处都连续,则称函数在该区间连续.函数在开区间连续指的是函数在区间内任意一点连续;函数在闭区间连续指的是函数在相对应的开区间内任意一点连续,并且在区间左端点右连续,在区间右端点左连续.

例 2　设函数 $f(x) = \begin{cases} \dfrac{\sin x}{\ln(1+x)}, & x > 0, \\ 2, & x = 0, \\ \dfrac{2(1-\cos x)}{x \sin x}, & x < 0, \end{cases}$

证明:$\lim\limits_{x \to 0} f(x) = 1$,但函数 $f(x)$ 在 $x=0$ 处不连续.

证　由于

$$\lim_{x \to 0^+} f(x) = \lim_{x \to 0^+} \frac{\sin x}{\ln(1+x)} = \lim_{x \to 0^+} \frac{x}{x} = 1,$$

$$\lim_{x \to 0^-} f(x) = \lim_{x \to 0^-} \frac{2(1-\cos x)}{x \sin x} = \lim_{x \to 0^-} \frac{2 \times \frac{1}{2} x^2}{x^2} = 1,$$

故　　　　　$\lim\limits_{x \to 0^+} f(x) = \lim\limits_{x \to 0^-} f(x) = 1.$

因此　　　$\lim\limits_{x \to 0} f(x) = 1.$

由 $f(0) = 2$,可知 $\lim\limits_{x \to 0} f(x) \neq f(0)$.

所以函数 $f(x)$ 在 $x=0$ 处不连续.

二、函数的间断点

如果函数 $f(x)$ 在 x_0 的一个去心邻域内有定义,并且在 x_0 点不连续,则称 $f(x)$ 在 x_0 点间断,x_0 称为 $f(x)$ 的**间断点**.

从定义 2 可以看出,$y = f(x)$ 在 x_0 处连续需要满足三个条件:

(1)函数 $y = f(x)$ 在 x_0 处有定义;

(2)极限 $\lim\limits_{x \to x_0} f(x)$ 存在;

(3)$\lim\limits_{x \to x_0} f(x) = f(x_0)$.

只要以上三条件有一条不满足,函数 $y = f(x)$ 在点 x_0 处就不连续,也就是函数 $y = f(x)$ 在点 x_0 处间断.因此,x_0 是函数 $y = f(x)$ 的

间断点的分类

间断点必须满足以下条件中的一条：

（1）函数 $f(x)$ 在 x_0 点没有定义；

（2）在 x_0 点有定义，但极限 $\lim\limits_{x\to x_0} f(x)$ 不存在；

（3）极限 $\lim\limits_{x\to x_0} f(x)$ 存在，但不等于 $f(x_0)$.

下面举例说明函数间断点的几种类型.

例3　函数 $f(x)=\dfrac{\sin x}{x}$ 在 $x=0$ 点无定义，因此点 $x=0$ 为其间断点. 又因为

$$\lim_{x\to 0}\frac{\sin x}{x}=1.$$

如果补充定义，当 $x=0$ 时，$y=1$，则新构造的函数 $y=\begin{cases}\dfrac{\sin x}{x}, & x\neq 0,\\ 1, & x=0\end{cases}$ 在 $x=0$ 连续. 因此称 $x=0$ 是函数 $y=\dfrac{\sin x}{x}$ 的可去间断点.

例4　函数 $f(x)=\begin{cases}x, & x>0,\\ 2, & x=0,\\ e^x-1, & x<0\end{cases}$ 在 $x=0$ 点有定义，且 $f(0)=2$ 并且 $\lim\limits_{x\to 0^+}f(x)=0,\lim\limits_{x\to 0^-}f(x)=0$，因此 $\lim\limits_{x\to 0}f(x)=0\neq f(0)$，故 $x=0$ 是其间断点，通过重新定义 $x=0$ 的函数值 $f(0)=0$，使得新构造的函数 $y=\begin{cases}x, & x\geq 0,\\ e^x-1, & x<0\end{cases}$ 在 $x=0$ 连续，因此称 $x=0$ 是函数 $f(x)=\begin{cases}x, & x>0,\\ 2, & x=0,\\ e^x-1, & x<0\end{cases}$ 的可去间断点.

例5　设函数 $f(x)=\begin{cases}x, & x\geq 0,\\ e^x+1, & x<0,\end{cases}$ 这里 $\lim\limits_{x\to 0^+}f(x)=0$，$\lim\limits_{x\to 0^-}f(x)=2$，因此 $\lim\limits_{x\to 0^+}f(x)\neq\lim\limits_{x\to 0^-}f(x)$，故 $x=0$ 是其间断点，但由于函数 $f(x)$ 图像在 $x=0$ 产生跳跃，因此称 $x=0$ 是函数 $f(x)=\begin{cases}x, & x\geq 0,\\ e^x+1, & x<0\end{cases}$ 的跳跃间断点.

例6　函数 $f(x)=\tan x$ 在 $x=\dfrac{\pi}{2}$ 处没有定义，因此点 $x=\dfrac{\pi}{2}$ 是函数 $y=\tan x$ 的间断点. 因为

$$\lim_{x\to\frac{\pi}{2}}\tan x=\infty,$$

所以称 $x=\dfrac{\pi}{2}$ 是函数 $f(x)=\tan x$ 的无穷间断点（见图2-8）.

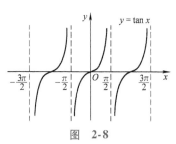

图 2-8

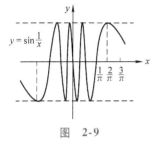

图 2-9

例7 函数 $y = \sin\dfrac{1}{x}$ 在 $x = 0$ 处没有定义,因此 $x = 0$ 是函数 $y = \sin\dfrac{1}{x}$ 的间断点. 并且 $x \to 0$ 时,函数值在 -1 和 1 之间变动无限多次,因此称 $x = 0$ 是函数 $y = \sin\dfrac{1}{x}$ 的振荡间断点(见图 2-9).

通常把间断点分成两类:

如果函数 $f(x)$ 以 x_0 点为间断点,但 $f(x)$ 在 x_0 点的左、右极限都存在,则称 x_0 为函数 $f(x)$ 的**第一类间断点**;不属于第一类的其他间断点统称为**第二类间断点**. 在第一类间断点中,函数左、右极限相等的间断点称为可去间断点,函数左、右极限不相等的间断点称为跳跃间断点;而无穷间断点和振荡间断点等则是第二类间断点.

三、初等函数的连续性

1. 连续函数的四则运算性质

利用连续函数的定义及函数极限的运算性质,可以证明定理1.

定理1 若函数 $f(x),g(x)$ 在 x_0 点皆连续,那么函数 $f \pm g$, $f \cdot g$, $\dfrac{f}{g}(g(x_0) \neq 0)$ 在 x_0 点也是连续的.

例8 由于函数 $y = \sin x, y = \cos x$ 在 $(-\infty, +\infty)$ 内都是连续的,因此,三角函数

$$\tan x = \frac{\sin x}{\cos x},\ \cot x = \frac{\cos x}{\sin x},\ \sec x = \frac{1}{\cos x},\ \csc x = \frac{1}{\sin x}$$

在其定义域内都是连续的.

2. 反函数的连续性

定理2 若函数 $y = f(x)$ 在区间 I_x 上单调增加(或单调减少)且连续,那么它的反函数 $x = f^{-1}(y)$ 也在对应的区间 $I_y = \{y \mid y = f(x), x \in I_x\}$ 上单调增加(或单调减少)且连续.

证明略.

例9 由于函数 $y = \sin x$ 在 $\left[-\dfrac{\pi}{2}, \dfrac{\pi}{2}\right]$ 内单调增加且连续,由定理2,它的反函数 $y = \arcsin x$ 在闭区间 $[-1,1]$ 上也是单调增加且连续的.

同样,$y = \arccos x$ 在闭区间 $[-1,1]$ 上也是单调减少且连续的;$y = \arctan x$ 在区间 $(-\infty, +\infty)$ 上是单调增加且连续的;而 $y = \text{arccot} x$ 在区间 $(-\infty, +\infty)$ 上是单调减少且连续的.

通过以上两个例子可知,三角函数、反三角函数在其定义域内都是连续的.

3. 复合函数的连续性

在第五节我们讨论了复合函数的极限问题. 类似的我们有

定理 3 设函数 $u = g(x)$ 在点 x_0 连续,函数 $y = f(u)$ 在点 $u = g(x_0)$ 连续. 那么复合函数 $y = f(g(x))$ 在 x_0 点连续.

例 10 函数 $y = \cos(x^2 - 2)$ 在实数域内都是连续的.

解 函数 $y = \cos(x^2 - 2)$ 是由 $y = \cos u$ 及 $u = x^2 - 2$ 复合而成.

$y = \cos u$ 在 $(-\infty, +\infty)$ 是连续的, $u = x^2 - 2$ 在 $(-\infty, +\infty)$ 是连续的.

根据定理 3, $y = \cos(x^2 - 2)$ 在实数域内都是连续的.

4. 初等函数的连续性

基本初等函数在其定义域内都是连续的. 再利用定理 1 ~ 定理 3 以及初等函数的定义,可知:一切初等函数在其定义区间内都是连续的. 这里所说的"定义区间"是指包含在其定义域内的一个区间.

例 11 求 $\lim\limits_{x \to 0} \sqrt{x^2 + 2x + 9}$.

解 显然该函数是由幂函数和多项式函数复合而成的.

$$\lim_{x \to 0} \sqrt{x^2 + 2x + 9} = \sqrt{0^2 + 2 \times 0 + 9} = 3.$$

习题 2-6(A)

1. 研究下列函数的连续性,并画出函数的图形:

$$(1) f(x) = \begin{cases} x, & x < 0, \\ 0, & x = 0, \\ x + 2, & x > 0; \end{cases} \qquad (2) f(x) = \begin{cases} e^x, & x < 0, \\ 2, & x = 0, \\ x + 1, & x > 0. \end{cases}$$

2. 设函数 $f(x) = \begin{cases} \dfrac{1 - \cos x}{x}, & x \neq 0, \\ a, & x = 0, \end{cases}$ 求 a 值,使函数 $f(x)$ 在 $x = 0$ 点连续.

3. 设函数 $f(x) = \begin{cases} e^x, & x < 0, \\ b, & x = 0, \\ 2x + a, & x > 0, \end{cases}$ 求 a, b 的值,使函数 $f(x)$ 在 $x = 0$ 连续.

4. 求函数 $f(x) = \begin{cases} x + 1, & x < 0, \\ e^x, & 0 \leq x < 1, \\ 2, & x = 1, \\ x^2, & x > 1 \end{cases}$ 的连续区间.

5. 下列函数在指出的点处间断,说明这些间断点属于哪一类型,如果是可去间断点,则补充或改变函数的定义使它连续:

$(1) f(x) = \dfrac{x^2 - 2x - 3}{x^2 - x - 2}, x = -1, x = 2;$

61

$(2)f(x) = \dfrac{\sin x}{x}, x = 0$;

$(3)f(x) = \dfrac{1}{\ln |x^2 - 1|}, x = 0, x = -\sqrt{2}, x = \sqrt{2}, x = 1, x = -1$;

$(4)f(x) = \begin{cases} \dfrac{\sqrt{1 + \sin x^2} - 1}{x(e^x - 1)}, & x \neq 0, \\ 1, & x = 0. \end{cases}$

6. 求下列极限:

$(1)\lim\limits_{x \to 1} \sqrt{x^2 + 4x - 3}$; $(2)\lim\limits_{x \to 0}\cos(x + 1)$;

$(3)\lim\limits_{x \to 1} \dfrac{e^x - 1}{x}$; $(4)\lim\limits_{x \to \frac{\pi}{2}} \dfrac{1 - \cos x}{x^2}$.

7. 讨论函数 $f(x) = \lim\limits_{n \to \infty} \dfrac{1 + x^{n+1}}{1 + x^n}$ 的连续性,若有间断点,判别其类型.

习题 2-6(B)

1. 找出函数 $f(x) = \dfrac{1}{1 - e^{\frac{x}{x-2}}}$ 的间断点,并且说明它属于哪一类间断点.

2. 讨论函数 $f(x) = \lim\limits_{n \to \infty} \dfrac{x - x^{2n}}{1 + x^{2n}}$ 的连续性,若有间断点,判别其类型.

3. 设 $x \geqslant 0$,求函数 $f(x) = \lim\limits_{n \to \infty} \sqrt[n]{x^n + x^{2n} + \dfrac{x^{3n}}{2^n}}$ 的分段表达式.

4. 设函数 $f(x) = \dfrac{x^2 - 3x + b}{(e^x - 1)(x - a)}$,求 a, b 的值,使得 $x = 0$ 为 $f(x)$ 的可去间断点,$x = 2$ 为 $f(x)$ 的无穷间断点.

第七节 闭区间连续函数的性质

　　本节主要给出闭区间连续函数的性质,其证明过程由于涉及实数理论,超过了本书讨论的范围,故仅从几何直观上对连续函数的性质加以解释而略去其证明过程.

一、有界性与最大值、最小值定理

　　首先给出函数最大值和最小值的概念.

定义 1 设 $f(x)$ 为定义在 D 上的函数,如果存在 $x_0 \in D$,使对一切 $x \in D$,都有

$$f(x) \leqslant f(x_0) \quad (f(x) \geqslant f(x_0)),$$

则称 $f(x_0)$ 为 $f(x)$ 在 D 上的**最大值(最小值)**,x_0 为 $f(x)$ 在 D 上的**最大值点(最小值点)**.

下面给出函数存在最小值和最大值的充分条件.

定理 1 在闭区间上连续的函数在该区间上有界,并且能够取得最大值和最小值.

这一性质从图形上是容易看出的. 从图 2-10 中可以看出: $f(x_1)$,$f(x_2)$ 分别是函数 $y = f(x)$ 在区间 I 上的最大值与最小值,因而函数 $y = f(x)$ 有界.

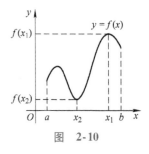

图 2-10

函数在闭区间上连续是函数在该区间存在最大值和最小值的充分条件. 闭区间与函数连续是不可缺的. 一般地,函数 $f(x)$ 即使它是有界的,也不一定有最大值(最小值). 例如,尽管 $f(x) = x$ 在 $(0,1)$ 内是有界的,但它既无最大值也无最小值. 又如 $g(x) = \begin{cases} x+1, & -1 \leqslant x < 0, \\ 0, & x = 0, \\ x-1, & 0 < x \leqslant 1 \end{cases}$ 在 $[-1,1]$ 上有界,但它也没有最大值和最小值. 同样,即使有些函数既不是定义在闭区间,又不是连续函数,它也可能存在最大值和最小值,例如 $g(x) = \begin{cases} x+1, & -2 < x \leqslant 0, \\ x^2 - 2x, & 0 < x < 2 \end{cases}$ 在 $x = -2,0,2$ 均不连续,但 $g(x)$ 在 $(-2,2)$ 有界,取得最大值 $M = g(0) = 1$ 和最小值 $m = g(1) = -1$.

二、介值定理与零点定理

定理 2(零点定理) 设函数 $y = f(x)$ 在闭区间 $[a,b]$ 上连续,且在端点的函数值 $f(a)$ 和 $f(b)$ 异号,即 $f(a) \cdot f(b) < 0$,则在区间 (a,b) 内至少存在一点 ξ,使得 $f(\xi) = 0$.

我们把满足方程 $f(x) = 0$ 的 ξ 称作函数 $y = f(x)$ 的零点. 从几何图形上看,如果连续曲线 $y = f(x)$ 的两个端点位于 x 轴的不同侧,那么这段曲线与 x 轴至少有一个交点如图 2-11 所示.

定理 3(介值定理) 设函数 $y = f(x)$ 在闭区间 $[a,b]$ 上连续,在该区间的两端点上取不同的函数值 $f(a) = A$ 和 $f(b) = B(A \neq B)$,则对介于 A,B 之间的任意一个数 C,至少在开区间 (a,b) 内存在一点 ξ,使得 $f(\xi) = C$.

证 设 $F(x) = f(x) - C$,则 $F(x)$ 在闭区间 $[a,b]$ 上连续,且 $F(a) = A - C$ 与 $F(b) = B - C$ 异号,根据零点定理,在开区间 (a,b) 内至少有一点 ξ,使得

$$F(\xi) = 0,$$

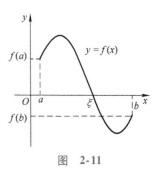

图 2-11

即
$$f(\xi) = C.$$

定理 3 的几何意义:在 $[a,b]$ 上的连续曲线 $y = f(x)$ 与水平直线 $y = C(C$ 介于 A 与 B 之间)至少相交于一点,如图 2-12 所示.

根据最大值、最小值的定义,我们有下面的推论.

推论 在闭区间上连续的函数必可以取得介于其最大值与最小值之间的任意一个值.

由定理 1 可知闭区间上的连续函数 $y = f(x)$ 一定能够取得最大值 M 和最小值 m,设 $M = f(x_1)$,$m = f(x_2)$. 为叙述方便起见,不妨设 $x_1 < x_2$. 在区间 $[x_1, x_2]$ 上用定理 3 就得到推论 1.

例 1 证明:方程 $x^3 - x^2 - 2 = 0$ 在区间 $(1,2)$ 内至少有一个实根.

证 令 $f(x) = x^3 - x^2 - 2$,它在闭区间 $[1,2]$ 上连续,且 $f(1) = -2 < 0$,$f(2) = 2 > 0$,由零点定理可知,在区间 $(1,2)$ 内至少存在一点 ξ,使得 $f(\xi) = 0$,也就是
$$\xi^3 - \xi^2 - 2 = 0.$$
这说明方程 $x^3 - x^2 - 2 = 0$ 在区间 $(1,2)$ 内至少有一个实根.

例 2 若函数 $f(x)$ 在闭区间 $[a,b]$ 上连续,且值域也是 $[a,b]$,证明:至少存在一点 $\xi \in [a,b]$,使得 $f(\xi) = \xi$.

证 构造函数 $F(x) = f(x) - x(x \in [a,b])$.

由函数 $f(x)$ 在闭区间 $[a,b]$ 上连续,有 $F(x)$ 在闭区间 $[a,b]$ 上连续.

由于 $f(x)$ 值域是 $[a,b]$,有 $F(a) = f(a) - a \geq 0$,$F(b) = f(b) - b \leq 0$.

(1)若 $F(a) = f(a) - a = 0$,取 $\xi = a \in [a,b]$,得 $f(\xi) = \xi$,命题得证;

(2)若 $F(b) = f(b) - b = 0$,取 $\xi = b \in [a,b]$,得 $f(\xi) = \xi$,命题得证;

(3)若 $F(a) \neq 0$ 和 $F(b) \neq 0$,则 $F(a)F(b) < 0$,根据连续函数的零点定理,可知存在 $\xi \in (a,b)$ 使得 $F(\xi) = 0$,即 $f(\xi) = \xi$.

综上,至少存在一点 $\xi \in [a,b]$,使得 $f(\xi) = \xi$.

例 3 经济学中,将市场供求平衡时的价格称为商品的均衡价格,现已知某商品需求函数 $Q_d(P)$ 和供给函数 $Q_s(P)$ 均是价格 P 的函数:
$$Q_d(P) = 10 - P, \quad Q_s(P) = 2e^{3P},$$
证明:该商品的均衡价格 P^* 存在且唯一.

分析 证明商品的均衡价格 P^* 存在且唯一,就是寻找唯一的 P^* 使得 $Q_d(P) = Q_s(P)$,即存在唯一的 $P^* \in (0, +\infty)$,使得 $2e^{3P} + P - 10 = 0$.

证 首先证明商品均衡价格 P^* 存在.

构造函数 $F(P) = Q_s(P) - Q_d(P) = 2e^{3P} + P - 10$,易知 $F(P)$

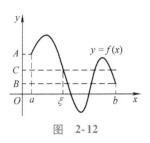

图 2-12

介值定理
和零点定理的应用

在$[0,10]$上连续,并且
$$F(0) = -8 < 0, F(10) = 2e^{30} > 0,$$
故由零点定理知,存在$P^* \in (0,10)$使得
$$F(P^*) = 2e^{3P^*} + P^* - 10 = 0.$$
因此该商品至少存在一个均衡价格P^*.

其次,利用反证法证明该商品均衡价格的唯一性.

假设该商品存在两个不同的均衡价格P^*和P_0^*,不妨$P^* > P_0^*$,且有下面两个等式成立
$$Q_d(P^*) = Q_s(P^*), Q_d(P_0^*) = Q_s(P_0^*),$$
因此　　　　$Q_d(P^*) - Q_d(P_0^*) = Q_s(P^*) - Q_s(P_0^*),$

即有　　　　$2(e^{3P^*} - e^{3P_0^*}) + (P^* - P_0^*) = 0$.　　　　(2.4)

由假设$P^* > P_0^*$可知
$$P^* - P_0^* > 0, 2(e^{3P^*} - e^{3P_0^*}) > 0$$
因此　　　　$2(e^{3P^*} - e^{3P_0^*}) + (P^* - P_0^*) > 0.$　　　　(2.5)

式(2.4)与式(2.5)矛盾.

因此假设错误,即该商品均衡价格不超过1个.

综上,该商品的均衡价格P^*存在且唯一.

习题 2-7（A）

1. 证明:方程$e^x = x + 3$在区间$(1,2)$内至少有一个实根.
2. 证明:方程$x^5 = 3x + 1$区间$(1,2)$内至少有一个实根.
3. 证明:方程$\ln x = \dfrac{1}{2} - x$至少有一个不超过1的正根.

习题 2-7（B）

1. 若函数$f(x)$在闭区间$[0,2a]$上连续,且$f(0) = f(2a)$,证明:在闭区间$[0,a]$上至少存在一点ξ使得$f(\xi) = f(\xi + a)$.
2. 若$f(x)$在闭区间$[a,b]$上连续,证明:对任何正数$\alpha > 0, \beta > 0$,在闭区间$[a,b]$上至少存在一点ξ,使得$\alpha f(a) + \beta f(b) = (\alpha + \beta) f(\xi)$.
3. 若函数$f(x)$在闭区间$[a,b]$上连续,且$a < \alpha_1 < \alpha_2 < \alpha_3 < b$,证明:在闭区间$[\alpha_1, \alpha_3]$上至少存在一点$\xi$,使得$3f(\xi) = f(\alpha_1) + f(\alpha_2) + f(\alpha_3)$.
4. 若函数$f(x)$在闭区间$(-\infty, +\infty)$上连续,且$f(f(x)) = x$,证明:至少存在一点ξ,使得$f(\xi) = \xi$.

第八节　MATLAB 数学实验

MATLAB 中用来求函数极限的命令为 limit,求解函数极限使用格式为 limit(f,x,a),求解函数左极限使用格式为 limit(f,x,a,'left'),求解函数右极限使用格式为 limit(f,x,a,'right'). 下面给出具体实例.

例 1　求 $\lim\limits_{x \to 0} \dfrac{\tan ax}{\sin bx}$.

【MATLAB 代码】

> > syms x a b ;

> > limit(tan(a*x)/sin(b*x), x,0)

运行结果:

ans =

a/b.

即 $\lim\limits_{x \to 0} \dfrac{\tan ax}{\sin bx} = \dfrac{a}{b}$.

例 2　求 $\lim\limits_{x \to 1} \dfrac{x^4 - 1}{x^6 - 1}$.

【MATLAB 代码】

> > syms x

> > limit((x^4 - 1)/(x^6 - 1),x,1)

运行结果:

ans =

2/3.

即 $\lim\limits_{x \to 1} \dfrac{x^4 - 1}{x^6 - 1} = \dfrac{2}{3}$.

例 3　求 $\lim\limits_{n \to \infty} \left(1 + \dfrac{r}{n}\right)^{nt}$.

【MATLAB 代码】

> > syms n r t

> > limit((1 + r/n)^(n*t),n,inf)

运行结果:

ans =

exp(r*t).

即 $\lim\limits_{n \to \infty} \left(1 + \dfrac{r}{n}\right)^{nt} = e^{rt}$.

总习题二

1. 填空题:

(1) 若 $f\left(x + \dfrac{1}{x}\right) = x^2 + \dfrac{1}{x^2} + 3$,则 $f(x) = $ _____;

(2) 极限 $\lim\limits_{n \to \infty}\left(\sin\dfrac{2^n}{3^n} - \dfrac{1}{2^n}\sin n\right) = $ _____;

(3) 极限 $\lim\limits_{x \to +\infty}\left(\sqrt{x^2 + x} - \sqrt{x^2 - 2x}\right) = $ _____;

(4) 当 $x \to 0$ 时,若 $(1 - \cos x)\arcsin x \sim ax^b$,则 $a = $ _____,
$b = $ _____;

(5) 若函数 $f(x) = \begin{cases} \dfrac{2x}{\mathrm{e}^x - 1}, & x \neq 0, \\ b, & x = 0 \end{cases}$ 在 $x = 0$ 点连续,则
$b = $ _____.

2. 单项选择题:

(1) 数列 $\{a_n\}$ 有界是数列极限 $\lim\limits_{n \to \infty} a_n$ 存在的( )条件;

(A) 充分   (B) 必要

(C) 充分必要   (D) 无关

(2) 当 $x \to 2$ 时,函数 $f(x) = (x + 1)2^{\frac{1}{x-2}}$ 的极限( );

(A) 等于 2   (B) 等于 0

(C) 是 ∞ (D) 不存在,但不是 ∞

(3) 当 $x \to 0$ 时,$f(x) = x(\tan x - \sin x)$ 是 x^3 的( )无穷小;

(A) 高阶   (B) 低阶

(C) 同阶但不等价   (D) 等价

(4) 设函数 $f(x) = \begin{cases} 2x + 1, & x < 1, \\ a, & x \geqslant 1, \end{cases}$ $g(x) = \begin{cases} b - x, & x < 0, \\ x + 3, & x \geqslant 0. \end{cases}$
若函数 $f(x) + g(x)$ 在 $(-\infty, +\infty)$ 内连续,则有( );

(A) $a = 2, b$ 为任意实数   (B) $b = 3, a$ 为任意实数

(C) $a = 3, b = 3$ (D) $a = -2, b = 3$

(5) 点 $x = 0$ 是函数 $f(x) = \arctan\dfrac{1}{x}$ 的( )间断点.

(A) 可去   (B) 跳跃

(C) 无穷   (D) 振荡

3. 计算下列极限:

(1) $\lim\limits_{x \to \frac{\pi}{2}} \dfrac{1 - 2\cos x}{\sin x}$;   (2) $\lim\limits_{x \to 0} \dfrac{\sqrt{1 + \cos x} - \sqrt{2}}{\sin x^2}$;

(3) $\lim\limits_{x \to \mathrm{e}} \dfrac{\ln x - 1}{\sin(x - \mathrm{e})}$;   (4) $\lim\limits_{x \to 0} \dfrac{\mathrm{e}^x - \mathrm{e}^{-x}}{x}$;

$(5) \lim_{x \to 0} (\cos x)^{\frac{1}{\sin x^2}}$; $(6) \lim_{x \to 0} \dfrac{\cos x - \cos 2x}{x^2}$;

$(7) \lim_{x \to 0} \dfrac{\sqrt{1 + 2x + x^2} - 1}{\tan 2x}$; $(8) \lim_{x \to 0} \dfrac{(e^x - 1)\arcsin x^2}{\sin 2x^3}$.

4. 设 $a_n = \dfrac{1}{1 + n^2} + \dfrac{2}{2 + n^2} + \cdots + \dfrac{n}{n + n^2}$, 求极限 $\lim_{n \to \infty} a_n$.

5. 设 $x_1 = \dfrac{1}{2}$, $x_{n+1} = \dfrac{1 + x_n^2}{2}$($n = 1, 2, 3, \cdots$), 证明: 极限 $\lim_{n \to \infty} x_n$ 存在, 并求之.

6. 设 $p(x)$ 是多项式, 且 $\lim_{x \to \infty} \dfrac{p(x) - 2x^4}{x^2} = 1$, $\lim_{x \to 0} \dfrac{p(x)}{x} = 1$, 求 $p(x)$.

7. 确定 a, b 的值, 使当 $x \to 0$ 时, $\ln(1 + x^3) + \sqrt{1 + \tan x} - \sqrt{1 + \sin x}$ 与 ax^b 等价.

8. 求 a 值, 使函数 $f(x) = \begin{cases} (1 + x)^{\frac{1}{\sin x}}, & x \neq 0, \\ a, & x = 0 \end{cases}$ 在 $x = 0$ 点连续.

9. 设函数 $f(x) = \begin{cases} \dfrac{x^2 + \alpha x + \beta}{x^2 - x - 2}, & x \neq -1, x \neq 2, \\ 3, & x = 2, \end{cases}$ 求 α, β 的值, 使得函数 $f(x)$ 在 $x = 2$ 点连续.

10. 证明: 函数 $f(x) = \lim_{n \to \infty} \left(1 + \dfrac{x}{n}\right)^{nx}$ 在区间 $[0, +\infty)$ 上连续.

11. 设
$$f(x) = \begin{cases} \dfrac{x^2 + x - 2}{x^2 - 1}, & x \geq 0, x \neq 1, \\ e^{\frac{1}{x+1}}, & x < 0, \end{cases}$$
求 $f(x)$ 的间断点, 并说明其类型.

12. 证明: 方程 $\ln x = 2 - x$ 至少有一个大于 1 且小于 2 的正根.

第三章

导数与微分

在解决实际问题时,我们除了需要建立变量之间的函数关系,往往还要研究两个问题:因变量随自变量变化的快慢程度,即变化率的问题,这就是本章所要学习的导数;因变量的增量与自变量的增量之间的关系,这就是本章所要学习的微分.

导数与微分是一元函数微分学中两个重要的基本概念.本章以函数极限为基础讨论导数和微分的概念,给出了它们的计算方法,并讨论了导数在经济学上的应用.

第一节 导数的概念

一、引例

1. 变速直线运动的瞬时速度

设一质点沿直线运动,在该直线上引入原点和单位长度建立坐标系,令 t 表示时间,s 表示 t 时刻质点的位置,则 s 是 t 的函数,称之为位置函数,记为 $s = s(t)$. 当时间 t 从 t_0 变化到 $t_0 + \Delta t$ 时,位置函数 s 相应地从 $s(t_0)$ 变为 $s(t_0 + \Delta t)$. 我们要求质点在 t_0 时刻的瞬时速度.

质点在时间间隔 $[t_0, t_0 + \Delta t]$ 内的平均速度为

$$\bar{v} = \frac{s(t_0 + \Delta t) - s(t_0)}{\Delta t}.$$

如果质点运动是匀速的,上述比值是一个不随时间间隔 $|\Delta t|$ 变化的常数,该常数就是质点在 t_0 时刻的瞬时速度 $v(t_0)$. 如果质点运动是变速的,应该如何刻画 t_0 时刻质点的瞬时速度呢?

注意到,此时平均速度 $\bar{v}$ 虽然与瞬时速度 $v(t_0)$ 不同,但随着时间间隔 $|\Delta t|$ 的减小,平均速度 $\bar{v}$ 可以作为 $v(t_0)$ 的近似值,并且 $|\Delta t|$ 越小,近似程度越高. 为此,我们会很自然地想到采取求"极限"的方法,如果平均速度 $\bar{v} = \dfrac{s(t_0 + \Delta t) - s(t_0)}{\Delta t}$ 当 $\Delta t \to 0$ 时的极限存在,则把这个极限值定义为质点在 $t = t_0$ 时的瞬时速度,即

$$v(t_0) = \lim_{\Delta t \to 0} \frac{s(t_0 + \Delta t) - s(t_0)}{\Delta t}.$$

导数的概念

特别地,我们考虑自由落体运动的瞬时速度. 众所周知,自由落体运动的运动方程为 $s = \dfrac{1}{2}gt^2$. 结合上述分析,瞬时速度即为差商形式的极限,

$$v(t) = \lim_{\Delta t \to 0} \frac{s(t + \Delta t) - s(t)}{\Delta t} = \lim_{\Delta t \to 0} \frac{\dfrac{1}{2}g(t + \Delta t)^2 - \dfrac{1}{2}gt^2}{\Delta t}$$

$$= \lim_{\Delta t \to 0} \frac{1}{2}g(2t + \Delta t) = gt.$$

这正是我们在高中物理课上所熟悉的结果.

2. 切线问题

在中学里学习过圆和椭圆,其切线定义为"与曲线只交于一点的直线". 但对于其他更一般的曲线,以此作为切线的定义并不合适. 例如,垂直于 x 轴的直线均与抛物线 $y = x^2$ 相交于一点,但垂直于 x 轴的所有直线均不是抛物线的切线. 因此,我们需要对一般平面曲线的切线给出定义.

如图 3-1 所示,设 M 为曲线 C 上的一点,在曲线上另取一点 N,则直线 MN 是过点 M 的一条割线,保持固定点 M 不动,令点 N 沿曲线 C 靠近点 M,动割线 MN 越来越贴近极限位置 MT,称直线 MN 的极限位置 MT 为曲线 C 在点 M 处的切线.

那么,如何计算切线的斜率呢? 建立平面直角坐标系,设曲线 C 的方程为 $y = f(x)$,点 M 的坐标为 (x_0, y_0),点 N 的坐标为 (x, y) (见图 3-2),则割线 MN 的斜率为 $\dfrac{y - y_0}{x - x_0}$. 由于点 M, N 在曲线 C 上,故割线 MN 的斜率为 $k_{MN} = \dfrac{f(x) - f(x_0)}{x - x_0}$. 由上述切线的定义方式,得曲线 C 在点 M 处的切线斜率

$$k_{MT} = \lim_{N \to M} k_{MN} = \lim_{x \to x_0} \frac{f(x) - f(x_0)}{x - x_0}.$$

若记 $\Delta x = x - x_0$,则 $x = x_0 + \Delta x, x \to x_0$ 即为 $\Delta x \to 0$,从而可得切线斜率的另一种表示

$$k_{MT} = \lim_{\Delta x \to 0} \frac{f(x_0 + \Delta x) - f(x_0)}{\Delta x}.$$

上述两个例子,一个是物理问题,一个是几何问题,虽然实际意义不同,但最终都归结为计算因变量的增量与自变量的增量之比,即差商形式的极限. 事实上,只要研究函数的瞬间变化率,都会化为这种极限形式,因此,我们需要抛开实际意义,抓住数量关系上的共性,对这种特殊形式的极限给出新的定义——导数.

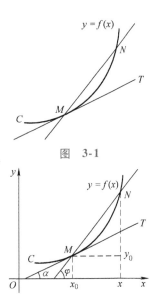

图 3-1

图 3-2

二、导数的定义

1. 函数在一点处的导数

定义 1 设函数 $y = f(x)$ 在点 x_0 的某一邻域内有定义,当自变量 x 在 x_0 处取得增量 Δx(点 $x_0 + \Delta x$ 在该邻域内)时,因变量相应地取得增量 $\Delta y = f(x_0 + \Delta x) - f(x_0)$,若 Δy 与 Δx 之比当 $\Delta x \to 0$ 时的极限存在,则称函数 $y = f(x)$ 在点 x_0 处**可导**,并称此极限值为函数 $y = f(x)$ 在点 x_0 处的**导数**,记为 $f'(x_0)$,即

$$f'(x_0) = \lim_{\Delta x \to 0} \frac{\Delta y}{\Delta x} = \lim_{\Delta x \to 0} \frac{f(x_0 + \Delta x) - f(x_0)}{\Delta x}, \qquad (3.1)$$

也可记作 $y'|_{x=x_0}$,$\dfrac{\mathrm{d}y}{\mathrm{d}x}\Big|_{x=x_0}$ 或 $\dfrac{\mathrm{d}f}{\mathrm{d}x}\Big|_{x=x_0}$.

注 1 函数 $f(x)$ 在点 x_0 处可导,也称函数 $f(x)$ 在点 x_0 具有导数或导数存在.

注 2 若记 $x = x_0 + \Delta x$,则 $\Delta x = x - x_0$,$\Delta x \to 0$ 即为 $x \to x_0$,那么函数 $y = f(x)$ 在点 x_0 处的导数定义可以写作

$$f'(x_0) = \lim_{x \to x_0} \frac{f(x) - f(x_0)}{x - x_0}.$$

若记 $h = \Delta x$,那么函数 $y = f(x)$ 在点 x_0 处的导数定义亦可以写作

$$f'(x_0) = \lim_{h \to 0} \frac{f(x_0 + h) - f(x_0)}{h}.$$

注 3 若式(3.1)中的极限不存在,则称函数 $f(x)$ 在点 x_0 处**不可导**或 $f(x)$ 在点 x_0 **导数不存在**. 如果极限不存在的原因是极限 $\lim\limits_{\Delta x \to 0} \dfrac{\Delta y}{\Delta x}$ 为 ∞,为方便起见,也往往说函数 $f(x)$ 在点 x_0 处的导数为无穷大,并记作 $f'(x_0) = \infty$.

2. 单侧导数与导函数

如果函数 $y = f(x)$ 在开区间 I 内的每一点都可导,则称 $f(x)$ 在**开区间 I 内可导**. 这时对每一个 $x \in I$,都有导数 $f'(x)$ 与之相对应,从而在 I 内确定了一个新的函数,称之为 $y = f(x)$ 的**导函数**,记作

$$f'(x), y', \frac{\mathrm{d}y}{\mathrm{d}x}, \frac{\mathrm{d}f(x)}{\mathrm{d}x} \text{ 或 } \frac{\mathrm{d}}{\mathrm{d}x}f(x).$$

在式(3.1)中把 x_0 换成 x,即得导函数的计算公式

$$f'(x) = \lim_{\Delta x \to 0} \frac{f(x + \Delta x) - f(x)}{\Delta x}, x \in I.$$

在上面的定义式中,x 可以是开区间内的任何一个数值,但在计算差商的极限时,Δx 是变量,而 x 是常量.

以后,在不至于混淆的地方把导函数也称为导数. 显然,函数

$f(x)$ 在 x_0 点处的导数就是导数 $f'(x)$ 在 x_0 点处的值,即 $f'(x_0) = f'(x)\big|_{x=x_0}$.

现在考察函数在闭区间 $[a,b]$ 上的可导性,对于闭区间的两个端点 a 和 b,只能考察函数在左端点 a 右半邻域内的可导情况,同样只能考察函数在右端点 b 左半邻域内的可导情况,因此为了研究闭区间端点的可导性,必须先定义**单侧导数——左导数、右导数**.

单侧导数

定义 2 设函数 $y = f(x)$ 在 x_0 的某一邻域内有定义,若极限 $\lim\limits_{\Delta x \to 0^-} \dfrac{f(x+\Delta x) - f(x)}{\Delta x}$ 存在,则称此极限值为 $f(x)$ 在 x_0 的**左导数**,记作 $f'_-(x_0)$;若极限 $\lim\limits_{\Delta x \to 0^+} \dfrac{f(x+\Delta x) - f(x)}{\Delta x}$ 存在,则称此极限值为 $f(x)$ 在 x_0 的**右导数**,记作 $f'_+(x_0)$.

根据单侧极限与极限的关系,我们得到

定理 1 $f(x)$ 在 x_0 可导的充要条件是 $f(x)$ 在 x_0 点左、右导数都存在且相等,即 $f'_-(x_0) = f'_+(x_0)$.

如果函数 $y = f(x)$ 在开区间 (a,b) 内可导,且 $f'_+(a)$ 及 $f'_-(b)$ 都存在,则称 $f(x)$ **在闭区间 $[a,b]$ 上可导**.

利用"导数"的术语,在本节引例中,瞬时速度 $v = \dfrac{\mathrm{d}s}{\mathrm{d}t}$;切线的斜率(切线倾角 α 的正切值) $k = \tan\alpha = \dfrac{\mathrm{d}y}{\mathrm{d}x}$.

3. 求导数举例

计算 $f'(x)$ 可分为 3 步:

第 1 步:写出 $f(x)$ 和 $f(x+\Delta x)$ 的表达式;

第 2 步:展开并化简差商 $\dfrac{f(x+\Delta x) - f(x)}{\Delta x}$;

第 3 步:计算差商形式的极限 $f'(x) = \lim\limits_{\Delta x \to 0} \dfrac{f(x+\Delta x) - f(x)}{\Delta x}$.

下面,我们根据导数的定义来求基本初等函数的导数.

例 1 求常函数 $f(x) = C$(C 为常数)的导数.

解 第 1 步:$f(x+\Delta x) = f(x) = C$;

第 2 步:$\dfrac{f(x+\Delta x) - f(x)}{\Delta x} = 0$;

第 3 步:计算差商形式的极限

$$f'(x) = \lim_{\Delta x \to 0} \frac{f(x+\Delta x) - f(x)}{\Delta x} = \lim_{\Delta x \to 0} 0 = 0.$$

即 $(C)' = 0$.

例 2 求幂函数 $f(x) = x^n$ 的导数,并计算 $f'(1)$.

解 第 1 步:$f(x) = x^n$,$f(x+\Delta x) = (x+\Delta x)^n$;

第 2 步:展开并化简差商

$$\frac{f(x+\Delta x)-f(x)}{\Delta x}=\frac{(x+\Delta x)^{n}-x^{n}}{\Delta x}$$

$$=\frac{nx^{n-1}\Delta x+\dfrac{n(n-1)}{2}x^{n-2}(\Delta x)^{2}+\cdots+(\Delta x)^{n}}{\Delta x}$$

$$=nx^{n-1}+\frac{n(n-1)}{2}x^{n-2}\Delta x+\cdots+(\Delta x)^{n-1};$$

第 3 步:计算差商形式的极限

$$f'(x)=\lim_{\Delta x\to0}\frac{f(x+\Delta x)-f(x)}{\Delta x}$$

$$=\lim_{\Delta x\to0}\left[nx^{n-1}+\frac{n(n-1)}{2}x^{n-2}\Delta x+\cdots+(\Delta x)^{n-1}\right]$$

$$=nx^{n-1}.$$

即　$(x^{n})'=nx^{n-1}.$

从而,$f'(1)=nx^{n-1}\big|_{x=1}=n.$

注　本题在化简差商时运用了二项式展开定理:

$(x+y)^{n}=C_{n}^{0}x^{n}+C_{n}^{1}x^{n-1}y+C_{n}^{2}x^{n-2}y^{2}+\cdots+C_{n}^{k}x^{n-k}y^{k}+\cdots+C_{n}^{n}y^{n}.$

其中,$C_{n}^{k}=\dfrac{n!}{k!(n-k)!}.$

事实上,对一般的幂函数 $y=x^{\mu}(x>0)$ 也有形式相同的求导公式:

$$(x^{\mu})'=\mu x^{\mu-1}(x>0).$$

特别地取 $\mu=-1,\dfrac{1}{2}$ 时,有 $\left(\dfrac{1}{x}\right)'=-\dfrac{1}{x^{2}},(\sqrt{x})'=\dfrac{1}{2\sqrt{x}}.$

例3　求指数函数 $f(x)=a^{x}$ 的导数,其中,$a>0,a\neq1$ 为常数.

解

$$f'(x)=\lim_{\Delta x\to0}\frac{f(x+\Delta x)-f(x)}{\Delta x}=a^{x}\lim_{\Delta x\to0}\frac{a^{\Delta x}-1}{\Delta x},$$

由第二章无穷小代换知 $\lim\limits_{\Delta x\to0}\dfrac{a^{\Delta x}-1}{\Delta x}=\ln a$,从而 $f'(x)=a^{x}\ln a.$

即　$(a^{x})'=a^{x}\ln a.$

特别地,当 $a=e$ 时,$(e^{x})'=e^{x}.$

例4　求对数函数 $f(x)=\log_{a}x$ 的导数,其中,$a>0,a\neq1$ 为常数.

解

$$f'(x)=\lim_{\Delta x\to0}\frac{f(x+\Delta x)-f(x)}{\Delta x}=\lim_{\Delta x\to0}\frac{\log_{a}(x+\Delta x)-\log_{a}x}{\Delta x}$$

$$=\lim_{\Delta x\to0}\frac{\log_{a}\left(1+\dfrac{\Delta x}{x}\right)}{\Delta x}=\lim_{\Delta x\to0}\frac{\log_{a}\left(1+\dfrac{\Delta x}{x}\right)}{\dfrac{\Delta x}{x}}\cdot\frac{1}{x}$$

$$= \frac{1}{x} \lim_{\Delta x \to 0} \frac{\log_a \left(1 + \frac{\Delta x}{x}\right)}{\frac{\Delta x}{x}},$$

引入变量 $h = \frac{\Delta x}{x}$, 当 $\Delta x \to 0$ 时, $h \to 0$, 从而

$$f'(x) = \frac{1}{x} \lim_{h \to 0} \frac{\log_a(1 + h)}{h}.$$

利用第二章的无穷小代换, 知 $\lim\limits_{h \to 0} \dfrac{\log_a(1 + h)}{h} = \dfrac{1}{\ln a}$,

从而

$$f'(x) = \frac{1}{x \ln a},$$

即 $\quad (\log_a x)' = \dfrac{1}{x \ln a}.$

特别地, 当 $a = e$ 时, $(\ln x)' = \dfrac{1}{x}.$

当熟练掌握利用公式(3.1)计算函数的导数后, 可以将计算过程加以简化.

例 5 求正弦函数 $f(x) = \sin x$ 的导数.

解

$$f'(x) = \lim_{\Delta x \to 0} \frac{f(x + \Delta x) - f(x)}{\Delta x} = \lim_{\Delta x \to 0} \frac{\sin(x + \Delta x) - \sin x}{\Delta x}$$

$$= \lim_{\Delta x \to 0} \frac{2 \cos\left(x + \frac{\Delta x}{2}\right) \sin \frac{\Delta x}{2}}{\Delta x} = \cos x,$$

即 $\quad (\sin x)' = \cos x.$

注 本题运用了三角函数和差化积公式

$$\sin x - \sin y = 2 \cos \frac{x + y}{2} \sin \frac{x - y}{2},$$

利用三角函数和差化积公式

$$\cos x - \cos y = -2 \sin \frac{x + y}{2} \sin \frac{x - y}{2},$$

不难得到 $(\cos x)' = -\sin x$, 证明过程留给读者.

接下来, 讨论分段函数在分界点处的导数. 如果分段函数在分界点左、右邻域的表达式不同, 那么对分界点处的导数的讨论, 很自然地需要从单侧导数入手.

例 6 已知 $f(x) = \begin{cases} \sin x, & x < 0 \\ x, & x \geqslant 0 \end{cases}$, 求 $f'(0)$.

解 因为 $f'_-(0) = \lim\limits_{\Delta x \to 0^-} \dfrac{f(0 + \Delta x) - f(0)}{\Delta x} = \lim\limits_{\Delta x \to 0^-} \dfrac{\sin \Delta x - 0}{\Delta x}$

$$= \lim_{\Delta x \to 0^-} \frac{\sin \Delta x}{\Delta x} = 1,$$

$$f'_+(0) = \lim_{\Delta x \to 0^+} \frac{f(0 + \Delta x) - f(0)}{\Delta x} = \lim_{\Delta x \to 0^+} \frac{\Delta x - 0}{\Delta x} = \lim_{\Delta x \to 0^+} 1 = 1,$$

所以　$f'_-(0) = f'_+(0) = 1.$ 故 $f'(0) = 1.$

例 7　证明:函数 $f(x) = |x|$ 在 $x = 0$ 连续但不可导.

证　由 $f(0^-) = \lim_{x \to 0^-} |x| = \lim_{x \to 0^-} (-x) = 0$, $f(0^+) = \lim_{x \to 0^+} |x| = \lim_{x \to 0^+} x = 0$, 知 $f(0^-) = f(0^+) = f(0) = 0.$

从而, $f(x) = |x|$ 在 $x = 0$ 连续.

但由于 $f'_-(0) = \lim_{\Delta x \to 0^-} \frac{|0 + \Delta x| - 0}{\Delta x} = \lim_{\Delta x \to 0^-} \frac{-\Delta x - 0}{\Delta x} = -1,$

$$f'_+(0) = \lim_{x \to 0^+} \frac{|0 + \Delta x| - 0}{\Delta x} = \lim_{\Delta x \to 0^-} \frac{\Delta x - 0}{\Delta x} = 1,$$

知 $f'_-(0) \neq f'_+(0)$, 从而 $f(x) = |x|$ 在 $x = 0$ 处不可导.

如果分段函数在分界点左、右邻域的表达式相同,那么就无需讨论单侧导数.

例 8　已知 $f(x) = \begin{cases} \dfrac{\sin^2 x}{x}, & x \neq 0 \\ 0, & x = 0 \end{cases}$, 求 $f'(0)$.

解　$f'(0) = \lim_{\Delta x \to 0} \dfrac{f(0 + \Delta x) - f(0)}{\Delta x} = \lim_{\Delta x \to 0} \dfrac{\dfrac{\sin^2 \Delta x}{\Delta x} - 0}{\Delta x}$

$$= \lim_{\Delta x \to 0} \frac{\sin^2 \Delta x}{(\Delta x)^2} = 1.$$

三、导数的几何意义

由引例 2(切线问题)中关于切线问题的讨论我们已经得到,若函数 $y = f(x)$ 在点 x_0 处可导,则 $f'(x_0)$ 即为曲线 $y = f(x)$ 在点 $M(x_0, f(x_0))$ 处切线的斜率,这就是导数的几何意义(见图 3-3).

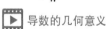
导数的几何意义

设切线 MT 关于 x 轴的倾角为 α, 则 $f'(x_0) = \tan\alpha$.

如果 $f'(x_0) = \lim_{x \to x_0} \dfrac{f(x) - f(x_0)}{x - x_0} = \infty$, 这时曲线 $y = f(x)$ 在点 $M(x_0, f(x_0))$ 处的割线垂直于 x 轴的直线 $x = x_0$ 为极限位置, $\alpha = \dfrac{\pi}{2}$, 即此时曲线 $y = f(x)$ 在点 $M(x_0, f(x_0))$ 处的切线为 $x = x_0$.

如果函数 $y = f(x)$ 在点 x_0 处可导,由导数的几何意义和直线的点斜式方程,可知曲线 $y = f(x)$ 在点 $M(x_0, f(x_0))$ 处的切线方程为

$$y - f(x_0) = f'(x_0)(x - x_0).$$

过切点 $M(x_0, f(x_0))$ 且与切线垂直的直线称为曲线 $y = f(x)$ 在点 M 处的**法线**,如果 $f'(x_0) \neq 0$,则法线的斜率为 $-\dfrac{1}{f'(x_0)}$,从而法线方程为

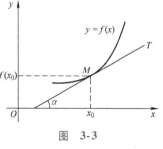

图　3-3

$$y - f(x_0) = -\frac{1}{f'(x_0)}(x - x_0);$$

如果 $f'(x_0) = 0$,那么切线为平行于 x 轴的直线 $y = f(x_0)$,从而法线垂直于 x 轴,法线方程为 $x = x_0$.

  例 9 求曲线 $y = x^2$ 通过点 $(1,1)$ 的切线方程.

  分析 点 $(1,1)$ 在曲线 $y = x^2$ 上,从而曲线过点 $(1,1)$ 的切线的切点就是 $(1,1)$.

解 由例 2 知 $y'|_{x=1} = 2x|_{x=1} = 2$,从而曲线过点 $(1,1)$ 的切线方程为

$$y - 1 = 2(x - 1),$$

即

$$2x - y - 1 = 0.$$

  例 10 求曲线 $y = x^2$ 通过点 $(1, -8)$ 的切线方程.

  分析 点 $(1, -8)$ 不在曲线 $y = x^2$ 上,从而需要在曲线上找到切点 (x_0, y_0),使得过这个点的切线过点 $(1, -8)$.

解 设过点 $(1, -8)$ 的切线与曲线 $y = x^2$ 相切于点 (x_0, y_0),可得切线斜率

$$k = \frac{-8 - x_0^2}{1 - x_0} = 2x_0,$$

即

$$x_0^2 - 2x_0 - 8 = 0,$$

解得 $x_0 = 4$ 或 -2,

于是,切点为 $(4, 16)$ 或 $(-2, 4)$.

相应地,得到两条过点 $(1, -8)$ 的切线方程

$$y - 16 = 8(x - 4) \text{ 和 } y - 4 = -4(x + 2),$$

即

$$8x - y - 16 = 0 \text{ 和 } 4x + y + 4 = 0.$$

四、函数可导性与连续性的关系

可导与连续的关系

  我们知道函数 $y = f(x)$ 在点 x_0 可导是指 $\lim\limits_{\Delta x \to 0} \dfrac{\Delta y}{\Delta x}$ 存在,而函数 $y = f(x)$ 在点 x_0 连续是指 $\lim\limits_{\Delta x \to 0} \Delta y = 0$,即前者是讨论一个商式的极限,后者是讨论这个商式的分子的极限,那么二者是否有所关联呢?

  定理 2 若函数 $y = f(x)$ 在点 x_0 可导,则它在点 x_0 必连续.

证 若函数 $f(x)$ 在点 x_0 可导,则 $\lim\limits_{\Delta x \to 0} \dfrac{\Delta y}{\Delta x} = f'(x_0)$ 存在.

从而,

$$\lim_{\Delta x \to 0} \Delta y = \lim_{\Delta x \to 0} \left(\frac{\Delta y}{\Delta x} \cdot \Delta x \right) = \lim_{\Delta x \to 0} \frac{\Delta y}{\Delta x} \cdot \lim_{\Delta x \to 0} \Delta x = f'(x_0) \cdot 0 = 0.$$

所以函数 $y = f(x)$ 在点 x_0 连续.

定理 2 可以简述为"可导必连续",反之却未必成立,即"连续未必可导",例如,函数 $f(x) = \sqrt[3]{x}$ 在 $x = 0$ 点处也连续但不可导,事实上,

$$\lim_{\Delta x \to 0} \frac{f(0 + \Delta x) - f(0)}{\Delta x} = \lim_{\Delta x \to 0} \frac{\sqrt[3]{\Delta x} - 0}{\Delta x} = \lim_{\Delta x \to 0} \frac{1}{\sqrt[3]{(\Delta x)^2}} = \infty.$$

所以,函数 $f(x) = \sqrt[3]{x}$ 在 $x = 0$ 处不可导,切线是垂直于 x 轴的直线 $x = 0 (y$ 轴).

更有趣的是,德国数学家魏尔斯特拉斯给出了一个处处连续却处处不可导的函数,具体见魏尔斯特拉斯介绍.

习题 3-1(A)

1. 设 $f(x) = 3x^2$,试按定义求 $f'(-1)$.

2. 设函数 $f(x)$ 可导,求下列各极限:

   (1) $\lim\limits_{x \to 0} \dfrac{f(x) - f(0)}{x}$;

   (2) $\lim\limits_{h \to 0} \dfrac{f(a + 2h) - f(a)}{h}$;

   (3) $\lim\limits_{\Delta x \to 0} \dfrac{f(x_0) - f(x_0 - \Delta x)}{\Delta x}$;

   (4) $\lim\limits_{\Delta x \to 0} \dfrac{f(x_0 + \Delta x) - f(x_0 - \Delta x)}{2\Delta x}$.

3. 设 $f'(x_0) = -1$,求 $\lim\limits_{x \to 0} \dfrac{x}{f(x_0 - 2x) - f(x_0 - x)}$.

4. 求曲线 $y = \sin x$ 在点 $\left(\dfrac{\pi}{4}, \dfrac{\sqrt{2}}{2}\right)$ 处的切线方程和法线方程.

5. 一质点以初速度 v_0 向上作抛物运动,其运动方程为
   $$s = v_0 t - \frac{1}{2}gt^2,$$

   (1) 求质点在 t 时刻的瞬时速度;

   (2) 求何时质点的速度为 0;

   (3) 求质点回到出发点时的速度.

6. 设函数 $f(x) = (x - a)\varphi(x)$,其中,$\varphi(x)$ 在 $x = a$ 处连续,求 $f'(a)$.

7. 设 $g(x)$ 在 $x = 0$ 连续,求 $f(x) = g(x)\sin 2x$ 在 $x = 0$ 处的导数.

8. 讨论函数 $f(x) = \begin{cases} x^3 \sin \dfrac{1}{x}, & x \neq 0 \\ 0, & x = 0 \end{cases}$ 在 $x = 0$ 处的连续性与可导性.

9. 讨论函数 $f(x) = \sqrt{|x|}$ 在 $x = 0$ 的连续性和可导性.

10. 设 $f(x) = \begin{cases} x^2, & x \leq 1 \\ ax + b, & x > 1 \end{cases}$,试确定 a, b 的值,使得 $f(x)$ 在 $x = 1$ 可导.

11. 试确定常数 a、b 的值,使函数 $f(x) = \begin{cases} e^x, & x < 1, \\ ax + b, & x \geqslant 1 \end{cases}$ 在 $x = 1$ 点处可导.

习题 3-1(B)

1. 下列说法是否正确?

   (1)若函数 $f(x)$ 在 x_0 处可导,则函数 $f(x)$ 在 x_0 点的某个邻域内一定有界;

   (2)若函数 $f(x)$ 在 x_0 处可导,则函数 $f(x)$ 在 x_0 点的某个邻域内一定连续;

   (3)若函数 $f(x)$ 在 x_0 处存在左(右)导数,则函数 $f(x)$ 在 x_0 点处一定左(右)连续.

2. 讨论函数 $f(x) = \begin{cases} x^\alpha \arctan \dfrac{1}{x}, & x \neq 0, \\ 0, & x = 0 \end{cases}$ 在 $x = 0$ 点处的连续性与可导性,其中,α 为常数.

3. 讨论函数 $f(x) = |\ln|x||$ 的可导性.

4. 设函数 $\phi(x)$ 在 $x = a$ 点处连续,讨论函数 $g(x) = |x - a|\phi(x)$ 在 $x = a$ 点处的可导性.

5. 设函数 $f(x)$ 在区间 $(-\infty, +\infty)$ 内有定义,且对于任何实数 x 有 $f(x + 1) = 2f(x)$,又在区间 $[0,1]$ 上 $f(x) = x(1 - x^2)$,讨论函数 $f(x)$ 在 $x = 0$ 点处的可导性.

6. 对任意实数 x_1, x_2,函数 $f(x)$ 满足如下恒等式
   $$f(x_1 + x_2) = f(x_1)f(x_2), \quad 且 \quad f'(0) = 2,$$
   试证:$f'(x) = 2f(x)$.

7. 设 $f(0) = 1, g(1) = 2, f'(0) = -1, g'(1) = -2$,求

   (1) $\lim\limits_{x \to 0} \dfrac{\cos x - f(x)}{x}$;　　(2) $\lim\limits_{x \to 0} \dfrac{3^x f(x) - 1}{x}$;

   (3) $\lim\limits_{x \to 1} \dfrac{\sqrt{x} g(x) - 2}{x - 1}$.

第二节　函数的导数

在上一节中,我们学习了导数的概念以及利用定义求解几个基本初等函数的导数,本节将进一步讨论各类函数导数的计算方法.

一、初等函数的导数

初等函数是由基本初等函数经过有限次的四则运算和有限次的复合运算得到的、能用一个式子表示的函数. 为了得到初等函数

的求导方法,我们需要研究基本初等函数的求导公式、函数四则运算的求导法则、反函数的求导法则以及复合函数的求导法则.

1. 函数四则运算的求导法则

定理 1　设函数 $u(x)$, $v(x)$ 在点 x 处可导,则 $u(x) \pm v(x)$, $u(x)v(x)$, $\dfrac{u(x)}{v(x)}(v(x) \neq 0)$ 也在点 x 处可导,且有

(1) $[u(x) \pm v(x)]' = u'(x) \pm v'(x)$;

(2) $[u(x)v(x)]' = u'(x)v(x) + u(x)v'(x)$;

(3) $\left[\dfrac{u(x)}{v(x)}\right]' = \dfrac{u'(x)v(x) - u(x)v'(x)}{v^2(x)}$.

证　(1) $[u(x) + v(x)]'$

$= \lim\limits_{\Delta x \to 0} \dfrac{[u(x + \Delta x) + v(x + \Delta x)] - [u(x) + v(x)]}{\Delta x}$

$= \lim\limits_{\Delta x \to 0} \dfrac{[u(x + \Delta x) - u(x)] + [v(x + \Delta x) - v(x)]}{\Delta x}$

$= \lim\limits_{\Delta x \to 0} \dfrac{u(x + \Delta x) - u(x)}{\Delta x} + \lim\limits_{\Delta x \to 0} \dfrac{v(x + \Delta x) - v(x)}{\Delta x}$

$= u'(x) + v'(x)$.

类似地,可得 $[u(x) - v(x)]' = u'(x) - v'(x)$.

(2) $[u(x)v(x)]'$

$= \lim\limits_{\Delta x \to 0} \dfrac{u(x + \Delta x)v(x + \Delta x) - u(x)v(x)}{\Delta x}$

$= \lim\limits_{\Delta x \to 0} \dfrac{[u(x + \Delta x) - u(x)]v(x + \Delta x) + u(x)[v(x + \Delta x) - v(x)]}{\Delta x}$

$= \lim\limits_{\Delta x \to 0} \dfrac{u(x + \Delta x) - u(x)}{\Delta x}v(x + \Delta x) + \lim\limits_{\Delta x \to 0} u(x)\dfrac{v(x + \Delta x) - v(x)}{\Delta x}$

$= \lim\limits_{\Delta x \to 0} \dfrac{u(x + \Delta x) - u(x)}{\Delta x}\lim\limits_{\Delta x \to 0} v(x + \Delta x) + u(x)\lim\limits_{\Delta x \to 0} \dfrac{v(x + \Delta x) - v(x)}{\Delta x}$

$= u'(x)v(x) + u(x)v'(x)$,

其中,$\lim\limits_{\Delta x \to 0} v(x + \Delta x) = v(x)$ 是因为 $v(x)$ 在点 x 处可导,继而 $v(x)$ 在点 x 处连续.

(3) $\left[\dfrac{u(x)}{v(x)}\right]' = \lim\limits_{\Delta x \to 0} \dfrac{\dfrac{u(x + \Delta x)}{v(x + \Delta x)} - \dfrac{u(x)}{v(x)}}{\Delta x}$

$= \lim\limits_{\Delta x \to 0} \dfrac{u(x + \Delta x)v(x) - u(x)v(x + \Delta x)}{v(x + \Delta x)v(x)\Delta x}$

$= \lim\limits_{\Delta x \to 0} \dfrac{[u(x + \Delta x) - u(x)]v(x) - u(x)[v(x + \Delta x) - v(x)]}{v(x + \Delta x)v(x)\Delta x}$

$= \lim\limits_{\Delta x \to 0} \dfrac{\dfrac{u(x + \Delta x) - u(x)}{\Delta x}v(x) - u(x)\dfrac{v(x + \Delta x) - v(x)}{\Delta x}}{v(x + \Delta x)v(x)}$

$= \dfrac{u'(x)v(x) - u(x)v'(x)}{v^2(x)}$.

函数四则运算法则的证明

下面给出几个有用的结论:

推论 1　设函数 $u(x)$ 是 x 的可导函数,而 C 为一常数,则 $[Cu(x)]' = Cu'(x)$.

对于函数加法的求导法则,我们可以将其推广到有限个可导函数相加的情形:

推论 2　设 n 个函数 $u_1(x), u_2(x), \cdots, u_n(x)$ 都是 x 的可导函数,则它们的和仍可导,且

$$[u_1(x) + u_2(x) + \cdots + u_n(x)]' = u'_1(x) + u'_2(x) + \cdots + u'_n(x).$$

进一步地,把以上两个推论相结合,我们可以得到如下结论.

推论 3　设 n 个函数 $u_1(x), u_2(x), \cdots, u_n(x)$ 是 x 的可导函数,而 $C_1, C_2, \cdots, C_n$ 为 n 个常数,则

$$[C_1 u_1(x) + C_2 u_2(x) + \cdots + C_n u_n(x)]'$$
$$= C_1 u'_1(x) + C_2 u'_2(x) + \cdots + C_n u'_n(x).$$

这样,我们可以方便地得到多项式函数的导数.

例 1　求 $f(x) = x^8 + 6x^3 - x^2 + 4$ 的导数.

解　$f'(x) = (x^8)' + 6(x^3)' - (x^2)' + (4)' = 8x^7 + 18x^2 - 2x$.

根据函数乘积的求导法则,我们可以由正弦函数、余弦函数的导数公式得到基本初等函数中正切、余切、正割、余割函数的求导公式.

例 2　$f(x) = \tan x$,求 $f'(x)$.

解　由 $f(x) = \tan x = \dfrac{\sin x}{\cos x}$ 及 $(\sin x)' = \cos x, (\cos x)' = -\sin x$,根据函数商的求导法则,有

$$f'(x) = \frac{(\sin x)' \cos x - \sin x (\cos x)'}{(\cos x)^2}$$
$$= \frac{\cos x \cos x - \sin x(-\sin x)}{\cos^2 x}$$
$$= \frac{1}{\cos^2 x}$$
$$= \sec^2 x,$$

即 $(\tan x)' = \sec^2 x$.

类似可得,$(\cot x)' = -\csc^2 x$.

例 3　$f(x) = \sec x$,求 $f'(x)$.

解　由 $f(x) = \sec x = \dfrac{1}{\cos x}$ 及 $(\cos x)' = -\sin x$,根据函数商的求导法则,有

$$f'(x) = \frac{1' \cos x - 1 \cdot (\cos x)'}{(\cos x)^2} = \frac{0 - (-\sin x)}{\cos^2 x} = \frac{1}{\cos x} \frac{\sin x}{\cos x} = \sec x \tan x,$$

即 $(\sec x)' = \sec x \tan x$.

类似可得,$(\csc x)' = -\csc x \cot x$.

至此,我们给出了除反三角函数外所有基本初等函数的求导公式,

那么,如何得到反三角函数的求导公式呢?

2. 反函数的求导法则

定理 2　设函数 $x = f(y)$ 在区间 I_y 内单调、可导且 $f'(y) \neq 0$,则它的反函数 $y = f^{-1}(x)$ 在它的定义区间 $I_x = \{x \mid x = f(y), y \in I_y\}$ 内也可导,并且

$$[f^{-1}(x)]' = \frac{1}{f'(f^{-1}(x))} \ \text{或} \ \frac{dy}{dx} = \frac{1}{\frac{dx}{dy}}.$$

证　由函数 $x = f(y)$ 在区间 I_y 内单调、可导(从而连续),因此其反函数 $y = f^{-1}(x)$ 存在,且在区间 $I_x = \{x \mid x = f(y), y \in I_y\}$ 内是单调、连续的.

下面我们来证明它也是可导的.

为求 $y = f^{-1}(x)$ 的导数,给自变量 $x \in I_x$ 一个增量 Δx,由 $y = f^{-1}(x)$ 的单调性可知

$$\Delta y = f^{-1}(x + \Delta x) - f^{-1}(x) \neq 0,$$

于是

$$\frac{\Delta y}{\Delta x} = \frac{1}{\frac{\Delta x}{\Delta y}}.$$

反函数求导法则的
证明及其应用

由 $y = f^{-1}(x)$ 的连续性,可知在 $\Delta x \to 0$ 时,$\Delta y \to 0$,从而

$$[f^{-1}(x)]' = \lim_{\Delta x \to 0} \frac{\Delta y}{\Delta x} = \lim_{\Delta y \to 0} \frac{1}{\frac{\Delta x}{\Delta y}} = \frac{1}{\lim_{\Delta y \to 0} \frac{\Delta x}{\Delta y}} = \frac{1}{f'(y)} = \frac{1}{f'(f^{-1}(x))}.$$

简而言之,反函数的导数等于其原函数的导数的倒数.

例 4　求 $y = \arcsin x$、$y = \arccos x$ 的导数.

解　由 $y = \arcsin x$ 是 $x = \sin y$ 的反函数,且 $x = \sin y$ 在区间 $I_y = \left(-\frac{\pi}{2}, \frac{\pi}{2}\right)$ 内单调、可导. 由于

$$\frac{dx}{dy} = (\sin y)' = \cos y,$$

根据定理 2

$$\frac{dy}{dx} = \frac{1}{\frac{dx}{dy}} = \frac{1}{(\sin y)'} = \frac{1}{\cos y}.$$

由三角函数公式 $\sin^2 y + \cos^2 y = 1$,可得

$$\cos y = \sqrt{1 - \sin^2 y} = \sqrt{1 - x^2},$$

因此

$$y' = \frac{1}{\cos y} = \frac{1}{\sqrt{1 - x^2}},$$

即

$$(\arcsin x)' = \frac{1}{\sqrt{1 - x^2}},$$

类似地,可得 $(\arccos x)' = -\dfrac{1}{\sqrt{1-x^2}}$.

例 5 求反正切 $y = \arctan x$、反余切 $y = \text{arccot} x$ 的导数.

解 $y = \arctan x$ 的反函数为 $x = \tan y$,它在 $I_y = \left(-\dfrac{\pi}{2}, \dfrac{\pi}{2}\right)$ 内单调、可导,由定理 2,

$$\frac{\mathrm{d}y}{\mathrm{d}x} = \frac{1}{\dfrac{\mathrm{d}x}{\mathrm{d}y}} = \frac{1}{(\tan y)'}.$$

而

$$(\tan y)' = \sec^2 y = 1 + \tan^2 y = 1 + x^2.$$

所以

$$\frac{\mathrm{d}y}{\mathrm{d}x} = \frac{1}{1+x^2},$$

即

$$(\arctan x)' = \frac{1}{1+x^2}.$$

类似地,可得 $(\text{arccot} x)' = -\dfrac{1}{1+x^2}$.

现在,将基本初等函数的导数公式总结如下:

(1) $(C)' = 0$;

(2) $(x^\mu)' = \mu x^{\mu-1}$ (μ 为任意实数);

(3) $(a^x)' = a^x \ln a$, $\qquad (\mathrm{e}^x)' = \mathrm{e}^x$;

(4) $(\log_a x)' = \dfrac{1}{x \ln a}$, $\qquad (\ln x)' = \dfrac{1}{x}$;

(5) $(\sin x)' = \cos x$, $\qquad (\cos x)' = -\sin x$;

$(\tan x)' = \sec^2 x$, $\qquad (\cot x)' = -\csc^2 x$;

$(\sec x)' = \sec x \tan x$, $\qquad (\csc x)' = -\csc x \cot x$;

(6) $(\arcsin x)' = \dfrac{1}{\sqrt{1-x^2}}$, $\quad (\arccos x)' = -\dfrac{1}{\sqrt{1-x^2}}$;

$(\arctan x)' = \dfrac{1}{1+x^2}$, $\qquad (\text{arccot} x)' = -\dfrac{1}{1+x^2}$.

因此,只需再有复合函数的求导法则,就可以不再用导数定义求函数导数了.

3. 复合函数的求导法则

让我们观察一个例子. 函数 $y = 10x - 14 = 2(5x - 7)$ 是由函数 $y = 2u$ 和 $u = 5x - 7$ 复合而成的,这些函数的导数有什么关系呢?

$\dfrac{\mathrm{d}y}{\mathrm{d}x} = 10, \dfrac{\mathrm{d}y}{\mathrm{d}u} = 2, \dfrac{\mathrm{d}u}{\mathrm{d}x} = 5.$ 显然 $10 = 2 \cdot 5$,本例中 $\dfrac{\mathrm{d}y}{\mathrm{d}x} = \dfrac{\mathrm{d}y}{\mathrm{d}u} \cdot \dfrac{\mathrm{d}u}{\mathrm{d}x}$. 这是巧合吗?

我们从导数的本质出发,将其设想为变化率,直观感觉告诉我们上述结果确实是合理的. 如果 $y = f(u)$ 的变化是 u 的变化的 2 倍那样快,而 u 的变化是 x 的变化的 5 倍那样快,那么经验告诉我们 y 的变化是 x 变化的 10 倍那样快. 这种效果有点类似多个齿轮相互咬合的齿轮链. 因此复合函数的求导法则又称为链式法则.

定理 3　若函数 $u = g(x)$ 在点 x 可导,而 $y = f(u)$ 在相应点 $u = g(x)$ 可导,则复合函数 $y = f[g(x)]$ 在点 x 可导,且

$$\frac{\mathrm{d}y}{\mathrm{d}x} = f'(u)g'(x) = f'[g(x)]g'(x),$$

或

$$\frac{\mathrm{d}y}{\mathrm{d}x} = \frac{\mathrm{d}y}{\mathrm{d}u}\frac{\mathrm{d}u}{\mathrm{d}x}. \tag{3.2}$$

注　定理 3 的严格证明请参见二维码,我们仅就定理 3 做一个简单说明:因为

$$\frac{\Delta y}{\Delta x} = \frac{\Delta y}{\Delta u} \cdot \frac{\Delta u}{\Delta x},$$

根据导数定义有　　　$\dfrac{\mathrm{d}y}{\mathrm{d}x} = \dfrac{\mathrm{d}y}{\mathrm{d}u}\dfrac{\mathrm{d}u}{\mathrm{d}x}.$

也就是复合函数求导遵循链式法则.

复合函数求导法则
及其应用

例 6　求幂函数 $y = x^{\mu}$ $(x > 0, \mu$ 为任意常数$)$ 的导数.

解　由于 $y = x^{\mu} = \mathrm{e}^{\mu \ln x}$ 可以看作由指数函数 $y = \mathrm{e}^{u}$ 与函数 $u = \mu \ln x$ 复合而成的函数,故按公式(3.2)有

$$y' = \mathrm{e}^{u} \cdot \mu \cdot \frac{1}{x} = \mu \mathrm{e}^{\mu \ln x} \cdot \frac{1}{x} = \mu x^{\mu - 1},$$

即

$$(x^{\mu})' = \mu x^{\mu - 1} \quad (x > 0).$$

例 7　求 $y = \ln|x|$ 的导数.

解　当 $x > 0$ 时, $y' = (\ln x)' = \dfrac{1}{x}$;

当 $x < 0$ 时, $y = \ln(-x)$ 可以看作由对数函数 $y = \ln u$ 与 $u = -x$ 复合而成的函数,故按公式(3.2)有

$$y' = \frac{1}{u} \cdot (-1) = \frac{1}{-x} \cdot (-1) = \frac{1}{x}.$$

因此, $y' = (\ln|x|)' = \dfrac{1}{x}.$

例 8　求 $y = \tan x^2$ 和 $y = (\tan x)^2$ 的导数.

解　由于 $y = \tan x^2$ 可以看作由正切函数 $y = \tan u$ 与幂函数 $u = x^2$ 复合而成的函数,故按公式(3.2)有

$$y' = \sec^2 u \cdot (x^2)' = \sec^2 u \cdot 2x = 2x \sec^2 x^2.$$

由于 $y = (\tan x)^2$ 可以看作由幂函数 $y = u^2$ 与正切函数 $u = \tan x$ 复合而成的函数,故按公式(3.2)有

$$y' = 2u \cdot (\tan x)' = 2u \cdot \sec^2 x = 2\tan x \sec^2 x.$$

在运用公式(3.2)比较熟练以后,解题时可以不必写出中间变

量,这样可以使求导过程相对简洁.

例 9　求 $y = \ln(x + \sqrt{x^2 + 1})$ 的导数.

解　$y' = \dfrac{1}{x + \sqrt{x^2 + 1}}(x + \sqrt{x^2 + 1})'$

$\qquad = \dfrac{1}{x + \sqrt{x^2 + 1}}\left[1 + \dfrac{1}{2\sqrt{x^2 + 1}}(x^2 + 1)'\right]$

$\qquad = \dfrac{1}{x + \sqrt{x^2 + 1}}\left(1 + \dfrac{x}{\sqrt{x^2 + 1}}\right)$

$\qquad = \dfrac{1}{\sqrt{x^2 + 1}}$,

复合函数求导数的链式法则可以推广到多层复合函数. 例如, 设 $y = f(u), u = \varphi(v), v = \psi(x)$ 均为相应区间内的可导函数,且可以复合成函数 $y = f\{\varphi[\psi(x)]\}$,则有

$$\frac{\mathrm{d}y}{\mathrm{d}x} = \frac{\mathrm{d}y}{\mathrm{d}u} \cdot \frac{\mathrm{d}u}{\mathrm{d}v} \cdot \frac{\mathrm{d}v}{\mathrm{d}x}.$$

例 10　求 $y = \ln\arctan x^3$ 的导数.

解　所给函数可以分解为 $y = \ln u, u = \arctan v, v = x^3$. 因为 $\dfrac{\mathrm{d}y}{\mathrm{d}u} = \dfrac{1}{u}$,

$\dfrac{\mathrm{d}u}{\mathrm{d}v} = \dfrac{1}{1 + v^2}, \dfrac{\mathrm{d}v}{\mathrm{d}x} = 3x^2$,故

$$y' = \frac{1}{u} \cdot \frac{1}{1 + v^2} \cdot 3x^2 = \frac{1}{\arctan x^3} \cdot \frac{1}{1 + (x^3)^2} \cdot 3x^2 = \frac{3x^2}{(1 + x^6)\arctan x^3}.$$

不写出中间变量,此例题也可以这样写:

$$y' = (\ln\arctan x^3)' = \frac{1}{\arctan x^3} \cdot (\arctan x^3)'$$

$$= \frac{1}{\arctan x^3} \cdot \frac{1}{1 + (x^3)^2} \cdot (x^3)' = \frac{3x^2}{(1 + x^6)\arctan x^3}.$$

通常,对可导函数求导会同时用到四则运算求导法则和复合函数求导法则.

例 11　设函数 $f(x)$ 在 $[0, 1]$ 上可导,且 $y = f(\sin^2 x) + 2f(\cos^2 x)$,求 y'.

解　$y' = [f(\sin^2 x)]' + 2[f(\cos^2 x)]'$

$\qquad = f'(\sin^2 x) \cdot 2\sin x \cdot \cos x + 2f'(\cos^2 x) \cdot 2\cos x \cdot (-\sin x)$

$\qquad = \sin 2x[f'(\sin^2 x) - 2f'(\cos^2 x)]$.

如果分段函数在每一段的表达式都是初等函数,那么分段函数在分界点以外的点,其导数仍按照初等函数求导公式求得. 但对于分界点,导数公式失效,只能按照导数定义进行求解.

例 12　已知 $f(x) = \begin{cases} \sin x^2, & x \leqslant 0, \\ \ln^2(1 + x), & x > 0, \end{cases}$ 求 $f'(x)$.

解　当 $x < 0$ 时, $f'(x) = (\sin x^2)' = \cos x^2 \cdot 2x = 2x\cos x^2$,

当 $x > 0$ 时, $f'(x) = 2\ln(1+x) \cdot \dfrac{1}{1+x} = \dfrac{2\ln(1+x)}{1+x}$,

当 $x = 0$ 时, 由于函数在其左、右两侧表达式不同, 所以需要分别分析左、右导数.

$$f'_+(0) = \lim_{x \to 0^+} \frac{f(x) - f(0)}{x - 0} = \lim_{x \to 0^+} \frac{\ln^2(1+x) - 0}{x} = 0,$$

$$f'_-(0) = \lim_{x \to 0^-} \frac{f(x) - f(0)}{x - 0} = \lim_{x \to 0^-} \frac{\sin x^2 - 0}{x} = 0,$$

所以 $f'(0) = 0$. 于是得

$$f'(x) = \begin{cases} 2x\cos x^2, & x < 0, \\ \dfrac{2\ln(1+x)}{1+x}, & x \geqslant 0 \end{cases}$$

或

$$f'(x) = \begin{cases} 2x\cos x^2, & x \leqslant 0, \\ \dfrac{2\ln(1+x)}{1+x}, & x > 0. \end{cases}$$

例 13 已知

$$f(x) = \begin{cases} x\sin\dfrac{1}{x}, & x \neq 0, \\ 0, & x = 0, \end{cases}$$

求 $f'(x)$.

解 当 $x \neq 0$ 时,

$$f'(x) = \sin\frac{1}{x} + x\left(\sin\frac{1}{x}\right)' = \sin\frac{1}{x} + x\cos\frac{1}{x} \cdot \left(\frac{1}{x}\right)'$$

$$= \sin\frac{1}{x} + x\cos\frac{1}{x} \cdot \left(-\frac{1}{x^2}\right) = \sin\frac{1}{x} - \frac{1}{x}\cos\frac{1}{x};$$

当 $x = 0$ 时, 由于

$$f'(0) = \lim_{x \to 0} \frac{f(x) - f(0)}{x - 0} = \lim_{x \to 0} \frac{x\sin\dfrac{1}{x} - 0}{x} = \lim_{x \to 0} \sin\frac{1}{x},$$

上述极限不存在, 故 $f(x)$ 在 $x = 0$ 不可导.

于是, $f'(x) = \sin\dfrac{1}{x} - \dfrac{1}{x}\cos\dfrac{1}{x}(x \neq 0)$.

二、 高阶导数——导函数的导数

若函数 $y = f(x)$ 在区间 I 内可导, 则它的导数仍然为 x 的函数, 可以进一步考察它的可导性, 从而产生了高阶导数的概念.

定义 1 若函数 $y = f(x)$ 的导函数在点 x_0 可导, 则称 $y = f(x)$ 在点 x_0 **二阶可导**, 并将 $y = f(x)$ 在点 x_0 的**二阶导数**记作

$$f''(x_0), y''\Big|_{x=x_0}, \frac{d^2 y}{dx^2}\Big|_{x=x_0} 或 \frac{d^2 f}{dx^2}\Big|_{x=x_0}.$$

若函数 $y = f(x)$ 在区间 I 内每一点都二阶可导,则称它在 I 内二阶可导,并称 $f''(x)(x \in I)$ 为 $f(x)$ 在 I 内的二阶导函数,或简称二阶导数.

类似地,可以定义三阶导数 $f'''(x)$,四阶导数 $f^{(4)}(x)$. 一般地,n 阶导数是由 $n-1$ 阶导数定义的. 将函数 $y = f(x)$ 的 n 阶导数记作

$$f^{(n)}(x), y^{(n)}, \frac{d^n y}{dx^n} \text{或} \frac{d^n f}{dx^n}.$$

二阶及二阶以上的导数统称为**高阶导数**. 相对于高阶导数来说,$f'(x)$ 也称为一阶导数.

例 14 设 $y = a^x$,求 $y^{(n)}$.

解 $y' = a^x \ln a, y'' = a^x \ln^2 a, y''' = a^x \ln^3 a, \cdots$,

所以

$$y^{(n)} = a^x \ln^n a.$$

特别当 $a = e$ 时,有

$$(e^x)^{(n)} = e^x.$$

例 15 求 $y = \sin x$ 和 $y = \cos x$ 的 n 阶导数.

解 $(\sin x)' = \cos x = \sin\left(x + \frac{\pi}{2}\right)$,

$(\sin x)'' = \cos\left(x + \frac{\pi}{2}\right) = \sin\left(x + 2 \cdot \frac{\pi}{2}\right)$,

$$\vdots$$

$(\sin x)^{(n)} = \sin\left(x + n \cdot \frac{\pi}{2}\right).$

类似地有

$$(\cos x)^{(n)} = \cos\left(x + n \cdot \frac{\pi}{2}\right).$$

例 16 求 $y = \ln(1+x)$ 的 n 阶导数.

解 $y' = \frac{1}{1+x} = (1+x)^{-1}$,

$y'' = (-1)(1+x)^{-2}$,

$y''' = (-1)(-2)(1+x)^{-3} = (-1)^2 2! (1+x)^{-3}, \cdots$,

一般地,有

$$y^{(n)} = [\ln(1+x)]^{(n)} = (-1)^{n-1} \frac{(n-1)!}{(1+x)^n}.$$

例 17 求 $y = x^\mu (x > 0, \mu$ 为任意常数) 的 n 阶导数.

解 $y' = \mu x^{\mu-1}, y'' = \mu(\mu-1)x^{\mu-2}, y''' = \mu(\mu-1)(\mu-2)x^{\mu-3}$,一般地有

$$y^{(n)} = (x^\mu)^{(n)} = \mu(\mu-1)\cdots(\mu-n+1)x^{\mu-n}.$$

当 $\mu = n$ 时,得到

$$(x^n)^{(n)} = n!,$$

进一步,易知

$$(x^n)^{(n+1)} = 0.$$

运用数学归纳法易得下面两个常用公式

（1）$[u(x) \pm v(x)]^{(n)} = [u(x)]^{(n)} \pm [v(x)]^{(n)}$；

（2）$[u(x)v(x)]^{(n)} = \sum_{k=0}^{n} C_n^k u^{(n-k)}(x) v^{(k)}(x)$，

其中，$u(x)$ 与 $v(x)$ 都是 n 阶可导函数，$u^{(0)}(x) = u(x)$，$v^{(0)}(x) = v(x)$，$C_n^k = \dfrac{n!}{k!(n-k)!}$.

▶ 莱布尼茨公式及其应用

公式（2）称为**莱布尼茨公式**.

例 18　设 $y = x^2 e^x$，求 $y^{(50)}$.

解　注意到函数 $y = x^2 e^x$ 是 x^2 与 e^x 的乘积，故可以按照莱布尼茨公式求其 50 阶导数. 因为 $(x^2)^{(0)} = x^2$，$(x^2)' = 2x$，$(x^2)'' = 2$，$(x^2)^{(n)} = 0(n \geqslant 3)$，所以由莱布尼茨公式可得

$$\begin{aligned}
y^{(50)} &= C_{50}^0 x^2 (e^x)^{(50)} + C_{50}^1 (x^2)'(e^x)^{(49)} + C_{50}^2 (x^2)''(e^x)^{(48)} \\
&= x^2 e^x + 50 \cdot 2x \cdot e^x + \frac{50 \cdot 49}{2} \cdot 2 \cdot e^x \\
&= x^2 e^x + 100x e^x + 2450 e^x.
\end{aligned}$$

三、隐函数的导数

函数 $y = f(x)$ 表示变量 y 与 x 之间的对应关系——对在某一数集中取定的 x 值，都有唯一确定的实数 y 与之对应. 实际上，表现这种对应关系的方式有很多种，把 y 写成 x 的解析表达式仅是函数的一种表现形式，在某些情况的变量 y 与 x 之间的函数对应关系中，y 是不能用 x 的解析表达式表示的. 例如，满足方程 $xy = e^{x+y}$ 的 x 和 y，对每一个实数 x，都由方程确定了一个唯一的 y 与之对应. 尽管 y 是 x 的函数. 但是，我们却不能把 y 用 x 的解析式表示出来.

一般地，如果变量 x 和 y 满足一个方程 $F(x,y) = 0$，在一定条件下，当 x 取某区间内的任意值时，相应地总有满足这个方程的唯一的 y 值存在，那么就称方程 $F(x,y) = 0$ 在该区间内确定了一个**隐函数** $y = f(x)$. 上面的方程 $xy = e^{x+y}$ 就确定了一个隐函数 $y = f(x)$. 相对于隐函数的概念，我们把形如 $y = \sin x, y = \ln x + e^x$ 等能用 x 的解析式 $f(x)$ 表示 y 的函数称作**显函数**. 把一个隐函数化成显函数的过程，称为隐函数的显化，显然，不是所有隐函数都可以显化.

关于隐函数的存在性、连续性和可导性，我们将在多元函数微分学中研究. 本节所讨论的隐函数都是存在且可导的. 这里，我们讨论的问题是，若方程 $F(x,y) = 0$ 在某个区间内确定了一个隐函数 $y = f(x)$，能否不解出显函数 y（有时可能根本无法解出 y）而直接由方程 $F(x,y) = 0$ 求出它的导数？

若二元方程 $F(x,y) = 0$ 确定了隐函数 $y = f(x)$，因此

$$F(x, f(x)) = 0.$$

将方程 $F(x, f(x)) = 0$ 两边同时关于 x 求导,即可求得隐函数的导数. 我们通过下面的例题进行说明.

例 19 求方程 $xy = e^{x+y}$ 所确定的隐函数的导数.

解 方程两边对 x 求导数,同时注意 y 是 x 的函数,利用复合函数的求导法则可得

$$y + xy' = e^{x+y}(1 + y'),$$

整理,得

$$(x - e^{x+y})y' = e^{x+y} - y,$$

于是,有

$$y' = \frac{e^{x+y} - y}{x - e^{x+y}}.$$

注 在对确定隐函数的方程两边关于 x 求导时,务必牢记: y 是 x 的可导函数.

例 20 求方程 $xy + \cos x - 2y + 7 = 0$ 确定的隐函数 $y = f(x)$ 在 $x = 0$ 点的导数.

解 方程两边对 x 求导数,同时注意 y 是 x 的函数,可得

$$x \frac{dy}{dx} + y - \sin x - 2 \frac{dy}{dx} = 0.$$

解方程,可得

$$\frac{dy}{dx} = \frac{y - \sin x}{2 - x}.$$

隐函数求导法

注意到,上面的导数表达式中既有自变量又有因变量,因此要得到 $x = 0$ 点的导数,还需要知道此时因变量的值.

由方程 $xy + \cos x - 2y + 7 = 0$ 知, $x = 0$ 时, $y = 4$.

于是

$$\frac{dy}{dx}\bigg|_{x=0} = \frac{y - \sin x}{2 - x}\bigg|_{\substack{x=0 \\ y=4}} = 2.$$

注 本道例题中的隐函数是可以显化的,对显化后的函数求导代入 $x = 0$ 可以得到相同结果.

例 21 求过双曲线 $\dfrac{x^2}{16} - \dfrac{y^2}{9} = 1$ 上一点 $(8, 3\sqrt{3})$ 处的切线方程.

解 由导数的几何意义,所求切线的斜率即为该方程所确定的隐函数的导数.

对原方程两边分别关于 x 求导,得

$$\left(\frac{x^2}{16} - \frac{y^2}{9}\right)' = 1', \quad 即 \frac{x}{8} - \frac{2yy'}{9} = 0.$$

解得 $y' = \dfrac{9x}{16y}$,在点 $(8, 3\sqrt{3})$ 处的切线斜率 $k = \dfrac{9x}{16y}\bigg|_{\substack{x=8 \\ y=3\sqrt{3}}} = \dfrac{\sqrt{3}}{2}.$

从而,切线方程为

$$y - 3\sqrt{3} = \frac{\sqrt{3}}{2}(x - 8),$$

或

$$y = \frac{\sqrt{3}}{2}x - \sqrt{3}.$$

对于隐函数,我们也可以求它的高阶导数.

例 22　求由方程 $x - 2y + \sin y = 0$ 所确定的隐函数的二阶导数 $\dfrac{\mathrm{d}^2 y}{\mathrm{d}x^2}$.

解　由隐函数的求导法,得

$$1 - 2\frac{\mathrm{d}y}{\mathrm{d}x} + \cos y \cdot \frac{\mathrm{d}y}{\mathrm{d}x} = 0,$$

于是

$$\frac{\mathrm{d}y}{\mathrm{d}x} = \frac{1}{2 - \cos y}.$$

上式两边再对 x 求导,同时注意 y 是 x 的函数,得

$$\frac{\mathrm{d}^2 y}{\mathrm{d}x^2} = -\frac{\sin y \cdot \dfrac{\mathrm{d}y}{\mathrm{d}x}}{(2 - \cos y)^2} = -\frac{\sin y}{(2 - \cos y)^3}.$$

对于幂指函数 $y = u(x)^{v(x)}$ $(u(x) > 0)$,我们可以通过复合函数求导法则进行求导,也可以对方程两边取对数,转化成隐函数后再求导,这种方法称为**对数求导法**.

例 23　求 $y = x^{\cos x}$ $(x > 0)$ 的导数.

解　将方程的两边取对数,得

$$\ln y = \cos x \cdot \ln x.$$

上式两边对 x 求导,同时注意 y 是 x 的函数,得

$$\frac{1}{y}y' = -\sin x \cdot \ln x + \cos x \cdot \frac{1}{x},$$

于是　$y' = y\left(-\sin x \cdot \ln x + \dfrac{\cos x}{x}\right) = x^{\cos x}\left(-\sin x \cdot \ln x + \dfrac{\cos x}{x}\right).$

取对数可以使得连乘、连除表达式转化为对数的连加、连减,因此,可用对数求导法求表达式中含有连乘、连除的函数的导数.

例 24　求 $y = \sqrt{\dfrac{x(x-2)}{(x-3)(x-4)}}$ 的导数.

解　先对方程两边分别取绝对值,再取对数,得

$$\ln|y| = \frac{1}{2}(\ln|x| + \ln|x-2| - \ln|x-3| - \ln|x-4|),$$

将上式两边分别对 x 求导,得

$$\frac{1}{y}y' = \frac{1}{2}\left(\frac{1}{x} + \frac{1}{x-2} - \frac{1}{x-3} - \frac{1}{x-4}\right),$$

于是　　$y' = \dfrac{y}{2}\left(\dfrac{1}{x} + \dfrac{1}{x-2} - \dfrac{1}{x-3} - \dfrac{1}{x-4}\right)$

$$= \frac{1}{2}\left(\frac{1}{x} + \frac{1}{x-2} - \frac{1}{x-3} - \frac{1}{x-4}\right)\sqrt{\frac{x(x-2)}{(x-3)(x-4)}}.$$

四、 参数方程所确定的函数的导数

研究物体运动的轨迹时,常遇到参数方程,例如,

$$\begin{cases} x = a\cos t, \\ y = b\sin t, \end{cases} \quad 0 \leqslant t \leqslant \pi$$

表示上半椭圆. 显然,这里 y 与 t 存在函数关系,并且 x 与 t 是一一对应的,从而 y 与 x 也呈函数关系.

一般地,由参数方程所确定的函数是指,自变量与因变量的函数关系是通过第三个变量间接给出的,它是由两个方程联立的方程组

$$\begin{cases} x = \varphi(t), \\ y = \psi(t), \end{cases} \quad \alpha \leqslant t \leqslant \beta$$

所确定的函数,其中,$\varphi(t),\psi(t)$ 都为 t 的函数,变量 t 称作参变量.

对于由参数方程所确定的函数,如何对其进行求导呢? 首先想到的是,消去参变量 t,得到 $y = f(x)$. 但消参有时会很困难,能否不消参直接由参数方程计算出它所确定的函数的导数呢?

参数方程求导法推导

如果 $x = \varphi(t)$ 具有单调连续反函数 $t = \varphi^{-1}(x)$,则 $y = \psi[\varphi^{-1}(x)]$. 假定 $x = \varphi(t),y = \psi(t)$ 都可导,并且 $\varphi'(t) \neq 0$,则 $\dfrac{\mathrm{d}t}{\mathrm{d}x} = \dfrac{1}{\dfrac{\mathrm{d}x}{\mathrm{d}t}} = \dfrac{1}{\varphi'(t)}$,从而

$$\frac{\mathrm{d}y}{\mathrm{d}x} = \frac{\mathrm{d}y}{\mathrm{d}t}\frac{\mathrm{d}t}{\mathrm{d}x} = \frac{\psi'(t)}{\varphi'(t)},$$

亦即

$$\frac{\mathrm{d}y}{\mathrm{d}x} = \frac{\dfrac{\mathrm{d}y}{\mathrm{d}t}}{\dfrac{\mathrm{d}x}{\mathrm{d}t}}. \tag{3.3}$$

这就是参数方程所确定函数的导数公式.

例 25 求参数方程

$$\begin{cases} x = 2(\cos\theta + \theta\sin\theta), \\ y = 3(\sin\theta - \theta\cos\theta) \end{cases}$$

所确定的函数的导数 $\dfrac{\mathrm{d}y}{\mathrm{d}x}$.

解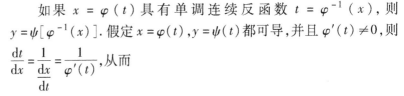
$$\frac{\mathrm{d}y}{\mathrm{d}x} = \frac{\dfrac{\mathrm{d}[3(\sin\theta - \theta\cos\theta)]}{\mathrm{d}\theta}}{\dfrac{\mathrm{d}[2(\cos\theta + \theta\sin\theta)]}{\mathrm{d}\theta}} = \frac{3[\cos\theta - (\cos\theta - \theta\sin\theta)]}{2[-\sin\theta + (\sin\theta + \theta\cos\theta)]} = \frac{3}{2}\tan\theta.$$

注 在参数方程确定的函数求导过程中,既有对参变量的导数又有对自变量的导数,为体现对哪个变量求导,求导符号我们通常采用"$\dfrac{\mathrm{d}y}{\mathrm{d}x}$".

例 26 已知椭圆(见图 3-4)的参数方程为 $\begin{cases} x = a\cos t, \\ y = b\sin t, \end{cases}$ 求它在

$t = \dfrac{\pi}{4}$ 对应的点处的切线方程.

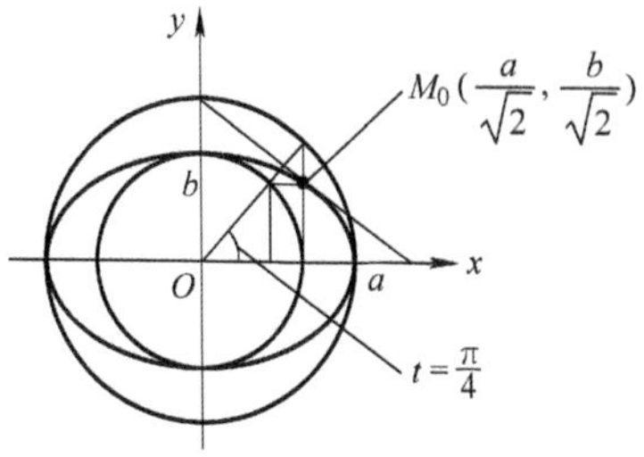

解 椭圆上,对应于 $t = \dfrac{\pi}{4}$ 的点 $M_0(x_0, y_0)$ 的坐标为:

$$x_0 = a\cos\frac{\pi}{4} = \frac{a\sqrt{2}}{2}, y_0 = b\sin\frac{\pi}{4} = \frac{b\sqrt{2}}{2}.$$

曲线在点 $M_0(x_0, y_0)$ 的切线斜率为:

$$\frac{\mathrm{d}y}{\mathrm{d}x}\bigg|_{t=\frac{\pi}{4}} = \frac{(b\sin t)'}{(a\cos t)'}\bigg|_{t=\frac{\pi}{4}} = \frac{b\cos t}{-a\sin t}\bigg|_{t=\frac{\pi}{4}} = -\frac{b}{a}.$$

由直线的点斜式方程,所求切线方程为

$$y - \frac{b\sqrt{2}}{2} = -\frac{b}{a}\left(x - \frac{a\sqrt{2}}{2}\right),$$

即

$$bx + ay - \sqrt{2}ab = 0.$$

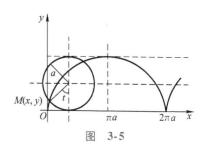

图 3-4

如果参数方程所确定的函数是二阶可导函数,那么我们可由式 (3.3) 来计算 $\dfrac{\mathrm{d}^2 y}{\mathrm{d}x^2}$.

$$\frac{\mathrm{d}^2 y}{\mathrm{d}x^2} = \frac{\mathrm{d}(y')}{\mathrm{d}x} = \frac{\dfrac{\mathrm{d}(y')}{\mathrm{d}t}}{\dfrac{\mathrm{d}x}{\mathrm{d}t}} = \frac{\dfrac{\psi''(t)\varphi'(t) - \psi'(t)\varphi''(t)}{[\varphi'(t)]^2}}{\varphi'(t)}$$

$$= \frac{\psi''(t)\varphi'(t) - \psi'(t)\varphi''(t)}{[\varphi'(t)]^3}.$$

例 27 求摆线(见图 3-5)的参变量函数

$$\begin{cases} x = a(t - \sin t), \\ y = a(1 - \cos t) \end{cases}$$

的二阶导数 $\dfrac{\mathrm{d}^2 y}{\mathrm{d}x^2}$.

解 $\dfrac{\mathrm{d}y}{\mathrm{d}x} = \dfrac{\dfrac{\mathrm{d}[a(1-\cos t)]}{\mathrm{d}t}}{\dfrac{\mathrm{d}[a(t-\sin t)]}{\mathrm{d}t}} = \dfrac{\sin t}{1 - \cos t} = \dfrac{2\sin\dfrac{t}{2}\cos\dfrac{t}{2}}{2\sin^2\dfrac{t}{2}} = \cot\dfrac{t}{2},$

图 3-5

所以 $\dfrac{\mathrm{d}^2 y}{\mathrm{d}x^2} = \dfrac{\dfrac{\mathrm{d}\cot\dfrac{t}{2}}{\mathrm{d}t}}{\dfrac{\mathrm{d}x}{\mathrm{d}t}} = -\dfrac{1}{2\sin^2\dfrac{t}{2}} \cdot \dfrac{1}{a(1-\cos t)}$

$$= -\frac{1}{a(1-\cos t)^2}.$$

习题 3-2(A)

1. 求下列函数的导数:

$(1) y = x^2 + 2^x + \dfrac{1}{\sqrt{x}} + \dfrac{1}{\sqrt{2}}$; $\qquad (2) y = \dfrac{(x+1)^2}{x}$;

$(3) y = x^2 \ln x$; $\qquad\qquad (4) y = \dfrac{\sin x}{1 + \cos x}$;

$(5) y = \tan x + x^2 \sec x - \ln x$; $\qquad (6) y = e^{ax} \sin bx$;

$(7) y = (1 + x^2) \arctan x$; $\qquad (8) y = \dfrac{2}{\arcsin x} + \dfrac{1}{x}$.

2. 求下列函数的导数:

$(1) y = (3 - x)^8$; $\qquad\qquad (2) y = \sin(ax^2 + b)$;

$(3) y = e^{\arcsin x}$; $\qquad\qquad (4) y = \tan \sqrt{2 - x}$;

$(5) y = \arctan e^{2x}$; $\qquad\qquad (6) y = \arcsin \dfrac{2}{x}$;

$(7) y = \ln \dfrac{1 + \sqrt{x}}{1 - \sqrt{x}}$; $\qquad\qquad (8) y = \sin \sqrt{1 + x^2}$;

$(9) y = \sec^2(1 + 3^x)$; $\qquad (10) y = \ln(x + \sqrt{x} + 1)$.

3. 若函数 $f(x)$ 可导,求下列函数的导数:

$(1) y = f(x^3)$; $\qquad (2) y = \ln\left[1 + e^{2f(x)} \right]$.

4. 求下列函数的二阶导数:

$(1) y = x^2 + 2\ln x$; $\qquad (2) y = \arctan x$;

$(3) y = \sin(1 - 2x)$; $\qquad (4) y = \ln(1 + x^2)$;

$(5) y = e^x \cos x$; $\qquad\qquad (6) y = \ln(x + \sqrt{x^2 - 1})$.

5. 挂在弹簧上的一个重物,从静止位置往下拉长 10cm,并松开使其上下振动. 记松开时的时刻为 $t = 0$,在时刻 t 时物体的位置为 $s = 10\cos t$. 求时刻 t 时物体的速度和加速度.

6. 设函数 $f(x) = 3 + x + 2x^2 + x^4$,求 $f'''(0)$ 及 $f^{(4)}(0)$.

7. 计算下列各题:

$(1) f(x) = e^{2x+1}$,求 $f^{(5)}(x)$;

$(2) y = (x + 1)\ln x$,求 $\dfrac{d^3 y}{dx^3}$;

$(3) y = \ln\sin x$,求 y'''.

8. 验证函数 $y = C_1 e^{\lambda x} + C_2 e^{-\lambda x}$(其中,$C_1$,$C_2$ 为任何常数)满足关系式(微分方程)

$$y'' - \lambda^2 y = 0.$$

9. 设函数 $y = y(x)$ 由下列方程确定,求 $\dfrac{dy}{dx}$:

$(1) y^2 + 2xy + 1 = 0$; $\qquad (2) x^3 + y^3 - xy = 0$;

$(3) xy = e^{2x + 3y}$; $\qquad\qquad (4) \ln y = 1 - y e^x$.

10. 求曲线 $y = 1 + (x - 1)e^y$ 上对应于 $x = 1$ 点处的切线方程.

11. 设函数 $y = y(x)$ 由方程 $3x^2 + y^2 = 2y$ 确定,求 $\dfrac{d^2 y}{dx^2}$.

12. 用对数求导法求下列函数的导数 $\dfrac{\mathrm{d}y}{\mathrm{d}x}$：

    $(1) y = (1+2x)^{\frac{1}{x}}$； $(2) y = x^2(x-1)^3(x-2)^4$.

13. 求由下列参数方程所确定的函数 $y = y(x)$ 的导数 $\dfrac{\mathrm{d}y}{\mathrm{d}x}$：

    $(1) \begin{cases} x = 2t^2, \\ y = 1 - t^3; \end{cases}$ $(2) \begin{cases} x = \ln(1+t), \\ y = 2t - \sin t. \end{cases}$

14. 写出下列曲线在指定点处的切线方程：

    $(1) \begin{cases} x = 1 + \sqrt{1+t}, \\ y = 1 - \sqrt{1-t} \end{cases}$ 在点 $(2,0)$ 处；

    $(2) \begin{cases} x = \mathrm{e}^t \sin t, \\ y = \mathrm{e}^t \cos t \end{cases}$ 在 $t = \dfrac{\pi}{4}$ 处.

习题 3-2 (B)

1. 求下列函数的导数：

    $(1) y = \mathrm{e}^x \sin x^2$； $(2) y = \ln(\ln x)$；

    $(3) y = \ln(x + \sqrt{1+x^2})$； $(4) y = \ln(\csc x + \cot x)$；

    $(5) y = \dfrac{x}{2}\sqrt{1-x^2} + \dfrac{1}{2}\arcsin x$； $(6) y = \arctan\sqrt{\dfrac{1-x}{1+x}}$.

2. 设可导函数 $f(x)$ 满足方程 $f(x) + 2f\left(\dfrac{1}{x}\right) = x$，求 $f'(x)$.

3. 设 $y = f\left[g^2(x) - \dfrac{1}{x}\right]$，其中，$f(u)$，$g(u)$ 可导，求 y'.

4. 试写出垂直于直线 $2x - 4y + 1 = 0$ 且与曲线 $y = \dfrac{2}{3}x^3 + 2x^2 - 5$ 相

    切的直线方程.

5. 设 $f(x)$ 在 $(-\infty, +\infty)$ 内可导，证明：

    (1) 若 $f(x)$ 为奇函数，则 $f'(x)$ 为偶函数；

    (2) 若 $f(x)$ 为偶函数，则 $f'(x)$ 为奇函数；

    (3) 若 $f(x)$ 为周期函数，则 $f'(x)$ 仍为周期函数.

6. 求下列函数的 $n(n \geq 4)$ 阶导数：

    $(1) y = x^2 \mathrm{e}^x$； $(2) y = x^2 \sin x$； $(3) y = x \ln x$.

7. 若函数 $f(x)$ 满足 $f'(\cos x) = \cos 2x + \cos^2 x$，求 $f''(x)$.

8. 若函数 $y = f(x)$ 存在三阶导数，求 $y = f^3(x)$ 的二阶导数.

9. 设函数 $u = \phi(x) + y^3$，其中函数 $\phi(x)$ 可导. 又函数 $y = y(x)$ 由方

    程 $y + \mathrm{e}^y = x$ 确定，求 $\dfrac{\mathrm{d}u}{\mathrm{d}x}$.

10. 设函数 $y = y(x)$ 由方程 $\begin{cases} x = \ln(1+t^2), \\ y = \sin(y+t) \end{cases}$ 确定，求 $\dfrac{\mathrm{d}y}{\mathrm{d}x}$.

11. 设函数 $y = y(x)$ 由方程 $y^{\frac{1}{x}} = x^{\frac{1}{y}}$ 确定, 求 $\dfrac{d^2 y}{dx^2}$.

12. 设函数 $y = y(x)$ 由方程 $y = f(x + y)$ 确定(其中, 函数 $f(u)$ 有二阶导数), 求 $\dfrac{d^2 y}{dx^2}$.

13. 求由参数方程 $\begin{cases} x = 2\cos t, \\ y = 3\sin t \end{cases}$ 所确定的函数 $y = y(x)$ 的二阶导数 $\dfrac{d^2 y}{dx^2}$.

第三节 函数的微分

一、微分的定义

微分的定义

引例 1 已知函数 $y = e^{2\sin x}$, 求 $y = e^{2\sin x}$ 在 $x = 0.01$ 处的近似值.

对函数 $y = e^{2\sin x}$, 当 $x = 0$ 时, 很容易得到函数值 $y = e^{2\sin 0} = 1$, 但无法计算 $x = 0.01$ 处的函数精确值. 注意到, $y = e^{2\sin x}$ 是个连续函数, 当自变量变化不大时, 因变量变化也较小, 所以 $x = 0.01$ 处的函数值与 $x = 0$ 处的函数值 $y = 1$ 相差不大, 因此 1 就可以作为 $x = 0.01$ 处函数值的近似值. 但是, 这种近似未免有些粗糙, 能不能再精确些呢?

根据函数极限与无穷小的关系, 由 $y = e^{2\sin x}$ 在 $x = 0$ 处可导且 $y'(0) = 2$, 有

$$\frac{\Delta y}{\Delta x} = y'(0) + \alpha = 2 + \alpha,$$

其中, $\alpha \to 0 (\Delta x \to 0)$, Δx 表示自变量 $x = 0$ 处的增量, Δy 表示相应的函数值的增量.

从而,

$$\Delta y = 2\Delta x + \alpha \cdot \Delta x = 2\Delta x + o(\Delta x) \quad (\Delta x \to 0).$$

事实上, $\lim\limits_{\Delta x \to 0} \dfrac{\alpha \cdot \Delta x}{\Delta x} = 0$, 从而 $\alpha \cdot \Delta x = o(\Delta x)(\Delta x \to 0)$. 因此, 对增量 Δy 来说, 只要 $|\Delta x|$ 很小时, 起主要作用的是前面 Δx 的线性部分 $2\Delta x$. 当 $x = 0.01$ 时, $\Delta x = 0.01$, 则 $\Delta y \approx 2\Delta x = 0.02$, 从而易得 $x = 0.01$ 处的函数值

$$y(0.01) = y(0) + \Delta y \approx 1 + 0.02 = 1.02.$$

从而就求得了 $y(0.01) \approx 1.02$.

由上面的过程可知, 如果函数值的增量可以近似看作自变量的增量的线性变化, 那么会使得函数值的计算得到大大的简化, 这里自变量的增量的线性变化就是函数在该点处的微分.

定义 1 设函数 $y = f(x)$ 在点 x_0 的附近有定义,如果存在不依赖 Δx 的常数 A,使得函数值的增量 $\Delta y = f(x_0 + \Delta x) - f(x_0)$ 可以表示为

$$\Delta y = A \cdot \Delta x + o(\Delta x),$$

那么称 $y = f(x)$ 在点 x_0 **可微**,并把 $A \cdot \Delta x$ 称作 $y = f(x)$ 在 x_0 点的**微分**,记作 $\mathrm{d}f$ 或 $\mathrm{d}y$,即 $\mathrm{d}f = A \cdot \Delta x$ 或 $\mathrm{d}y = A \cdot \Delta x$.

由定义看到,若 $y = f(x)$ 在一点可微,那么当自变量在这点获得一个增量 Δx 之后,相应的函数的增量 Δy 可以分成两部分:一部分是函数在这点的微分,即 $\mathrm{d}y = A \cdot \Delta x$;另一部分是 Δx 的高阶无穷小. 由于微分是自变量增量的线性函数,是函数增量的"主要"部分,它与 Δy 的差别只是一个关于 Δx 的高阶无穷小($\Delta x \to 0$). 因此,也称函数的微分为函数增量的**线性主部**.

如何求函数的微分呢? 在我们的引例中可以看到函数可导和函数可微之间的关系,当我们找到二者的关系后,就得到了求微分的计算方法.

二、函数可导与可微的关系

定理 1 函数 $y = f(x)$ 在点 x_0 可微的充要条件是 $f(x)$ 在点 x_0 可导. 并且当 $f(x)$ 在点 x_0 可微时

$$\mathrm{d}y \big|_{x = x_0} = f'(x_0) \Delta x.$$

证 充分性

由 $y = f(x)$ 在 $x = x_0$ 处可导知 $\lim\limits_{\Delta x \to 0} \dfrac{\Delta y}{\Delta x} = f'(x_0)$,由函数极限和无穷小的关系可得

$$\frac{\Delta y}{\Delta x} = f'(x_0) + \alpha,$$

其中,$\alpha \to 0 (\Delta x \to 0)$.
从而

$$\Delta y = f'(x_0) \Delta x + \alpha \cdot \Delta x = f'(x_0) \Delta x + o(\Delta x) \quad (\Delta x \to 0),$$

即函数 $y = f(x)$ 在 x_0 可微.
必要性 设 $y = f(x)$ 在 x_0 可微,则有

$$\Delta y = A \Delta x + o(\Delta x).$$

以 $\Delta x \neq 0$ 除上式两边,并令 $\Delta x \to 0$ 取极限,得

$$\lim_{\Delta x \to 0} \frac{\Delta y}{\Delta x} = A.$$

所以 $y = f(x)$ 在 x_0 可导,且 $f'(x_0) = A$. 因此

$$\mathrm{d}y \big|_{x = x_0} = f'(x_0) \Delta x. \tag{3.4}$$

定理 1 不仅表明函数在一点处的可导性与可微性是等价的,而且给出了函数 $y = f(x)$ 在 x_0 点处求微分的方法. 特别地,对于函数

$y = x$ 来说,由于 $(x)' = 1$,则

$$dx = (x)'\Delta x = \Delta x.$$

因此,规定自变量的微分等于自变量的增量. 这样,函数 $y = f(x)$ 的微分可以写成

$$dy = f'(x)dx. \qquad (3.5)$$

从而有

$$\frac{dy}{dx} = f'(x).$$

即函数的微分与自变量的微分之商等于函数的导数,因此导数又称为微商.

例 1 求函数 $y = e^{2\sin x}$ 的微分.

解 $dy = f'(x)dx = (e^{2\sin x} \cdot 2\cos x)dx = 2\cos x e^{2\sin x}dx.$

例 2 设函数 $y = x^3$,

(1)求函数的微分;

(2)求函数在 $x = 1$ 处的微分;

(3)求函数在 $x = 1$ 处当 $\Delta x = 0.01$ 时的微分,并讨论微分与函数增量的误差.

解 (1) $dy = (x^3)'dx = 3x^2 dx$;

(2) $dy\big|_{x=1} = 3x^2 dx\big|_{x=1} = 3dx$;

(3) $dy\big|_{\substack{x=1 \\ \Delta x=0.01}} = 3x^2 dx\big|_{\substack{x=1 \\ \Delta x=0.01}} = 3 \times 0.01 = 0.03$,

而 $\Delta y = (1 + 0.01)^3 - 1 = 0.030301$,$\Delta y - dy = 0.000301$,可见用 dy 近似 Δy,其误差为 3.01×10^{-4}.

由定理 1,我们不但得到了计算函数微分的方法,还推导出函数微分的几何意义,如图 3-6 所示. 函数 $y = f(x)$ 在 $x = x_0$ 点的导数 $f'(x_0)$ 在几何上表示曲线 $y = f(x)$ 在点 $(x_0, f(x_0))$ 处切线的斜率. 由微分的定义 $dy = f'(x)dx$,在图 3-6 中看到,它即是切线上相应点 P 与 M 的纵坐标的增量.

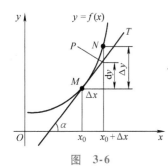

图 3-6

三、基本初等函数的微分公式与微分运算法则

由导数与微分的关系,只要知道函数的导数,就能立刻写出它的微分. 从而,由基本初等函数的导数公式可得到基本初等函数的微分公式.

例如

$$d(x^\mu) = \mu x^{\mu-1}dx,$$
$$d(e^x) = e^x dx,$$
$$d(\sin x) = \cos x dx.$$

利用导数的运算法则得到微分的运算法则:

(1) $d[cu(x)] = cdu(x)$(c 为常数);

(2) $d[u(x) \pm v(x)] = du(x) \pm dv(x)$;

(3) $d[u(x)v(x)] = v(x)du(x) + u(x)dv(x)$;

（4）$\mathrm{d}\left[\dfrac{u(x)}{v(x)}\right] = \dfrac{v(x)\mathrm{d}u(x) - u(x)\mathrm{d}v(x)}{v^2(x)}$,

这里 $u(x)$ 与 $v(x)$ 都是可微函数.

此外，我们还可以推出复合函数的微分法则.

设 $y = f[g(x)]$ 是由可微函数 $y = f(u)$ 和 $u = g(x)$ 复合而成，则 $y = f[g(x)]$ 对 x 可微，且由复合函数的链式法则及定理1，有

$$\mathrm{d}y = f'[g(x)]g'(x)\mathrm{d}x.$$

由于 $\mathrm{d}u = g'(x)\mathrm{d}x$，又 $u = g(x)$，则上式可变形为

$$\mathrm{d}y = f'(u)\mathrm{d}u.$$

由此可见，无论 u 是自变量还是中间变量，微分形式 $\mathrm{d}y = f'(u)\mathrm{d}u$ 保持不变，这一性质称为**微分形式不变性**.

微分形式

不变性及其应用

例 3　求 $y = \mathrm{e}^{x^2}\ln(1+x)$ 的微分.

解　由微分的形式不变性，有

$$\mathrm{d}y = \ln(1+x)\mathrm{d}\mathrm{e}^{x^2} + \mathrm{e}^{x^2}\mathrm{d}\ln(1+x).$$

$$= \ln(1+x)\mathrm{e}^{x^2}\mathrm{d}x^2 + \frac{\mathrm{e}^{x^2}}{1+x}\mathrm{d}(1+x)$$

$$= \ln(1+x)\mathrm{e}^{x^2}(2x\mathrm{d}x) + \frac{\mathrm{e}^{x^2}}{1+x}(\mathrm{d}1 + \mathrm{d}x)$$

$$= \left(2x\mathrm{e}^{x^2}\ln(1+x) + \frac{\mathrm{e}^{x^2}}{1+x}\right)\mathrm{d}x.$$

例 4　求 $y = \dfrac{3x-2}{3x^3} + \ln\sqrt{1+x^2} - \arctan x$ 的微分.

解　$y = \dfrac{1}{x^2} - \dfrac{2}{3x^3} + \dfrac{1}{2}\ln(1+x^2) - \arctan x.$

$$\mathrm{d}y = \mathrm{d}\left(\frac{1}{x^2}\right) - \frac{2}{3}\mathrm{d}\left(\frac{1}{x^3}\right) + \frac{1}{2}\mathrm{d}\ln(1+x^2) - \mathrm{d}\arctan x$$

$$= -2\frac{1}{x^3}\mathrm{d}x + 2\frac{1}{x^4}\mathrm{d}x + \frac{x}{1+x^2}\mathrm{d}x - \frac{1}{1+x^2}\mathrm{d}x$$

$$= \frac{x^5 - x^4 - 2x^3 + 2x^2 - 2x + 2}{x^4(1+x^2)}\mathrm{d}x.$$

例 5（参数方程求导法则）　设参数方程

$$\begin{cases} x = x(t), \\ y = y(t), \end{cases} \quad t \in [\alpha,\beta]$$

其中，$x(t)$, $y(t)$ 对 t 可导，且 $x'(t) \neq 0$，利用微分形式不变性证明：

$$\frac{\mathrm{d}y}{\mathrm{d}x} = \frac{\dfrac{\mathrm{d}y}{\mathrm{d}t}}{\dfrac{\mathrm{d}x}{\mathrm{d}t}}.$$

解　由于

$$\mathrm{d}x = x'(t)\mathrm{d}t, \mathrm{d}y = y'(t)\mathrm{d}t, x'(t) \neq 0,$$

故有

$$\frac{\mathrm{d}y}{\mathrm{d}x} = \frac{y'(t)\,\mathrm{d}t}{x'(t)\,\mathrm{d}t} = \frac{y'(t)}{x'(t)} = \frac{\dfrac{\mathrm{d}y}{\mathrm{d}t}}{\dfrac{\mathrm{d}x}{\mathrm{d}t}}, \ t \in [\alpha, \beta].$$

例 6 求由方程 $y + 2xe^y = 1$ 所确定的隐函数 $y = y(x)$ 的微分 $\mathrm{d}y$ 和导数 $\dfrac{\mathrm{d}y}{\mathrm{d}x}$.

解 方程两端微分,有

$$\mathrm{d}y + \mathrm{d}(2xe^y) = 0,$$

即

$$\mathrm{d}y + 2x\mathrm{d}(e^y) + e^y\mathrm{d}(2x) = 0,$$

也就是

$$\mathrm{d}y + 2xe^y\mathrm{d}y + 2e^y\mathrm{d}x = 0.$$

从而

$$\mathrm{d}y = \frac{-2e^y}{1 + 2xe^y}\mathrm{d}x,$$

$$\frac{\mathrm{d}y}{\mathrm{d}x} = \frac{-2e^y}{1 + 2xe^y}.$$

从上述例题不难看出,利用微分形式不变性以及微分的运算性质,可以不必先求出复合函数的导数,这而采取"层层扒皮"即可求出该复合函数的微分,然后进一步求得复合函数的导数,这与复合函数求导的链式法则异曲同工.

例 7 在括号中填入适当的函数使得等式成立.

(1) $\mathrm{d}(\quad) = x^2\mathrm{d}x$;

(2) $\mathrm{d}(\quad) = \sin2x\mathrm{d}x$.

解 (1) 由等式右边,联想到幂函数的微分,

$$\mathrm{d}x^3 = 3x^2\mathrm{d}x.$$

从而,

$$x^2\mathrm{d}x = \frac{1}{3}\mathrm{d}x^3 = \mathrm{d}\left(\frac{1}{3}x^3\right).$$

进一步地,$\mathrm{d}\left(\dfrac{1}{3}x^3 + C\right) = x^2\mathrm{d}x$,其中,$C$ 为任意常数.

(2) 由等式右边,联想到三角函数的微分,

$$\mathrm{d}\cos2x = -2\sin2x\mathrm{d}x.$$

从而,$\sin2x\mathrm{d}x = -\dfrac{1}{2}\mathrm{d}\cos2x = \mathrm{d}\left(-\dfrac{1}{2}\cos2x\right).$

进一步地,$\mathrm{d}\left(-\dfrac{1}{2}\cos2x + C\right) = \sin2x\mathrm{d}x$,其中,$C$ 为任意常数.

四、 微分在近似计算中的应用

在科学技术和工程问题中经常会遇到复杂函数的计算,当直接计算比较困难时,对于可微函数通常利用微分去近似替代增量. 当 $|\Delta x|$ 很小时,我们有

$$\Delta y \approx \mathrm{d}y = f'(x_0)\Delta x,$$

即

$$f(x_0 + \Delta x) \approx f(x_0) + f'(x_0)\Delta x.$$

令 $x = x_0 + \Delta x$，亦即

$$f(x) \approx f(x_0) + f'(x_0)(x - x_0). \tag{3.6}$$

因此，要计算 $f(x)$ 的值，先确定一邻近于 x 的值 x_0，使 $f(x_0)$ 与 $f'(x_0)$ 易于计算，再代入上式即可得到近似值.

例 8 求 $\sin 30°30'$ 的近似值.

解 令 $f(x) = \sin x$，则 $f'(x) = \cos x$，取 $x_0 = 30° = \dfrac{\pi}{6}$，$x - x_0 = 30' = \dfrac{\pi}{360}$，

代入近似公式 (3.6) 得

$$\sin 30°30' = \sin\left(\frac{\pi}{6} + \frac{\pi}{360}\right) \approx \sin\frac{\pi}{6} + \cos\frac{\pi}{6} \times \frac{\pi}{360}$$

$$= \frac{1}{2} + \frac{\sqrt{3}}{2} \times \frac{\pi}{360} \approx 0.5076.$$

在应用近似公式 (3.6) 时，经常遇到的情形是取 $x_0 = 0$ 且 $|x|$ 很小，这时式 (3.6) 成为

$$f(x) \approx f(0) + f'(0)x.$$

当 $|x|$ 很小时，利用上式可以得出下列一些常用的近似公式：

(1) $\sin x \approx x$，　　　　(2) $\tan x \approx x$，

(3) $\mathrm{e}^x \approx 1 + x$，　　　(4) $\ln(1 + x) \approx x$，

(5) $(1 + x)^\alpha \approx 1 + \alpha x$.

例 9 求 $\sqrt[3]{1.01}$ 的近似值.

解 当 $|x|$ 很小时，$(1 + x)^\alpha \approx 1 + \alpha x$.

从而，$\sqrt[3]{1.01} \approx 1 + \dfrac{1}{3} \times 0.01 \approx 1.0033.$

习题 3-3(A)

1. 设函数 $y = x^2$，在 $x_0 = 1$ 点处，对 $\Delta x = 0.1$ 及 $\Delta x = -0.01$ 用定义分别求函数的改变量 Δy 与函数的微分 $\mathrm{d}y$.

2. 求下列函数的微分 $\mathrm{d}y$：

　(1) $y = x^2 + 2^x + \ln 2$；　　(2) $y = x^2 \cos 2x$；

　(3) $y = \ln^2(1 + 2x)$；　　　(4) $y = \tan^2(2 - x)$；

　(5) $y = \dfrac{x}{\sqrt{4 - x^2}}$；

　(6) $y = \sec(1 + 2x^2)$；

　(7) $y = \arctan\sqrt{3 + x^2}$；

　(8) $y = 2^{x^2}$.

3. 设函数 $y = 2^x x$，求 $\mathrm{d}y\big|_{x=0}$.

4. 在括号内填入适当的函数,使下列等式成立:

(1) d( ) $= 3\mathrm{d}x$; (2) d( ) $= \dfrac{1}{1+x}\mathrm{d}x$;

(3) d( ) $= 2\sin x\mathrm{d}x$; (4) d( ) $= \dfrac{1}{\sqrt{x}}\mathrm{d}x$;

(5) d( ) $= x^4\mathrm{d}x$; (6) d( ) $= \dfrac{2}{1+x^2}\mathrm{d}x$.

习题 3-3(B)

1. 设函数 $f(x)$ 在点 x_0 的某邻域 $U(x_0,\delta)(\delta>0)$ 内有定义,且 $f'(x_0) = \dfrac{2}{5}$, $x_0+\Delta x \in U(x_0,\delta)$, 则当 $\Delta x \to 0$ 时, $\mathrm{d}y\big|_{x=x_0}$ 是( ).

A. 与 Δx 等价的无穷小 　　 B. 与 Δx 同阶的无穷小

C. 比 Δx 高阶的无穷小 　　 D. 比 Δx 低阶的无穷小

2. 设函数 $y=y(x)$ 由方程 $3^{xy}=x+y$ 所确定,求函数 $y=y(x)$ 在点 $x=0$ 处的微分.

3. 设 $y=y(x)$ 由方程 $\mathrm{e}^x - \mathrm{e}^y = \sin(xy)$ 确定,求 $\mathrm{d}y$.

4. 设 $y=f[g^2(x)-x]$,其中,$f(u),g(u)$ 可微,求 $\mathrm{d}y$.

5. 用公式 $f(x) \approx f(x_0)+f'(x_0)(x-x_0)$ (当 x 离 x_0 较近时)计算下列数值:

(1) $\cos 60°30'$; (2) $\sqrt{0.98}$.

第四节 **导数在经济中的应用**

一、 边际

在经济问题中,常常需要讨论一个经济变量相对于另一个经济变量的变化率,变化率又分为平均变化率和瞬时变化率,而瞬时变化率在经济学中称为**边际**.

▶ 边际函数

定义 1 设经济函数 $y=f(x)$ 在点 x 处可导,则称导数 $f'(x)$ 为 $f(x)$ 的**边际函数**,简称边际,$f'(x_0)$ 称为 $f(x)$ 在点 x_0 的**边际函数值**.

对于经济函数 $y=f(x)$,通常 x 是一个比较大的量,相对地,$\Delta x=1$ 就可以看作是一个较小的量,由函数可微的性质,

$$\Delta y\bigg|_{\substack{x=x_0\\\Delta x=1}} \approx \mathrm{d}y = f'(x)\Delta x\bigg|_{\substack{x=x_0\\\Delta x=1}} = f'(x_0).$$

上式说明 $f(x)$ 在点 x_0 处,当自变量 x 再产生一个单位的改变

时,因变量 y 近似改变 $f'(x_0)$ 个单位——边际的经济学意义.利用导数研究经济变量的边际变化的方法,即为边际分析法,它是经济学理论中一个重要的分析方法.

例1　设函数 $y = x^3 + 2$,试求 y 在 $x = 3$ 时的边际函数值.

解　由于 $y' = 3x^2$,故 $y'\Big|_{x=3} = 27$.

即 y 在 $x = 3$ 时的边际函数值为 27.

该值表明,当 $x = 3$ 时,x 再改变(增加或减少)一个单位,y 改变(增加或减少)27 个单位.

二、经济学中常见的边际函数

1. 边际成本

总成本函数 $C(Q)$ 的导数 $C'(Q)$ 称为**边际成本**,记为 $MC = C'(Q)$.其经济学意义为当生产 Q 件产品时,再生产一件产品所增加的总成本.

将边际成本与平均成本相比较,可以用来指导生产.若边际成本小于平均成本,则应考虑增加产量以降低单件产品的成本;若边际成本大于平均成本,则应考虑减少产量以降低单件产品的成本.

例2　设生产某产品的总成本函数为 $C(Q) = 1000 + 2Q^2$,求:

(1)生产 1000 件产品时的总成本和平均成本;

(2)生产 1000 件到 1100 件时的总成本的平均变化率;

(3)生产 1000 件产品的边际成本,并解释其经济意义.

解　(1)生产 1000 件产品时的总成本

$$C(1000) = 1000 + 2 \times 1000^2 = 2001000,$$

平均成本为

$$\overline{C}(1000) = \frac{2001000}{1000} = 2001.$$

(2)生产 1000 件到 1100 件产品的总成本的平均变化率为:

$$\frac{\Delta C}{\Delta Q} = \frac{C(1100) - C(1000)}{1100 - 1000} = \frac{420000}{100} = 4200.$$

(3)生产 1000 件产品的边际成本为:

$$C'(1000) = 4Q\Big|_{Q=1000} = 4000,$$

它表示生产 1000 件产品时,再增产(或减产)一件产品,需增加(或减少)成本 4000 个单位.

本题中边际成本大于平均成本,故可以通过减少产量从而降低单件产品的成本.

2. 边际收益

总收益函数 $R(Q)$ 的导数 $R'(Q)$ 称为**边际收益**,记为 $MR = R'(Q)$.其经济学意义为当销售 Q 件产品时,再销售一件产品所增加的总收益.

设 P 为价格,且 P 为销售量 Q 的函数,即 $P = P(Q)$. 那么,$R(Q) = P(Q) \cdot Q$. 从而,边际收益为 $R'(Q) = P(Q) + P'(Q) \cdot Q$.

例 3 设某产品需求函数为 $P = 10 - \dfrac{Q}{4}$,其中,P 为价格,Q 为销售量. 求销量为 10 件时的总收益、平均收益与边际收益. 并求销售量从 10 件增加到 16 件时收益的平均变化率.

解 总收益

$$R(Q) = P(Q) \cdot Q = 10Q - \frac{Q^2}{4}.$$

销量为 10 件时的总收益

$$R(10) = \left(10Q - \frac{Q^2}{4} \right) \bigg|_{Q=10} = 75.$$

平均收益

$$\overline{R}(10) = \frac{R(10)}{10} = 7.5.$$

边际收益

$$R'(10) = \left(10 - \frac{Q}{2} \right) \bigg|_{Q=10} = 5.$$

当销售量从 10 件增加到 16 件时,收益的平均变化率为

$$\frac{\Delta R}{\Delta Q} = \frac{R(16) - R(10)}{16 - 10} = \frac{96 - 75}{6} = 3.5.$$

3. 边际利润

总利润函数 $L(Q)$ 的导数 $L'(Q)$ 称为**边际利润**,记为 $ML = L'(Q)$. 其经济学意义为当生产了 Q 件产品时,再生产一件产品所增加的总利润.

由总利润、总成本、总收益的关系:$L(Q) = R(Q) - C(Q)$,可得边际利润为

$$L'(Q) = R'(Q) - C'(Q).$$

显然,当 $R'(Q) > C'(Q)$ 时,$L'(Q) > 0$,这表明当生产了 Q 件产品时,再生产一件产品,增加的收益大于增加的成本,从而总利润有所增加;当 $R'(Q) < C'(Q)$ 时,$L'(Q) < 0$,这表明当生产了 Q 件产品时,再生产一件产品,增加的收益小于增加的成本,从而总利润有所减少.

例 4 设某工厂生产某种产品的总利润与产量的关系为 $L = 200Q - Q^2$,试确定工厂的最佳产量,并给出经济学解释.

解 边际利润函数为

$$L'(Q) = 200 - 2Q.$$

当 $Q > 100$ 时,$L'(Q) < 0$.

这表明,若产量在 100 个单位以上时,总利润不会增加,反而会减少,因此产量尽量不要超过 100 个单位. 对厂家来说,并不是产量越高,利润越高.

三、弹性

在边际概念中,函数的改变量和函数的变化率均属于绝对改变量和绝对变化率.但在经济问题中,仅研究函数的绝对改变量和绝对变化率是不够的.例如:商品甲每单位价格 10 元,涨价 1 元;商品乙每单位价格 1000 元,也涨价 1 元.两种商品价格的绝对改变量都是 1 元,但与其原价相比,两者涨价的百分比却有很大的不同:商品甲涨了 10%,而商品乙涨了 0.1%.因此,我们有必要研究函数的相对改变量与相对变化率.

定义 2　设经济函数 $y = f(x)$ 在点 $x_0(\neq 0)$ 处可导,当自变量的增量为 Δx 时,函数值的增量为 Δy,称 $\dfrac{\Delta x}{x_0}$ 与 $\dfrac{\Delta y}{y_0} = \dfrac{\Delta y}{f(x_0)}$ 分别

▶ 弹性的概念

为自变量与函数值的相对改变量.而称 $\dfrac{\dfrac{\Delta y}{y_0}}{\dfrac{\Delta x}{x_0}}$ 为函数 $f(x)$ 从 x_0 到

$x_0 + \Delta x$ 两点间的**平均相对变化率**,亦称**两点间弹性**或**弧弹性**.

进一步地,称 $\lim\limits_{\Delta x \to 0} \dfrac{\dfrac{\Delta y}{y_0}}{\dfrac{\Delta x}{x_0}}$ 为 $f(x)$ 在 x_0 点的**瞬时相对变化率**,亦称在

x_0 点的**点弹性**.记作

$$\left.\frac{Ey}{Ex}\right|_{x = x_0} \quad \text{或} \quad \frac{E}{Ex}f(x_0) \quad \text{或} \quad E_x\big|_{x = x_0},$$

即

$$\left.\frac{Ey}{Ex}\right|_{x = x_0} = \lim_{\Delta x \to 0} \frac{\dfrac{\Delta y}{y_0}}{\dfrac{\Delta x}{x_0}} = \frac{x_0}{y_0}\lim_{\Delta x \to 0}\frac{\Delta y}{\Delta x} = \frac{x_0}{f(x_0)}f'(x_0).$$

若区间 I 上的任何一点都存在点弹性,则确定了这一区间上的一个函数——**弹性函数**,简称**弹性**,记作 $\dfrac{E}{Ex}f(x)$ 或 E_x,即

$$\frac{Ey}{Ex} = \lim_{\Delta x \to 0} \frac{\dfrac{\Delta y}{y}}{\dfrac{\Delta x}{x}} = \frac{x}{y}\lim_{\Delta x \to 0}\frac{\Delta y}{\Delta x} = \frac{x}{y}y'.$$

在经济分析中,会经常用到弹性分析法,弹性 E_x 反映了经济函数 $y = f(x)$ 对自变量 x 的变化反应的强烈程度或灵敏度,与变量所取得的单位无关,其经济学意义为自变量改变时函数值变化幅度的大小,即当自变量改变了 1% 时,函数值(近似地)改变 $E_x\%$.

例 5　求幂函数 $y = x^{\mu}$(μ 为常数)的弹性函数.

解　$E_x = \dfrac{x}{y}y' = \dfrac{x}{x^{\mu}} \cdot \mu x^{\mu - 1} = \mu.$

可见,幂函数的弹性为常数,故幂函数又称为不变弹性函数.

四、经济学中常见的弹性函数

1. 需求弹性

需求函数 $Q(P)$ 的弹性函数 E_P 称为**需求弹性**,即

$$E_P = \frac{P}{Q} \cdot \frac{dQ}{dP} = \lim_{\Delta P \to 0} \frac{\Delta Q/Q}{\Delta P/P}.$$

由于需求函数是关于价格的单调递减函数,故 ΔQ 与 ΔP 异号,又因为 P、Q 为正数,所以根据极限的保号性,可知需求弹性为负. 在实际中,为了讨论的方便,经常取其绝对值,并记为 η,仍称之为需求弹性,即

$$\eta = |E_P| = -\frac{P}{Q} \cdot \frac{dQ}{dP}.$$

需求弹性 η 的经济学意义为,当价格 P 上涨(下跌)1%,需求量 Q 将减少(增加) $|E_P|$%. 需求弹性刻画了商品价格引起需求量改变的灵敏程度. 不同商品的需求弹性相差很远,比如,作为生活必需品的大米,其需求弹性就很小,而相对地,时装的需求弹性就要大一些.

按照弹性值的大小,当 $\eta = |E_P| = 1$ 时,表明商品需求量变动的百分比等于价格变动的百分比,称为**单位弹性**;当 $\eta = |E_P| < 1$ 时,表明商品需求量变动的百分比低于价格变动的百分比,称为**低弹性**,价格变动对需求量影响较小;当 $\eta = |E_P| > 1$ 时,表明商品需求量变动的百分比高于价格变动的百分比,称为**高弹性**,价格变动对需求量影响较大.

例6 设某产品的需求函数为 $Q = 400 - \frac{P}{2}, 0 \leq P \leq 800$,其中,$P$ 为价格,Q 为需求量. 讨论价格变化时,商品需求量变化的情况.

解 $\eta = -\frac{P}{Q}\frac{dQ}{dP} = -\frac{P}{400 - \frac{P}{2}} \cdot \left(-\frac{1}{2}\right) = \frac{P}{800 - P}$,

当 $0 < \eta < 1$,即 $0 < \frac{P}{800 - P} < 1$,也就是 $P < 400$ 时,价格 P 上涨(下跌)1%,需求量 Q 将减少(增加)η% < 1%,说明需求量 Q 减少(增加)的百分比低于价格 P 上涨(下跌)的百分比.

当 $\eta = 1$,即 $\frac{P}{800 - P} = 1$,也就是 $P = 400$ 时,价格 P 上涨(下跌)1%,需求量 Q 将减少(增加)η% = 1%,说明需求量 Q 的变动与价格 P 的变动按相同的百分比进行.

当 $\eta > 1$,即 $\frac{P}{800 - P} > 1$,也就是 $P > 400$ 时,价格 P 上涨(下跌)

1% ,需求量 Q 将减少(增加) $\eta\% > 1\%$,说明需求量 Q 减少(增加)的百分比高于价格 P 上涨(下跌)的百分比.

2. 收益弹性

假设需求函数为 $Q = Q(P)$,其中, P 为价格, Q 为销售量. 那么,总收益为

$$R(P) = Q(P)P.$$

从而,

$$
\begin{aligned}
R'(P) &= Q(P) + PQ'(P) \\
&= Q(P) + Q(P)\frac{P}{Q(P)}Q'(P) \\
&= Q(P)(1 + E_P) \\
&= Q(P)(1 - \eta).
\end{aligned}
$$

那么,收益函数的弹性函数(收益弹性)为

$$E_R = \frac{P}{R(P)}R'(P) = \frac{P}{R(P)} \cdot Q(P)(1 - \eta) = 1 - \eta,$$

这就是收益弹性与需求弹性的关系.

当 $0 < \eta < 1$ 时, $E_R = 1 - \eta > 0$,价格 P 上涨(下跌) 1% ,总收益增加(减少) $(1 - \eta)\%$.这说明低弹性时提价会使总收益增加,降价会使总收益减少.

当 $\eta = 1$ 时, $E_R = 1 - \eta = 0$,这说明提价或降价对总收益的影响不大.

当 $\eta > 1$ 时, $E_R = 1 - \eta < 0$,价格 P 上涨(下跌) 1% ,总收益减少(增加) $(\eta - 1)\%$.这说明高弹性时降价会使总收益增加(即薄利多销),提价会使总收益减少.

例7 设某商品的需求函数为 $Q = 1000 - 5P, 0 \leqslant P \leqslant 200$,其中, P 为价格, Q 为需求量. 请你通过分析其需求弹性,从收益角度对该商品进行定价.

解 由已知可得,需求弹性为

$$\eta = -\frac{P}{Q}\frac{\mathrm{d}Q}{\mathrm{d}P} = -\frac{P}{1000 - 5P} \cdot (-5) = \frac{P}{200 - P}.$$

令 $\eta = 1$,则 $P = 100$.

当 $0 < P < 100$ 时, $\eta < 1$,即在这一范围内该商品为低弹性,由需求弹性与收益弹性的关系, $E_R = 1 - \eta > 0$,经济学意义为:价格 P 上涨(下跌) 1% ,总收益增加(减少) $E_R\%$.于是,可以提价使总收益增加.

当 $100 < P < 200$ 时, $\eta > 1$,即在这一范围内该商品为高弹性,由需求弹性与收益弹性的关系, $E_R = 1 - \eta < 0$,经济学意义为:价格 P 上涨(下跌) 1% ,总收益减少(增加) $E_R\%$.于是,可以降价使总收益增加.

由上述分析,可知 $P = 100$ 为最优价格.

3. 供给弹性

供给函数 $Q_s = Q(P)$ 的弹性函数 E_s 称为**供给弹性**,也称供给的价格弹性,即

$$E_s = \frac{dQ}{dP} \cdot \frac{P}{Q} = \frac{P}{Q} \lim_{\Delta P \to 0} \frac{\Delta Q}{\Delta P}.$$

根据经济学理论,供给函数是价格的单调递增函数,故 ΔQ 与 ΔP 同号,又因为 P、Q 为正数,所以根据极限的保号性,可知供给弹性为正.

例 8 设某产品的供给函数为 $Q = 4e^P$,其中,P 为价格,求供给的价格弹性及当 $P = 1$ 时的供给弹性,并给出经济学意义.

解 供给的价格弹性为:

$$E_s = \frac{dQ}{dP} \cdot \frac{P}{Q} = 4e^P \cdot \frac{P}{4e^P} = P.$$

因此,当 $P = 1$ 时的供给弹性为:

$$E_s = 1.$$

这表明,当 $P = 1$ 时,若价格 P 上涨 1%,则供给量也增加 1%.

习题 3-4(A)

1. 求函数 $f(x) = xe^{-x}$ 的边际函数与弹性函数.

2. 市场上某商品 A 的需求量是其价格 P 的函数 $Q = e^{-\frac{P}{4}}$,求当 $P = 2$ 时的需求弹性,并说明其经济学意义.

3. 某商品的价格 P 关于需求量 Q 的函数为 $P = 20 - \frac{Q}{10}$,求:

(1)总收益函数、平均收益函数和边际收益函数;
(2)当 $Q = 15$ 个单位时的平均收益值和边际收益值.

4. 已知某厂生产某种产品 x 件的总成本为 $C(x) = 1000 + 2x$(万元),又有需求函数为 $P = \frac{100}{\sqrt{x}}$(P 为价格),求(1)需求对价格的弹性;(2)工厂生产多少件产品时可以获得最大利润?

习题 3-4(B)

1. 设某种糖果每周的需求量 Q(单位:kg)是价格 P(单位:元)的函数

$$Q = f(P) = \frac{1000}{(2P+1)^2},$$

求当 $P = 10$ 元时,这种糖果的边际需求量,并说明其经济学意义.

2. 某厂每周生产 Q 单位(单位:百件)产品,总成本 C(单位:千元)

是产量的函数
$$C = C(Q) = 50 + 12Q + Q^2.$$
如果每百件产品销售价格为 3 万元,试写出利润函数及边际利润为零时的每周产量.

3. 设某产品的成本函数和收入函数分别为 $C(Q) = 100 + 20Q + 2Q^2$,$R(Q) = 200Q + Q^2$,其中,Q 表示产品的产量,求:

(1)边际成本函数、边际收入函数、边际利润函数;

(2)已生产并销售 25 个单位产品,第 26 个单位产品会有多少利润?

4. 某商品的需求量 Q 为价格 P 的函数 $Q = 150 - P^2$.

求:(1)求 $P = 10$ 时的边际需求,说明其经济学意义;

(2)求 $P = 10$ 时的需求弹性,说明其经济学意义;

(3)当 $P = 10$ 时,若价格下降 3%,总收益将变化百分之几?增加还是减少?

第五节　MATLAB 数学实验

MATLAB 中用来求解给定显函数的各阶导数的命令为 diff,其使用格式为 diff(f,x,n),其中 f 为给定的显函数,x 为自变量,这两个变量均为符号型变量,n 为导数的阶数,若省略 n,则将自动求一阶导数;若表达式中只有一个符号变量,还可以省略变量 x.下面给出具体实例.

例 1　给定函数 $f(x) = e^{2x}$,试求出 $\dfrac{df(x)}{dx}$,$\dfrac{d^4 f(x)}{dx^4}$.

【MATLAB 代码】

```
> > syms x;
> > f = exp(2 * x);
> > f1 = diff(f)
```

运行结果:

f1 =

2 * exp(2 * x)

```
> > f4 = diff(f,x,4)
```

运行结果:

f4 =

16 * exp(2 * x).

即 $\dfrac{df(x)}{dx} = 2e^{2x}$,$\dfrac{d^4 f(x)}{dx^4} = 16e^{2x}$.

例 2　给定函数 $f(x) = e^x \cos x$,试求出 $f'''(0)$.

【MATLAB 代码】

```
> > syms x;
```

```
>>f = exp(x) * cos(x);
>>f3 = diff(f,x,3);
>>subs(f3,x,0)
```

运行结果:

ans =

−2

即 $f'''(0) = -2$.

注 subs 的作用是将三阶导函数中的自变量 x 取为 0.

例 3 给定函数 $f(x) = \sin(ax - b\ln x + e^{\cos x^2})$,试求出 $f'(x)$.

【MATLAB 代码】

```
>>syms x a b;
>>f = sin(a*x - b*log(x) + exp(cos(x^2)));
>>diff(f)
```

运行结果:

ans =

−cos(exp(cos(x^2)) + a*x − b*log(x))*(b/x − a + 2
*x*sin(x^2)*exp(cos(x^2)))

即 $f'(x) = -\cos(e^{\cos x^2} + ax - b\ln x) \times \left(\dfrac{b}{x} - a + 2xe^{\cos x^2}\sin x^2\right)$.

注 本题中的常数 a,b 也要先申明为符号变量.

例 4 设 $xy - e^x + e^y = 0$,求 y'

【MATLAB 代码】

```
>> syms x y;
>> f = x*y − exp(x) + exp(y);
>> f1 = diff(f,x);
>> f2 = diff(f,y);
>> −f1/f2
```

运行结果:

ans =

−(y − exp(x))/(x + exp(y))

即 $y' = \dfrac{e^x - y}{x + e^y}$.

例 5 已知 $\begin{cases} x = a(t - \sin t), \\ y = a(1 - \cos t) \end{cases}$ 求 $\dfrac{dy}{dx}, \dfrac{d^2y}{dx^2}$.

【MATLAB 代码】

```
>> syms t;
>> x = a*(t − sin(t));
>> y = a*(1 − cos(t));
>> f1 = diff(y,t)/diff(x,t)
```

运行结果:

f1 =

$$-\sin(t)/(\cos(t)\ -\ 1)$$

$$>\ >\ f2=\mathrm{diff}(f1,t)/\mathrm{diff}(x,t);$$

$$>\ >\mathrm{simplify}(f2)$$

运行结果：

$$\mathrm{ans}\ =$$

$$-1/(a*(\cos(t)\ -\ 1)\hat{}2)$$

即 $\dfrac{\mathrm{d}y}{\mathrm{d}x}=\dfrac{\sin t}{1-\cos t}$，$\dfrac{\mathrm{d}^2y}{\mathrm{d}x^2}=\dfrac{-1}{a\ (1-\cos t)^2}$.

注　本题中 simplify(f2) 表示化简函数表达式 f2.

总习题三

1. 设函数 $F(x)$ 在点 $x=0$ 处可导，且 $F(0)=0$，求 $\lim\limits_{x\to0}\dfrac{F(1-\cos x)}{x^2}$.

2. 求下列函数的导数：

(1) 设 $f(x)=\begin{cases}\sin x,&x<0,\\x,&x\geqslant0,\end{cases}$ 求 $f'(x)$；

(2) 已知 $f'(x)=\dfrac{1}{x}$，$y=f(\mathrm{e}^x)$，求 y'；

(3) $y=\ln\dfrac{1-\sin x}{1+\sin x}$；

(4) $y=\cos x^2\cdot\sin^2\ln(1+x)$；

(5) $y=\lim\limits_{x\to\infty}t\left(1+\dfrac{1}{x}\right)^{xt^2}$；

(6) 设 $y=\max\{1,x^2\}$，$0<x<2$.

3. 求下列函数在某点处的导数：

(1) 设 $x=g(y)$ 是 $f(x)=\ln(x+1)+\arcsin x$ 的反函数，求 $g'(0)$；

(2) 设 $f(x)$ 可导，且 $f(1)=4$，$f'(1)=3$，$f'(4)=5$，求函数 $y=f(f(x))$ 在点 $x=1$ 处的导数；

(3) 设 $f(x)$ 对任意的 x 均满足 $f(1+x)=af(x)$，且 $f'(0)=b$，其中，a,b 为非零常数，求 $f'(1)$.

4. 求下列函数的 n 阶导数：

(1) $y=\cos^2 3x$；　　(2) $y=\dfrac{x^2+1}{x^2-1}$.

5. 确定常数的取值：

(1) 曲线 $y=x^2$ 与曲线 $y=a\ln x(a\neq0)$ 相切，求 a 值.

(2) 若函数 $f(x)=\begin{cases}\mathrm{e}^x-1,&x>0,\\a\sin x,&x\leqslant0,\end{cases}$ 在点 $x=0$ 处可导，求常数 a 的值.

6. 设 $f(x)$ 在 $x=0$ 处可导，且 $f(0)=0$，证明：$|f(x)|$ 可导的充要条件是 $f'(0)=0$.

7. 用取对数求导法求下列函数的导数 $\dfrac{\mathrm{d}y}{\mathrm{d}x}$:

$(1) y = \left(\dfrac{x+2}{1+x}\right)^x$; $(2) y = \dfrac{\sqrt{x+5}(3-x)^3}{(x+1)^4}$.

8. 求参数方程 $\begin{cases} x = \ln(1+t^2), \\ y = t - \arctan t \end{cases}$ 所确定的函数的二阶导数 $\dfrac{\mathrm{d}^2 y}{\mathrm{d}x^2}$.

9. 求由方程 $y = 2 + x\mathrm{e}^y$ 所确定的隐函数的二阶导数 $\dfrac{\mathrm{d}^2 y}{\mathrm{d}x^2}$.

10. 求函数 $y = x^{100}\mathrm{e}^{-2x}$ 的边际函数与弹性函数.

11. 已知某厂生产某种产品 x 件的需求函数为 $p = \dfrac{100}{x^{\alpha}}$($p$ 为价格,α 为正常数),求需求对价格的弹性.

第 四 章
微分中值定理与导数的应用

在本章中,我们以导数作为工具来研究函数的某些性态,包括求函数的最大值和最小值,预测和分析函数图像的形状,讨论如何更简便地计算某些特定类型的函数极限. 利用导数解决问题的关键就是应用微分中值定理,它们是导数应用的理论基础.

第一节 中值定理

观察小球的竖直上抛运动:初始时刻 $t=0$ 时,将手中的小球在距离地面高度为 h 处竖直向上抛出,小球在重力的作用下于 $t=T$ 时刻回到手中. 设小球的位移为 s,显然位移 s 是时间 t 的函数,即 $s=s(t)$. 在运动过程中,位移随时间连续发生变化,即 $s=s(t)$ 是 $[0,T]$ 上的连续函数. 在运动过程中,每一时刻都有有限的速度 $s'(t)$,即 $s=s(t)$ 是 $(0,T)$ 内的可导函数. 并且,初始时刻和终点时刻小球位置相同,即 $s(0)=s(T)=h$. 物理现象告诉我们,小球在运动过程中一定会有某一时刻 $t=\xi\in(0,T)$,其速度为 $s'(\xi)=0$. 实际上,这个时刻刚好是小球位移最大的时刻. 这个物理学现象背后的数学知识,就是罗尔定理.

一、 罗尔定理

罗尔定理 若函数 $f(x)$ 满足下列条件:
(1)在闭区间 $[a,b]$ 上连续;
(2)在开区间 (a,b) 内可导;
(3) $f(a)=f(b)$,
则至少存在一点 $\xi\in(a,b)$,使得
$$f'(\xi)=0.$$

罗尔定理的几何意义如图 4-1 所示:如果连续曲线 $y=f(x)$ 在 A、B 处的纵坐标相等且除端点外处处有不垂直于 x 轴的切线,那么弧 AB 上至少有一点 $C(\xi,f(\xi))$,使得曲线在该点处的切线是水平的(即平行于 x 轴).

为了证明罗尔定理,我们需要引入两个概念——极大值和极小值,以及和这两个概念相关的一个引理——**费马引理**.

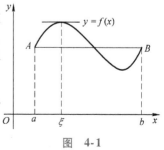

图 4-1

111

定义 1　设函数 $f(x)$ 在 x_0 的某一邻域 $U(x_0)$ 内有定义,若对一切 $x \in U(x_0)$ 有

$$f(x) \geqslant f(x_0) \quad (f(x) \leqslant f(x_0)),$$

则称 $f(x)$ 在 x_0 取得**极小(大)值**,称 x_0 是 $f(x)$ 的**极小(大)值点**,极小值和极大值统称为**极值**,极小值点和极大值点统称为**极值点**.

引理 1(费马引理)　若 $f(x)$ 在点 x_0 可导,且在点 x_0 取得极值,则 $f'(x_0) = 0$.

证　不妨设 $f(x)$ 在 x_0 取得极大值,则存在 x_0 的某邻域 $U(x_0)$,对任意 $x \in U(x_0)$ 有 $f(x) \leqslant f(x_0)$. 从而,当 $x < x_0$ 时

$$\frac{f(x) - f(x_0)}{x - x_0} \geqslant 0;$$

而当 $x > x_0$ 时

$$\frac{f(x) - f(x_0)}{x - x_0} \leqslant 0;$$

费马引理

由 $f(x)$ 在 x_0 点可导及极限的保号性,可知

$$f'(x_0) = f'_-(x_0) = \lim_{x \to x_0^-} \frac{f(x) - f(x_0)}{x - x_0} \geqslant 0$$

和

$$f'(x_0) = f'_+(x_0) = \lim_{x \to x_0^+} \frac{f(x) - f(x_0)}{x - x_0} \leqslant 0,$$

因此, $f'(x_0) = 0$.

当 $f(x)$ 在 x_0 点取得极小值时,类似可证.

费马引理的几何意义如图 4-2 所示:若曲线 $y = f(x)$ 在点 x_0 取得极大值或极小值,且曲线在 x_0 有不垂直于 x 轴的切线,则此切线必平行于 x 轴.

若 $f'(x_0) = 0$,则称 x_0 为函数 $f(x)$ 的**驻点**. 从而,费马引理可以简述为:可导函数的极值点必为函数的驻点. 亦即,可导函数 $f(x)$ 在 x_0 取得极值的必要条件是 x_0 为 $f(x)$ 的驻点.

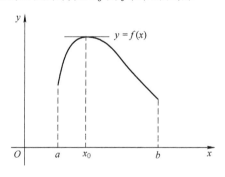

图　4-2

现在,我们利用费马引理来证明罗尔定理.

罗尔定理的证明　因为 $f(x)$ 在 $[a,b]$ 上连续,故在 $[a,b]$ 上必取得最大值 M 与最小值 m.

若 $m = M$,则 $f(x)$ 在 $[a,b]$ 上恒为常数,从而 $f'(x) = 0$. 这时在 (a,b) 内任取一点作为 ξ,都有 $f'(\xi) = 0$;

若 $m < M$,则由 $f(a) = f(b)$ 可知,函数值 m 和 M 两者之中至少有一个是函数 $f(x)$ 在 (a,b) 内部一点 ξ 处取得. 此时,ξ 点即为函数 $f(x)$ 的极值点. 由于 $f(x)$ 在 (a,b) 内可导,故由费马引理推知 $f'(\xi) = 0$.

▶ 罗尔定理及证明

接下来,对罗尔定理的条件作如下几点说明.

(1) 定理中的三个条件是缺一不可的. 如图 4-3 所示,不满足条件"闭区间上连续"的函数

$$f(x) = \begin{cases} x, & 0 \leqslant x < 1, \\ 0, & x = 1, \end{cases}$$

不满足条件"开区间内可导"的函数

$$f(x) = |x|, \quad x \in [-1,1],$$

以及不满足条件"$f(a) = f(b)$"的函数

$$f(x) = x, \quad x \in [0,1],$$

在对应的开区间 $(0,1),(-1,1),(0,1)$ 内,均没有水平切线.

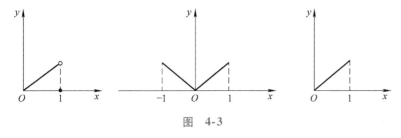
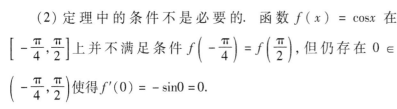

图 4-3

(2) 定理中的条件不是必要的. 函数 $f(x) = \cos x$ 在 $\left[-\dfrac{\pi}{4}, \dfrac{\pi}{2}\right]$ 上并不满足条件 $f\left(-\dfrac{\pi}{4}\right) = f\left(\dfrac{\pi}{2}\right)$,但仍存在 $0 \in \left(-\dfrac{\pi}{4}, \dfrac{\pi}{2}\right)$ 使得 $f'(0) = -\sin 0 = 0$.

例 1　不求出函数 $f(x) = x(x-1)(x-2)(x-3)$ 的导数,试说明方程 $f'(x) = 0$ 有几个实根.

解　显然,$f(0) = f(1) = f(2) = f(3)$.

于是,函数 $f(x)$ 在区间 $[0,1],[1,2],[2,3]$ 上皆满足罗尔定理的条件.

因此,在区间 $(0,1),(1,2),(2,3)$ 内分别至少存在 $f'(x)$ 的一个实根,即 $f'(x)$ 至少有三个实根.

另一方面,因为 $f(x)$ 是 x 的四次多项式,所以 $f'(x)$ 是 x 的三次多项式. 因此,$f'(x) = 0$ 最多有三个实根.

综上，$f'(x) = 0$ 有且只有三个实根，而且它们分别位于区间 $(0,1), (1,2), (2,3)$ 内.

例 2 若 $a + b + c + d = 0$，试证明：多项式 $f(x) = a + 2bx + 3cx^2 + 4dx^3$ 在 $(0,1)$ 内至少有一个零点.

证 令 $F(x) = ax + bx^2 + cx^3 + dx^4$，则 $F'(x) = f(x), F(0) = 0$，且由题设知 $F(1) = 0$，可知，$F(x)$ 在区间 $[0,1]$ 上满足罗尔中值定理的条件，从而推出至少存在一点 $\xi \in (0,1)$，使得

$$F'(\xi) = f(\xi) = 0.$$

即说明 $\xi \in (0,1)$ 是 $f(x)$ 的一个零点.

二、 拉格朗日中值定理

从图 4-1 我们还可以看到，罗尔定理的条件 $f(a) = f(b)$ 保证了连接曲线两端点的弦 AB 也平行于 x 轴，因此罗尔定理的结论也可以解释为，至少存在一点 $\xi \in (a,b)$，使得曲线 $y = f(x)$ 在点 $(\xi, f(\xi))$ 处的切线平行于端点弦 AB.

我们知道，去掉罗尔定理中的第三个条件"$f(a) = f(b)$"，罗尔定理"开区间内有水平切线"的结论就不一定成立了. 那么，在开区间内是否仍可以找到"平行于端点弦的切线"呢？

答案是确定的. 将图 4-1 中的曲线绕 A 点旋转得到图 4-4，可以看到，此时 A、B 两点的函数值虽然不再相同，但图中切线与弦的平行关系没有变. 事实上，这就是拉格朗日中值定理的几何意义.

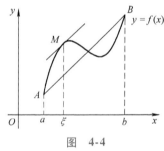

图 4-4

拉格朗日中值定理 如果函数 $f(x)$ 满足

(1) 在闭区间 $[a,b]$ 上连续；

(2) 在开区间 (a,b) 内可导，则在开区间内至少存在一点 $\xi \in (a,b)$，使得

$$f'(\xi) = \frac{f(b) - f(a)}{b - a}. \tag{4.1}$$

从上面的分析可以看出，拉格朗日中值定理可以看作是罗尔定理的推广，而罗尔定理可以作为拉格朗日中值定理的特例.

分析 注意到，端点弦的直线方程为

$$l(x) = \frac{f(b) - f(a)}{b - a}(x - a) + f(a).$$

那么

$$l'(x) = \frac{f(b) - f(a)}{b - a}.$$

从而，定理的结论即是证明

$$f'(\xi) = l'(\xi),$$

亦即

$$[f(x) - l(x)]'_{x = \xi} = 0.$$

自然想到构造合适的函数，继而利用罗尔定理完成证明.

▶ 拉格朗日中值定理

证　令 $F(x) = f(x) - \left(\dfrac{f(b) - f(a)}{b-a}(x-a) + f(a) \right)$，显然，$F(x)$ 在区间 $[a,b]$ 上连续，在区间 (a,b) 内可导，$F(a) = F(b) = 0$，$F(x)$ 在区间 $[a,b]$ 上满足罗尔定理的条件. 因此，在开区间 (a,b) 内至少存在一点 ξ，使得 $F'(\xi) = 0.$
即
$$f'(\xi) = \frac{f(b) - f(a)}{b-a}.$$
上式可变形为
$$f(b) - f(a) = f'(\xi)(b-a), \xi \in (a,b). \tag{4.2}$$
通常称式 (4.2) 为**拉格朗日中值公式**，有时也简称**中值公式**.

取 $\forall x \in [a,b]$ 及 $\Delta x \neq 0$，使得 $x + \Delta x \in [a,b]$，那么在以 $x, x + \Delta x$ 为端点的闭区间上，$f(x)$ 满足拉格朗日中值定理的条件，这时式 (4.2) 即为
$$f(x + \Delta x) - f(x) = f'(\xi)\Delta x,$$
其中，ξ 介于 $x, x + \Delta x$ 之间.

引入 $\theta = \dfrac{\xi - x}{\Delta x}$，则 $0 < \theta < 1$.

进而
$$f(x + \Delta x) - f(x) = f'(x + \theta \Delta x)\Delta x,$$
即
$$f(x + \Delta x) = f(x) + f'(x + \theta \Delta x)\Delta x (0 < \theta < 1). \tag{4.3}$$
引入函数值的增量 $\Delta y = f(x + \Delta x) - f(x)$，式 (4.3) 可以变形为
$$\Delta y = f'(x + \theta \Delta x)\Delta x \quad (0 < \theta < 1), \tag{4.4}$$
它刻画了函数值的增量 Δy 与自变量的增量 Δx 之间的等量关系，常称为**有限增量公式**.

利用拉格朗日中值定理，易得下面的推论.

推论　如果 $f(x)$ 在区间 I 上的导数恒为零，那么在区间 I 上 $f(x)$ 是一个常数.

证　在区间 I 上任意取定两点 x_1, x_2，由拉格朗日中值定理可得
$$f(x_2) - f(x_1) = f'(\xi)(x_2 - x_1).$$
这里 ξ 位于 x_1 和 x_2 之间.
由题意可知　$f'(\xi) = 0.$

从而，$f(x_2) = f(x_1)$.

由 x_1 和 x_2 的任意性，$f(x)$ 在 I 上是一个常数.

我们可以利用上述推论进行恒等式的证明.

例 3　证明等式
$$\arcsin x + \arccos x = \frac{\pi}{2}, x \in [-1,1].$$
证　设 $f(x) = \arcsin x + \arccos x$，显然，$x \in (-1,1)$ 时

$$f'(x) = \frac{1}{\sqrt{1-x^2}} + \left(-\frac{1}{\sqrt{1-x^2}} \right) = 0.$$

由拉格朗日中值定理的推论,可知

$$f(x) = C, \quad x \in (-1,1).$$

而 $f(0) = \dfrac{\pi}{2}$,故

$$f(x) = \frac{\pi}{2}, \quad x \in (-1,1).$$

又由于 $f(\pm 1) = \dfrac{\pi}{2}$,故所证等式在定义域 $[-1,1]$ 上恒成立.

虽然拉格朗日中值公式是用等式表述了函数值的增量. 但是,公式中 $\xi \in (a,b)$ 只给出了 ξ 的存在范围,并未给出 ξ 的具体值. 因此,通常可以根据 ξ 的取值范围 $a < \xi < b$ 以及导函数 $f'(x)$ 的性质,利用拉格朗日中值定理来证明不等式.

例4 证明:当 $x > 0$ 时

$$\frac{x}{1+x} < \ln(1+x) < x.$$

分析 将不等式变形为差商形式,即证

$$\frac{1}{1+x} < \frac{\ln(1+x) - \ln(1+0)}{x-0} < 1.$$

证 设 $f(x) = \ln(1+x)$,当 $x > 0$ 时,$f(x)$ 在区间 $[0,x]$ 上满足拉格朗日中值定理的条件.

由 $f'(x) = \dfrac{1}{1+x}$,利用拉格朗日中值公式(4.1)有

$$\frac{\ln(1+x) - \ln(1+0)}{x-0} = \frac{1}{1+\xi}, 0 < \xi < x.$$

又由 $0 < \xi < x$,得

$$\frac{1}{1+x} < \frac{1}{1+\xi} < 1,$$

于是

$$\frac{1}{1+x} < \frac{\ln(1+x) - \ln(1+0)}{x-0} < 1,$$

即

$$\frac{x}{1+x} < \ln(1+x) < x \quad (x > 0).$$

例5 证明:若 $f(x)$ 在 $[a,b]$ 上连续,在 (a,b) 内可导,且 $f'(x) > 0$,则 $f(x)$ 在 $[a,b]$ 上严格单调递增.

证 任取 $x_1, x_2 \in [a,b]$,且 $x_1 < x_2$,对 $f(x)$ 在区间 $[x_1, x_2]$ 上应用拉格朗日中值定理,得到

$$f(x_2) - f(x_1) = f'(\xi)(x_2 - x_1), \quad x_1 < \xi < x_2.$$

由假设知 $f'(\xi) > 0$,且 $x_2 - x_1 > 0$,故从上式推出 $f(x_2) - f(x_1) > 0$,即 $f(x_2) > f(x_1)$. 所以 $f(x)$ 在 $[a,b]$ 上严格单调递增.

类似可证:若 $f'(x)<0$,则 $f(x)$ 在 $[a,b]$ 上严格单调递减.

三、柯西中值定理

对于由参数方程

$$\begin{cases} x=g(t), \\ y=f(t), \end{cases} \quad (a\leqslant t\leqslant b)$$

所表示的曲线,它端点弦的斜率为

$$\frac{f(b)-f(a)}{g(b)-g(a)}.$$

若拉格朗日中值定理也适合这种情形,则应有

$$\left.\frac{\mathrm{d}y}{\mathrm{d}x}\right|_{t=\xi}=\frac{f'(\xi)}{g'(\xi)}=\frac{f(b)-f(a)}{g(b)-g(a)}.$$

阐述这个结论的正是柯西中值定理.

柯西中值定理 设函数 $f(x)$,$g(x)$ 满足

(1)在区间 $[a,b]$ 上连续;

(2)在区间 (a,b) 内可导;

(3)对任意 $x\in(a,b)$,$g'(x)\neq0$,

那么至少存在一点 $\xi\in(a,b)$,使得

$$\frac{f(b)-f(a)}{g(b)-g(a)}=\frac{f'(\xi)}{g'(\xi)}.$$

柯西中值定理

分析 即证 $\left[f(x)-\dfrac{f(b)-f(a)}{g(b)-g(a)}g(x)\right]'_{x=\xi}=f'(\xi)-$

$\dfrac{f(b)-f(a)}{g(b)-g(a)}g'(\xi)=0.$

证

$$F(x)=f(x)-\frac{f(b)-f(a)}{g(b)-g(a)}g(x),$$

显然,$F(x)$ 在区间 $[a,b]$ 上连续,在区间 (a,b) 内可导,且

$$F(a)=\frac{f(a)g(b)-f(b)g(a)}{g(b)-g(a)}=F(b),$$

满足罗尔定理的条件.

因此,至少存在一点 $\xi\in(a,b)$,使得 $F'(\xi)=0.$

由 $F(x)$ 的定义,结合条件(3)即有

$$\frac{f(b)-f(a)}{g(b)-g(a)}=\frac{f'(\xi)}{g'(\xi)},\xi\in(a,b). \tag{4.5}$$

注 若令 $g(x)=x$,式(4.5)就化为式(4.1),也就是说拉格朗日中值定理可以看作柯西中值定理的特例,柯西中值定理也可以看作拉格朗日中值定理的推广.

习题 4-1(A)

1. 判断下列叙述是否正确,并说明理由:

(1)函数的图形在极值点处不一定存在水平切线;

(2)零点定理与罗尔定理都可以用来判断函数是否存在零点,二者的条件和结论都有差别.

2. 试讨论下列函数在指定区间内是否存在一点 ξ,使得 $f'(\xi)=0$:

(1)$f(x)=\mathrm{e}^{x^2}$ 在区间 $[-1,1]$ 上;

(2)$f(x)=\begin{cases}x\sin\dfrac{1}{x}, & 0<x\leqslant\dfrac{1}{\pi} \\ 0, & x=0\end{cases}$,在区间 $\left[0,\dfrac{1}{\pi}\right]$ 上.

3. 验证函数 $y=2x^2+2x-1$ 在区间 $[-1,1]$ 上满足拉格朗日中值定理,并求出满足拉格朗日中值定理结论的 ξ.

4. 证明:方程 $x^3-3x+c=0$(c 为常数)在区间 $[0,1]$ 内不可能有两个不同的实根.

5. 在 $(-\infty,+\infty)$ 内证明 $\arctan x+\operatorname{arccot}x$ 恒为常数,并验证 $\arctan x+\operatorname{arccot}x\equiv\dfrac{\pi}{2}$.

6. 不求出函数 $f(x)=x(x^2-1)$ 的导数,说明 $f'(x)=0$ 有几个实根,并指出实根所在区间.

7. 证明下列不等式:

(1)对任何实数 a、b,证明:$|\sin a-\sin b|\leqslant|a-b|$;

(2)当 $0<a<b$ 时,$\dfrac{b-a}{b}<\ln\dfrac{b}{a}<\dfrac{b-a}{a}$.

8. 若函数 $f(x)$ 在区间 $(0,4)$ 内具有二阶导数,且 $f(1)=f(2)=f(3)$,证明:在区间 $(1,3)$ 内至少有一点 ξ,使得 $f''(\xi)=0$.

习题 4-1(B)

1. 若函数 $f(x)$ 在 $(-\infty,+\infty)$ 内可导,且 $f'(x)>0$,证明:方程 $f(x)$ 在 $(-\infty,+\infty)$ 内至多有一个实根.

2. 证明:方程 $x^7+x-2=0$ 只有一个正根.

3. 若在 $(-\infty,+\infty)$ 内恒有 $f'(x)=f(x)$ 且 $f(0)=3$,证明:$f(x)=3\mathrm{e}^x$.

4. 当 $h>0$ 时,证明:$\dfrac{h}{1+h^2}<\arctan h<h$.

5. 证明:方程 $x^n+px+q=0$(n 为自然数,p,q 为实数)至多有三个不同的实根.

6. 若函数 $f(x)$ 在闭区间 $[-1,1]$ 上连续,在开区间 $(-1,1)$ 内可导,$f(0)=1$ 且 $|f'(x)|<1$.证明:在闭区间 $[-1,1]$ 上 $|f(x)|<2$.

7. 设常数 $a_0,a_1,\cdots,a_n$ 满足 $a_1+a_2+\cdots+a_{n+1}=0$,证明:方程 $a_1+2a_2x+\cdots+(n+1)a_{n+1}x^n=0$ 在区间 $(0,1)$ 内至少有一个实根.

8. 设奇函数 $f(x)$ 在 $[-1,1]$ 上具有二阶导数,且 $f(1)=1$,证明:

（1）存在 $\xi \in (0,1)$，使得 $f'(\xi) = 1$；

（2）存在 $\eta \in (-1,1)$，使得 $f''(\eta) + f'(\eta) = 1$.

第二节　洛必达法则

在研究两个无穷小的商的极限时会出现多种不同的情形. 例如,

$$\lim_{x \to 0} \frac{2x^3}{x} = 0, \lim_{x \to 0} \frac{\sin x}{x} = 1, \lim_{x \to 0} \frac{x}{x^2} = \infty, \lim_{x \to \infty} \frac{\frac{1}{x}\sin x}{\sin \frac{1}{x}} \text{不存在.}$$

类似地,在研究两个无穷大的商的极限时也会出现多种不同的情形. 例如,

$$\lim_{x \to \infty} \frac{x^2 + 1}{x - 9} = \infty, \lim_{x \to 0} \frac{\frac{2}{x}}{\frac{1}{x^3 + 2x}} = 4, \lim_{x \to 1} \frac{\frac{1}{\ln x}}{\frac{x}{x - 1}} = 1.$$

我们把这一类极限问题统称为**未定式**. 并且把 $\lim \dfrac{f(x)}{g(x)}$ 在分子、分母的极限都为 0 的情形,简称为 "$\dfrac{0}{0}$" 型**未定式**;而分子、分母都趋于 ∞ 的情形,简称为 "$\dfrac{\infty}{\infty}$" 型**未定式**. 柯西中值定理为我们提供了一种求未定式极限的方法.

定理1（洛必达法则 I ）　设 $y = f(x), y = g(x)$ 在 a 点的某去心邻域内有定义,并且

（1）$\lim\limits_{x \to a} f(x) = \lim\limits_{x \to a} g(x) = 0$；

（2）在 a 点的某去心邻域内, $f(x), g(x)$ 皆可导,并且 $g'(x) \neq 0$；

（3）$\lim\limits_{x \to a} \dfrac{f'(x)}{g'(x)}$ 存在（或为 ∞）,

那么 $\lim\limits_{x \to a} \dfrac{f(x)}{g(x)} = \lim\limits_{x \to a} \dfrac{f'(x)}{g'(x)}$.

证　由于 $\lim\limits_{x \to a} f(x) = \lim\limits_{x \to a} g(x) = 0$,因此将 $f(x), g(x)$ 作如下的延拓

$$F(x) = \begin{cases} f(x), & x \neq a, \\ 0, & x = a; \end{cases} \quad G(x) = \begin{cases} g(x), & x \neq a, \\ 0, & x = a. \end{cases}$$

由条件（1）和条件（2）可知 $F(x)$ 与 $G(x)$ 在 a 的某邻域 $U(a)$ 内连续,在 $\mathring{U}(a)$ 内可导,且 $G'(x) = g'(x) \neq 0$. 任取 $x \in \mathring{U}(a)$,则 $F(x)$ 与 $G(x)$ 在以 a 与 x 为端点的区间上满足柯西中值定理的条件,从而有

$$\frac{F(x) - F(a)}{G(x) - G(a)} = \frac{F'(\xi)}{G'(\xi)} = \frac{f'(\xi)}{g'(\xi)},$$

洛必达法则 I

其中,ξ 在 a 与 x 之间.

上式中令 $x \to a$,则 $\xi \to a$,根据条件(3)就有

$$\lim_{x \to a} \frac{F(x) - F(a)}{G(x) - G(a)} = \lim_{\xi \to a} \frac{f'(\xi)}{g'(\xi)} = \lim_{x \to a} \frac{f'(x)}{g'(x)}.$$

由于 $x \to a$ 意味着 x 无限靠近于 a 但永远不等于 a,结合 $F(x)$,$G(x)$ 的定义,有

$$\lim_{x \to a} \frac{f(x)}{g(x)} = \lim_{x \to a} \frac{F(x) - F(a)}{G(x) - G(a)}.$$

从而,$\lim\limits_{x \to a} \dfrac{f(x)}{g(x)} = \lim\limits_{x \to a} \dfrac{f'(x)}{g'(x)}.$

注 洛必达法则的条件是充分的,并非必要的. 也就是说,当洛必达法则条件不成立时,那么 $\lim\limits_{x \to a} \dfrac{f(x)}{g(x)}$ 仍可能存在. 例如,对 $f(x) = x^2 \sin\dfrac{1}{x}$,$g(x) = x$ 而言,

$$\lim_{x \to 0} \frac{f(x)}{g(x)} = \lim_{x \to 0} \frac{x^2 \sin\dfrac{1}{x}}{x} = \lim_{x \to 0} x \sin\frac{1}{x} = 0,$$

但

$$\lim_{x \to 0} \frac{f'(x)}{g'(x)} = \lim_{x \to 0}\left(2x\sin\frac{1}{x} - \cos\frac{1}{x} \right)$$

不存在.

例 1 求 $\lim\limits_{x \to 0} \dfrac{\ln(1 + x) - x}{3x^2}$.

解 $\lim\limits_{x \to 0} \dfrac{\ln(1 + x) - x}{3x^2} = \lim\limits_{x \to 0} \dfrac{\dfrac{1}{1 + x} - 1}{6x} = \dfrac{1}{6} \lim\limits_{x \to 0} \dfrac{-1}{1 + x} = -\dfrac{1}{6}.$

例 2 求 $\lim\limits_{x \to 0} \dfrac{1 - \cos x}{x + x^2}$.

解 $\lim\limits_{x \to 0} \dfrac{1 - \cos x}{x + x^2} = \lim\limits_{x \to 0} \dfrac{\sin x}{1 + 2x} = \dfrac{0}{1} = 0.$

例 3 求 $\lim\limits_{x \to 0} \dfrac{e^x + e^{-x} - 2}{x\sin x}$.

解 $\lim\limits_{x \to 0} \dfrac{e^x + e^{-x} - 2}{x\sin x} = \lim\limits_{x \to 0} \dfrac{e^x - e^{-x}}{\sin x + x\cos x}$

$= \lim\limits_{x \to 0} \dfrac{e^x + e^{-x}}{\cos x + \cos x - x\sin x} = \dfrac{1 + 1}{1 + 1 - 0} = 1.$

应用洛必达法则时要注意以下几点:

第一,要验证所讨论的式子是否为未定式. 如果不是未定式就不能用洛必达法则. 例如,例 2 的错解:

$\lim\limits_{x \to 0} \dfrac{1 - \cos x}{x + x^2} = \lim\limits_{x \to 0} \dfrac{\sin x}{1 + 2x} = \lim\limits_{x \to 0} \dfrac{\cos x}{2} = \dfrac{1}{2}$,产生错解原因在于

$\lim\limits_{x \to 0} \dfrac{\sin x}{1 + 2x}$ 已经不再是未定式,因此不能用洛必达法则.

第二,若$\dfrac{f'(x)}{g'(x)}$仍为未定式,对它继续使用洛必达法则,直到不是未定式为止(如例3);

第三,洛必达法则和等价无穷小替换结合使用能够简化求导计算,如例3另解:由于当$x\to0$时,$\sin x\sim x$,因此

$$\lim_{x\to0}\frac{e^{x}+e^{-x}-2}{x\sin x}=\lim_{x\to0}\frac{e^{x}+e^{-x}-2}{x^{2}}=\lim_{x\to0}\frac{e^{x}-e^{-x}}{2x}=\lim_{x\to0}\frac{e^{x}+e^{-x}}{2}=1.$$

对于"$\dfrac{\infty}{\infty}$"型未定式,也有类似于定理1的法则,其证明省略.

定理2(洛必达法则Ⅱ)　若

(1)$\lim\limits_{x\to a}f(x)=\lim\limits_{x\to a}g(x)=\infty$;

(2)$f(x)$与$g(x)$在a的某去心邻域内可导,且$g'(x)\ne0$;

(3)$\lim\limits_{x\to a}\dfrac{f'(x)}{g'(x)}$存在(或为$\infty$),

则$\lim\limits_{x\to a}\dfrac{f(x)}{g(x)}=\lim\limits_{x\to a}\dfrac{f'(x)}{g'(x)}$.

▶ 洛必达法则Ⅱ

不仅如此,在定理1和定理2中,若把$x\to a$换成$x\to a^{+}$,$x\to a^{-}$,$x\to\infty$,$x\to+\infty$,$x\to-\infty$时,只需对两定理中的假设(2)作相应的修改,结论仍然成立.

例4　求$\lim\limits_{x\to+\infty}\dfrac{\dfrac{\pi}{2}-\arctan x}{x^{-1}}$.

解　$\lim\limits_{x\to+\infty}\dfrac{\dfrac{\pi}{2}-\arctan x}{x^{-1}}=\lim\limits_{x\to+\infty}\dfrac{-\dfrac{1}{1+x^{2}}}{-x^{-2}}=\lim\limits_{x\to+\infty}\dfrac{x^{2}}{1+x^{2}}=1.$

例5　求$\lim\limits_{x\to\frac{\pi}{2}}\dfrac{\sec x}{1+\tan x}$.

解　$\lim\limits_{x\to\frac{\pi}{2}}\dfrac{\sec x}{1+\tan x}=\lim\limits_{x\to\frac{\pi}{2}}\dfrac{\sec x\tan x}{\sec^{2}x}=\lim\limits_{x\to\frac{\pi}{2}}\sin x=1,$

从而,$\lim\limits_{x\to\frac{\pi}{2}}\dfrac{\sec x}{1+\tan x}=1.$

例6　求$\lim\limits_{x\to+\infty}\dfrac{\ln x}{x^{n}}$　$(n>0)$.

解　$\lim\limits_{x\to+\infty}\dfrac{\ln x}{x^{n}}=\lim\limits_{x\to+\infty}\dfrac{\dfrac{1}{x}}{nx^{n-1}}=\lim\limits_{x\to+\infty}\dfrac{1}{nx^{n}}=0.$

例7　求$\lim\limits_{x\to+\infty}\dfrac{x^{n}}{e^{\lambda x}}$　$(\lambda>0,n\text{ 为正整数})$.

解　$\lim\limits_{x\to\infty}\dfrac{x^{n}}{e^{\lambda x}}=\lim\limits_{x\to\infty}\dfrac{nx^{n-1}}{\lambda e^{\lambda x}}=\lim\limits_{x\to\infty}\dfrac{n(n-1)x^{n-2}}{\lambda^{2}e^{\lambda x}}=\cdots=\lim\limits_{x\to\infty}\dfrac{n!}{\lambda^{n}e^{\lambda x}}=0.$

通过例6和例7可知,虽然当$x\to+\infty$时,$\ln x,x^{n},e^{\lambda x}$($\lambda>0$,$n$是正整数)都趋于$+\infty$,但是它们趋于$+\infty$的"速度"有着很大的

区别,幂函数(指数为正数)比对数函数增长的"速度"快得多,而指数函数又比幂函数增长的"速度"快得多.

对于其他类型的未定式,如"$0 \cdot \infty$","$\infty - \infty$","∞^0","0^0","1^∞"等类型,我们可以通过恒等变形将它们转化为"$\dfrac{0}{0}$"或"$\dfrac{\infty}{\infty}$"型,再应用洛必达法则 I 或 II 求其极限.

洛必达法则在其他类型极限中的应用

例 8　求 $\lim\limits_{x \to 0^+} x^2 \ln x$.

解　$\lim\limits_{x \to 0^+} x^2 \ln x = \lim\limits_{x \to 0^+} \dfrac{\ln x}{x^{-2}} = \lim\limits_{x \to 0^+} \dfrac{\dfrac{1}{x}}{-2x^{-3}} = \lim\limits_{x \to 0^+} \dfrac{x^2}{-2} = 0$.

例 9　求 $\lim\limits_{x \to 0} \left(\dfrac{1}{x} - \dfrac{1}{\sin x} \right)$.

解　$\lim\limits_{x \to 0} \left(\dfrac{1}{x} - \dfrac{1}{\sin x} \right) = \lim\limits_{x \to 0} \dfrac{\sin x - x}{x \sin x} = \lim\limits_{x \to 0} \dfrac{\sin x - x}{x^2} = \lim\limits_{x \to 0} \dfrac{\cos x - 1}{2x}$

$$= \lim\limits_{x \to 0} \dfrac{-\sin x}{2} = 0.$$

例 10　求 $\lim\limits_{x \to +\infty} x^{\frac{1}{x}}$.

解　令 $y = x^{\frac{1}{x}}$,两端取对数,即可转换为"$\dfrac{0}{0}$"或"$\dfrac{\infty}{\infty}$"型未定式,究竟化为哪种比值型未定式取决于分子分母同时求导时哪种更简便.

$$\ln y = \ln x^{\frac{1}{x}} = \dfrac{1}{x} \ln x = \dfrac{\ln x}{x},$$

从而　　　$\lim\limits_{x \to +\infty} \ln y = \lim\limits_{x \to +\infty} \dfrac{\ln x}{x} = \lim\limits_{x \to +\infty} \dfrac{\dfrac{1}{x}}{1} = 0$.

因此,

$$\lim\limits_{x \to +\infty} x^{\frac{1}{x}} = \lim\limits_{x \to +\infty} y = \lim\limits_{x \to +\infty} e^{\ln y} = e^0 = 1.$$

例 11　求 $\lim\limits_{x \to 0^+} x^{\sin x}$.

解　令 $y = x^{\sin x}$,两端取对数,即可将极限转换为"$\dfrac{\infty}{\infty}$"型未定式,

$$\ln y = \ln x^{\sin x} = \sin x \ln x,$$

从而 $\lim\limits_{x \to 0^+} \ln y = \lim\limits_{x \to 0^+} \sin x \ln x = \lim\limits_{x \to 0^+} x \ln x = \lim\limits_{x \to 0^+} \dfrac{\ln x}{\dfrac{1}{x}} = \lim\limits_{x \to 0^+} \dfrac{\dfrac{1}{x}}{-\dfrac{1}{x^2}}$

$$= \lim\limits_{x \to 0^+} (-x) = 0.$$

因此,

$$\lim\limits_{x \to 0^+} x^{\sin x} = \lim\limits_{x \to 0^+} e^{\ln y} = e^0 = 1.$$

例 12　求 $\lim\limits_{x \to \infty} \left(1 + \dfrac{1}{x} \right)^x$.

解　"1^∞"型未定式,这是在第二章给出的第二个重要极限,现在我

们应用洛必达法则求这个极限.

令 $y = \left(1 + \dfrac{1}{x}\right)^x$,两端取对数,即可转换为"$\dfrac{0}{0}$"型未定式.

$$\ln y = \ln\left(1 + \frac{1}{x}\right)^x = x\ln\left(1 + \frac{1}{x}\right) = \frac{\ln(1 + 1/x)}{1/x}$$

从而, $\displaystyle\lim_{x\to\infty}\ln y = \lim_{x\to\infty}\frac{\ln(1 + 1/x)}{1/x} = \lim_{x\to\infty}\frac{\dfrac{1}{1 + 1/x}(1/x)'}{(1/x)'}$

$$= \lim_{x\to\infty}\frac{1}{1 + 1/x} = 1.$$

因此,

$$\lim_{x\to\infty}\left(1 + \frac{1}{x}\right)^x = \lim_{x\to\infty}e^{\ln y} = e^1 = e.$$

习题 4-2(A)

1. 用洛必达法则求下列极限:

(1) $\displaystyle\lim_{x\to\pi}\frac{1 + \cos x}{\tan^2 x}$;

(2) $\displaystyle\lim_{x\to 1}\frac{x^m - 1}{x^n - 1}(mn \neq 0)$;

(3) $\displaystyle\lim_{x\to 0}\frac{e^x - (1 + 2x)^{\frac{1}{2}}}{\ln(1 + x^2)}$;

(4) $\displaystyle\lim_{x\to 0}\frac{2(1 - \cos x)}{e^x + e^{-x} - 2}$;

(5) $\displaystyle\lim_{x\to\frac{\pi}{2}}(\sec x - \tan x)$;

(6) $\displaystyle\lim_{x\to\frac{\pi}{2}}\frac{\tan 3x}{\tan x}$;

(7) $\displaystyle\lim_{x\to 0}\frac{\tan x - x}{x - \sin x}$;

(8) $\displaystyle\lim_{x\to 0}\frac{x - \arcsin x}{\tan^3 x}$;

(9) $\displaystyle\lim_{x\to 0}\left(\frac{1}{x} - \frac{1}{\tan x}\right)$;

(10) $\displaystyle\lim_{x\to 1}\left[\frac{1}{\ln x} - \frac{1}{2(x - 1)}\right]$;

(11) $\displaystyle\lim_{n\to\infty}\frac{\ln n}{\sqrt[3]{n}}$;

(12) $\displaystyle\lim_{x\to 0}\left(\frac{\tan x}{x}\right)^{\frac{1}{x^2}}$;

(13) $\displaystyle\lim_{x\to 0}(\cos x)^{\frac{2}{x^2}}$;

(14) $\displaystyle\lim_{x\to 0^+}(\tan x)^{\sin x}$.

2. 验证下列极限存在,但不能用洛必达法则求出其极限值:

(1) $\displaystyle\lim_{x\to\infty}\frac{x + \sin x}{x - \cos x}$;

(2) $\displaystyle\lim_{x\to 0}\frac{x^2\cos(1/x)}{\sin x}$;

(3) $\displaystyle\lim_{x\to +\infty}\frac{\sqrt{1 + x^2}}{x}$.

习题 4-2(B)

1. 用洛必达法则求下列极限:

(1) $\lim\limits_{x \to 1} \dfrac{\ln\cos(x-1)}{1 - \sin\dfrac{\pi x}{2}}$；　　　　　(2) $\lim\limits_{x \to 0} \dfrac{x - \arcsin x}{x\sin^2 x}$；

(3) $\lim\limits_{x \to +\infty} (\pi - 2\arctan x)\ln x$；　(4) $\lim\limits_{x \to \infty} x\left[\left(1 + \dfrac{1}{x}\right)^x - e\right]$；

(5) $\lim\limits_{x \to \frac{\pi}{4}} (\tan x)^{\tan 2x}$；　　　　(6) $\lim\limits_{x \to 0}\left[\dfrac{\ln(1+x)^{1+x}}{x^2} - \dfrac{1}{x}\right]$.

2. 若函数 $f(x)$ 有二阶导数，且 $f(0) = 0, f'(0) = 1, f''(0) = 2$，求极限 $\lim\limits_{x \to 0} \dfrac{f(x) - x}{x\ln(x+1)}$.

3. 若函数 $f(x)$ 的导函数 $f'(x)$ 在原点的某邻域内连续，且 $f'(0) \ne 0, f(0) = 0$，求极限 $\lim\limits_{x \to 0^+} x^{f(x)}$.

第三节　导数的应用

一、函数的单调性与极值

1. 函数的单调性

在本章第一节学习拉格朗日中值定理时，例5给出了函数在闭区间上单调的充分条件，这里我们将给出用导数符号判定函数单调性更一般的结论.

定理1　设 $f(x)$ 在 $[a,b]$ 上连续，在 (a,b) 内可导，则 $f(x)$ 在 $[a,b]$ 上单调递增(单调递减)的充要条件是在 (a,b) 内 $f'(x) \geqslant 0$ (或 $f'(x) \leqslant 0$)，且在 (a,b) 的任何子区间上 $f'(x) \not\equiv 0$.

此外，不难看出定理中的闭区间换成其他各种区间(无穷区间要求在其任一有限的子区间上满足定理条件)，结论亦成立.

例1　判定函数 $f(x) = x + \cos x$ $(0 \leqslant x \leqslant 2\pi)$ 的单调性.

解　$f(x)$ 在 $[0, 2\pi]$ 上连续，在 $(0, 2\pi)$ 内可导，

$$f'(x) = 1 - \sin x \geqslant 0,$$

且等号仅当 $x = \dfrac{\pi}{2}$ 时成立. 所以由定理1可知 $f(x) = x + \cos x$ 在 $[0, 2\pi]$ 上单调递增.

例2　判定函数 $y = x^3 + 1$ 的单调性.

解　$y' = 3x^2 \geqslant 0$，因此在 $(-\infty, 0), (0, +\infty)$ 内皆有 $y' > 0$，且等号仅当 $x = 0$ 时成立. 所以由定理1可知 $y = x^3 + 1$ 在定义域上 $(-\infty, +\infty)$ 上单调递增.

例3　讨论函数 $y = e^x - x + 2$ 的单调性.

解　定义域为全体实数，且 $y' = e^x - 1$.

在 $(-\infty, 0]$ 内 $y' \leqslant 0$，且等号仅当 $x = 0$ 时成立，于是函数 $y =$

$e^x - x + 2$ 在区间 $(-\infty, 0]$ 上单调减少;

在 $[0, +\infty)$ 内 $y' \geq 0$,且等号仅当 $x = 0$ 时成立,于是函数 $y = e^x - x + 2$ 在区间 $[0, +\infty)$ 上单调增加.

例 4　讨论函数 $y = 2x^{\frac{2}{3}} + 1$ 的单调性.

解　定义域为 $(-\infty, +\infty)$,

当 $x \neq 0$ 时,$y' = \dfrac{4}{3} x^{-\frac{1}{3}}$;当 $x = 0$ 时函数的导数不存在;

当 $x > 0$ 时,$y' > 0$;当 $x < 0$ 时,$y' < 0$.

因此,函数 $y = 2x^{\frac{2}{3}} + 1$ 在 $[0, +\infty)$ 单调增加;函数 $y = 2x^{\frac{2}{3}} + 1$ 在 $(-\infty, 0]$ 单调递减.

从例 3 和例 4 可以看到,有些函数在它的整个定义区间上不是单调的,但是当用函数的驻点和不可导点来划分定义区间后,就可使函数在各部分区间上单调. 若函数在其定义区间的某个子区间内是单调的,则称该子区间为函数的单调区间. 即,驻点和不可导点有可能是单调区间的分界点,当然,也可能不是分界点,比如例 1 和例 2 中的驻点 $x = 0$. 当函数的驻点和不可导点较多时,可以通过列表来讨论.

例 5　讨论函数 $y = \dfrac{1}{4} x^4 - x^3 + x^2 - 1$ 的单调性.

解　该函数的定义域为 $(-\infty, +\infty)$,函数在 $(-\infty, +\infty)$ 上连续,

$y' = x^3 - 3x^2 + 2x = x(x^2 - 3x + 2) = x(x-1)(x-2)$,

令 $y' = 0$ 得 $x = 0, x = 1, x = 2$.

这些驻点将函数的定义域划分成了若干个区间,下面通过列表来讨论函数在各区间的单调性.

x	$(-\infty, 0)$	$(0, 1)$	$(1, 2)$	$(2, +\infty)$
y'	$-$	$+$	$-$	$+$
y	↘	↗	↘	↗

因此,函数在区间 $(-\infty, 0]$,$[1, 2]$ 上单调递减,在区间 $[0, 1]$,$[2, +\infty)$ 上单调递增.

注　这里符号 ↗ 表示函数在相应区间上单调增加,符号 ↘ 表示函数在相应区间上单调减少.

由于函数单调性是由不等式定义的,因此可以反过来用单调性来证明不等式.

例 6　证明:当 $x > 1$ 时,$3\sqrt{x} > 4 - \dfrac{1}{x}$.

证　令 $f(x) = 3\sqrt{x} - \left(4 - \dfrac{1}{x}\right)$,则 $f(x)$ 在 $[1, +\infty)$ 上连续,在 $(1, +\infty)$ 内可导,且

$$f'(x) = \frac{3}{2\sqrt{x}} - \frac{1}{x^2} = \frac{1}{x^2}\left(\frac{3}{2}x\sqrt{x} - 1\right).$$

当 $x>1$ 时, $f'(x)>0$.

因此,在 $[1,+\infty)$ 上函数 $f(x)$ 是单调递增的.

从而,对任意的 $x>1$,有

$$f(x)>f(1)=0,$$

即

$$3\sqrt{x}-\left(4-\frac{1}{x}\right)>0,$$

亦即

$$3\sqrt{x}>4-\frac{1}{x}\quad(x>1).$$

2. 函数的极值

费马引理告诉我们:可导函数的极值点是驻点. 但是反过来却未必成立. 例如, $x=0$ 是函数 $y=x^3$ 的驻点,然而 $y=x^3$ 在定义域上单调递增, $x=0$ 并不是它的极值点. 也就是说,驻点只是可导函数 $f(x)$ 在该点处取得极值的必要条件,并非充分条件.

此外,在导数不存在的点,函数也有可能取得极值. 例如,函数 $y=|x|$ 在 $x=0$ 处导数不存在,但在该点却取得极小值 0.

综合以上分析,函数的驻点和导数不存在的点可能成为极值点,但需对这些点进行判定.

定理 2(判别极值的第一充分条件) 设 $f(x)$ 在 x_0 连续,且在 x_0 的去心 δ 邻域 $\mathring{U}(x_0,\delta)$ 内可导.

(1)若当 $x\in(x_0-\delta,x_0)$ 时 $f'(x)>0$,而当 $x\in(x_0,x_0+\delta)$ 时 $f'(x)<0$,则 $f(x)$ 在 x_0 取得极大值;

(2)若当 $x\in(x_0-\delta,x_0)$ 时 $f'(x)<0$,而当 $x\in(x_0,x_0+\delta)$ 时 $f'(x)>0$,则 $f(x)$ 在 x_0 取得极小值;

(3)若对一切 $x\in\mathring{U}(x_0,\delta)$ 都有 $f'(x)>0$(或 $f'(x)<0$),则 $f(x)$ 在 x_0 处无极值.

证 (1)由条件及定理 1,可知 $f(x)$ 在 $[x_0-\delta,x_0]$ 上单调递增,在 $[x_0,x_0+\delta]$ 上单调递减,故对任意 $x\in\mathring{U}(x_0,\delta)$,总有

$$f(x)<f(x_0).$$

即 $f(x)$ 在 x_0 取得极大值.

类似可以证明(2)、(3)两种情形.

定理 2 可简述为,若在函数的连续点两侧,导数符号不同,则该点必为函数的极值点;若导数符号相同,则两侧有相同的单调性,该点必不是极值点.

例 7 求函数 $y=\dfrac{1}{4}x^4-x^3+x^2-1$ 的极值.

解 在例 5 讨论单调性的基础上可以进一步讨论极值.

驻点 $x=0,x=1,x=2$ 将函数的定义域划分成了若干个区间,下面通过列表来讨论函数在各区间的单调性,由第一充分条件判定

判别极值的第一
充分条件

极值点.

x	$(-\infty,0)$	0	$(0,1)$	1	$(1,2)$	2	$(2,+\infty)$
y'	—	0	$+$	0	—	0	$+$
y	↘	极小值 -1	↗	极大值 $-\dfrac{3}{4}$	↘	极小值 -1	↗

故得原函数的极大值点为 $x=1$，极大值 $y(1)=-\dfrac{3}{4}$；极小值点

为 $x=0,x=2$，极小值 $y(0)=y(2)=-1$.

下面给出驻点成为极值点的判别条件.

定理 3（判别极值的第二充分条件） 设 $f(x)$ 在 x_0 点二阶可导，且

$$f'(x_0)=0,f''(x_0)\neq 0,$$

(1) 若 $f''(x_0)<0$，则 $f(x)$ 在 x_0 点取得极大值；

(2) 若 $f''(x_0)>0$，则 $f(x)$ 在 x_0 点取得极小值.

证 (1) 由二阶导数定义，

$$f''(x_0)=\lim_{x\to x_0}\frac{f'(x)-f'(x_0)}{x-x_0}<0.$$

▶ 判别极值的

第二充分条件

注意到 $f'(x_0)=0$，则 $\quad\lim\limits_{x\to x_0}\dfrac{f'(x)}{x-x_0}<0.$

根据极限的局部保号性，存在 $\delta>0$，使得当 $x\in \overset{\circ}{U}(x_0,\delta)$ 时有

$$\frac{f'(x)}{x-x_0}<0.$$

于是，当 $x\in(x_0-\delta,x_0)$ 时，$f'(x)>0$，而当 $x\in(x_0,x_0+\delta)$ 时，$f'(x)<0$.

由判别极值的第一充分条件，可知 $f(x)$ 在 x_0 取得极大值.

类似可证明情形 (2).

例 8 求函数 $y=\dfrac{1}{4}x^4-x^3+x^2-1$ 的极值.

解 $y'=x^3-3x^2+2x=x(x-1)(x-2).$

令 $y'=0$ 得驻点 $x=0,x=1,x=2.$

而 $y''=3x^2-6x+2.$

因此，$y''(0)=2>0,y''(1)=-1<0,y''(2)=2>0.$

由判定极值的第二充分条件，可知原函数的极大值点为 $x=1$，

极大值 $y(1)=-\dfrac{3}{4}$；极小值点为 $x=0,x=2$，极小值 $y(0)=y(2)=$

$-1.$ 与例 7 使用第一充分条件判定的结果一致.

函数 $y=f(x)$ **求极值步骤**总结：

第一步，求 $f'(x)$，令 $f'(x)=0$ 求出驻点，并找出导数不存在的点；

第二步,若函数在定义域内有导数不存在的点,则把驻点和导数不存在的点作为定义域的分界点,列表分析函数单调性,由极值的第一充分条件对这些点进行判定;

若函数在定义域内没有导数不存在的点,则极值点仅在驻点取到,按照极值的第二充分条件考察所有驻点处的二阶导数值,一旦二阶导数为零,那么仍要根据极值的第一充分条件,列表分析函数单调性来判定极值.

进一步地,我们可以通过分析函数的单调性和极值对方程的根的情况进行判定.

例 9　讨论方程 $\ln x = \dfrac{1}{2}x$ 根的情况.

解　考虑函数 $f(x) = \ln x - \dfrac{1}{2}x$,定义域为 $(0, +\infty)$,则

$$f'(x) = \frac{1}{x} - \frac{1}{2} = \frac{2-x}{2x}.$$

由 $f'(x) = 0$,可得函数的驻点 $x = 2$.

在区间 $(0, 2)$ 内 $f'(x) \geqslant 0$,函数单调增加;在区间 $[2, +\infty)$ 内,$f'(x) \leqslant 0$,函数单调减少.

从而,函数 $f(x)$ 的最大值为 $f(2) = \ln 2 - 1 < 0$,

因此对任意 $x > 0$,$f(x) = \ln x - \dfrac{1}{2}x < f(2) < 0$

因此,函数 $f(x)$ 无零点,即方程 $\ln x = \dfrac{1}{2}x$ 无实根.

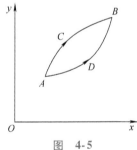

图　4-5

▶ 曲线凹凸性的定义

二、 曲线的凹凸性与拐点

前面我们讨论了函数的单调性,其反映在图形上就是曲线的上升或下降. 如图 4-5 所示,两条曲线弧都是上升的,但它们的弯曲方向却截然相反. 下面我们就来研究曲线的弯曲方向——凹凸性.

定义 1　设函数 $y = f(x)$ 在区间 I 上连续,如果对于 I 上的任意两点 x_1 和 x_2,恒有

$$f\left(\frac{x_1 + x_2}{2}\right) < \frac{f(x_1) + f(x_2)}{2},$$

则称 $y = f(x)$ 在区间 I 上的图像是凹的(见图 4-6);如果对于 I 上的任意两点 x_1 和 x_2,恒有

$$f\left(\frac{x_1 + x_2}{2}\right) > \frac{f(x_1) + f(x_2)}{2},$$

则称 $y = f(x)$ 在区间 I 上的图像是凸的(见图 4-7).

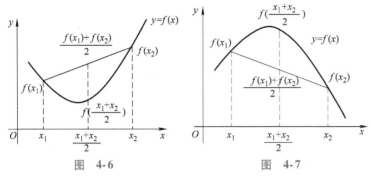

图 4-6　　　　　　　图 4-7

由定义 1 不难发现如下事实:如果曲线 $y=f(x)$ 在区间 I 上是凹的,则曲线 $y=f(x)$ 位于其每点处切线的上方;曲线 $y=f(x)$ 在区间 I 上是凸的,则曲线 $y=f(x)$ 位于其每点处切线的下方.

进一步还可以观察到,凹弧上曲线切线的斜率随着 x 的增大而增大,即导函数 $f'(x)$ 为单调递增函数;凸弧上曲线切线的斜率随着 x 的增大而减小,即导函数 $f'(x)$ 为单调递减函数. 而 $f'(x)$ 的单调性可由二阶导数 $f''(x)$ 来判定,因此有下述定理.

定理 4　设 $f(x)$ 在 $[a,b]$ 上连续,在 (a,b) 内二阶可导,

(1)若在 (a,b) 内 $f''(x)>0$,则曲线 $y=f(x)$ 在 $[a,b]$ 内是凹弧;

(2)若在 (a,b) 内 $f''(x)<0$,则曲线 $y=f(x)$ 在 $[a,b]$ 内是凸弧.

如果把定理 4 中的闭区间改为其他区间(包括无穷区间),那么结论也成立.

曲线凹凸性的求法

例 10　讨论曲线 $y=\mathrm{e}^{-x^2}$ 的凹凸性.

解　$y'=-2x\mathrm{e}^{-x^2}$,$y''=2(2x^2-1)\mathrm{e}^{-x^2}$.

当 $2x^2-1>0$,即当 $x>\dfrac{1}{\sqrt{2}}$ 或 $x<-\dfrac{1}{\sqrt{2}}$ 时,$y''>0$;

当 $2x^2-1<0$,即当 $-\dfrac{1}{\sqrt{2}}<x<\dfrac{1}{\sqrt{2}}$ 时,$y''<0$.

因此,在区间 $\left(-\infty,-\dfrac{1}{\sqrt{2}}\right]$ 与 $\left[\dfrac{1}{\sqrt{2}},+\infty\right)$ 内曲线是凹的;在区间 $\left[-\dfrac{1}{\sqrt{2}},\dfrac{1}{\sqrt{2}}\right]$ 内曲线是凸的.

显然,曲线在点 $\left(-\dfrac{1}{\sqrt{2}},\dfrac{1}{\sqrt{e}}\right)$,$\left(\dfrac{1}{\sqrt{2}},\dfrac{1}{\sqrt{e}}\right)$ 两侧凹凸性发生了变化,这样的点称之为**拐点**.

定义 2　连续曲线上凹弧与凸弧的分界点称为该曲线的拐点.

如何寻找曲线 $y=f(x)$ 的拐点呢? 从拐点的定义及定理 4,不难发现拐点之于曲线凹凸性、极值点之于函数单调性有着类似的判

定,区别在于分别对应着函数的二阶导数和一阶导数.

定理 5(拐点的必要条件) 若 $f(x)$ 在 x_0 的某邻域 $U(x_0,\delta)$ 内二阶可导,且 $(x_0,f(x_0))$ 为曲线 $y=f(x)$ 的拐点,则 $f''(x_0)=0$.

注意到定理 5 中的条件 $f''(x_0)=0$ 并非是充分的,例如 $y=x^6$,有 $y''=30x^4\geqslant0$,且等号仅当 $x=0$ 时成立,因此曲线 $y=x^6$ 在 $(-\infty,+\infty)$ 内是凹的. 虽然 $y''\big|_{x=0}=0$,但 $(0,0)$ 不是该曲线的拐点.

由定义 2 和定理 4,不难得到下面判定拐点的充分条件.

定理 6 设 $f(x)$ 在 x_0 的某邻域内二阶可导,$f''(x_0)=0$,且 $f''(x)$ 在 x_0 的左、右两侧分别有确定的符号. 若符号相反,则 $(x_0,f(x_0))$ 是曲线的拐点,若符号相同,则 $(x_0,f(x_0))$ 不是拐点.

曲线拐点的求法

当然,曲线上二阶导数不存在的点也有可能是拐点,可以按照定理 6 来判定.

例 11 求曲线 $y=x^{\frac{1}{3}}$ 的拐点.

解 $y=x^{\frac{1}{3}}$ 在 $(-\infty,+\infty)$ 内连续. 当 $x\neq0$ 时,

$$y'=\frac{1}{3}x^{-\frac{2}{3}},\quad y''=-\frac{2}{9}x^{-\frac{5}{3}};$$

当 $x=0$ 时,$y=0$,y',y'' 不存在. 由于在 $(-\infty,0)$ 内 $y''>0$,在 $(0,+\infty)$ 内 $y''<0$,因此曲线 $y=x^{\frac{1}{3}}$ 在 $(-\infty,0)$ 内是凹的,在 $(0,+\infty)$ 内是凸的. 按拐点的定义可知点 $(0,0)$ 是曲线的拐点.

曲线 $y=f(x)$ **求拐点的步骤**总结:

第一步,求 $f''(x)$,寻找曲线上使得 $f''(x_0)=0$ 的点及二阶导数不存在的点;

第二步,将上述点的横坐标作为定义域的分界点,列表分析曲线在这些点两侧的凹凸性,根据定理 6 对这些点进行判定.

例 12 讨论函数 $y=\dfrac{x^2}{x-1}$ 在定义域内的单调性及图形的凹凸性.

解 函数 $y=\dfrac{x^2}{x-1}$ 的定义域为 $(-\infty,1)\cup(1,+\infty)$.

$$y'=\frac{x(x-2)}{(x-1)^2},\quad y''=\frac{2}{(x-1)^3}.$$

因此,函数有两个驻点 $x=0$ 及 $x=2$. 用这两个驻点将函数的定义域进行划分,下面列表讨论其单调性和凹凸性.

x	$(-\infty,0)$	0	$(0,1)$	$(1,2)$	2	$(2,+\infty)$
y'	$+$	0	$-$	$-$	0	$+$
y''	$-$	$-$	$-$	$+$	$+$	$+$
y	⌢	极大值点	↘	⌣	极小值点	↗

即,函数在区间 $[0,1)$,$(1,2]$ 单调递减,在 $(-\infty,0]$,$[2,+\infty)$ 单调递增;其曲线在区间 $(-\infty,1)$ 是凸的,在 $(1,+\infty)$ 是凹的.

此外,函数的凹凸性也可以用来证明不等式.

例 13 证明：$\dfrac{1}{2}(x^n + y^n) > \left(\dfrac{x+y}{2}\right)^n$ $(x>0, y>0, x\neq y, n>1)$.

证   对函数 $f(x) = x^n (n>1)$，

当 $x>0$ 时，$f''(x) = n(n-1)x^{n-2}$，

故在 $(0, +\infty)$ 上，$f''(x) > 0$，函数图形在 $[0, +\infty)$ 是凹的. 由凹凸性的定义，对 $x>0, y>0, x\neq y$ 有

$$f\left(\frac{x+y}{2}\right) < \frac{f(x)+f(y)}{2},$$

即

$$\frac{1}{2}(x^n + y^n) > \left(\frac{x+y}{2}\right)^n \quad (x>0, y>0, x\neq y, n>1).$$

三、 函数图形的描绘

借助函数的一阶导数可以确定曲线的单调性，借助函数的二阶导数可以确定曲线的弯曲方向，如果再能确定函数曲线整体变化趋势，我们就可以描绘出这条函数曲线了.

1. 曲线的渐近线

如图 4-8 所示，当 $x \to x_0$ 时，函数 $y = f(x) \to \infty$，图像的特点为当 x 充分靠近 x_0 时，曲线无限接近直线 $x = x_0$；当 $x \to -\infty$ 时，函数 $y = f(x) \to 0$，图像特点为曲线无限接近直线 $y = 0$，即 x 轴；当 $x \to +\infty$ 时，曲线无限接近于一条直线 $y = kx + b$，具有这类性质的直线称为函数的渐近线，下面给出函数曲线渐近线的定义.

曲线渐近线的求法

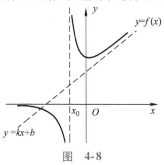

图 4-8

定义 3

（1）若 $\lim\limits_{x \to x_0} f(x) = \infty$（或 $\lim\limits_{x \to x_0^+} f(x) = \infty$，或 $\lim\limits_{x \to x_0^-} f(x) = \infty$），则称直线 $x = x_0$ 为曲线 $y = f(x)$ 的**铅直渐近线**；

（2）若 $\lim\limits_{x \to \infty} f(x) = A$（或 $\lim\limits_{x \to +\infty} f(x) = A$，或 $\lim\limits_{x \to -\infty} f(x) = A$），则称直线 $y = A$ 为曲线 $y = f(x)$ 的**水平渐近线**；

（3）若 $\lim\limits_{x \to \infty} [f(x) - (kx+b)] = 0$（$\lim\limits_{x \to +\infty} [f(x) - (kx+b)] = 0$，或 $\lim\limits_{x \to -\infty} [f(x) - (kx+b)] = 0$），则称直线 $y = kx + b$ 为曲线 $y = f(x)$ 的**斜渐近线**.

判定曲线的铅直渐近线和水平渐近线的方法是显然的,下面探讨求斜渐近线的方法. 设曲线 $y=f(x)$ 在 $(c,+\infty)$ 上有定义,直线 $y=kx+b$ 为函数 $y=f(x)$ 的斜渐近线,则有

$$\lim_{x\to+\infty}[f(x)-kx-b]=0,$$

从而
$$b=\lim_{x\to+\infty}[f(x)-kx].$$

因此
$$\lim_{x\to+\infty}\left[\frac{f(x)}{x}-k\right]=\lim_{x\to+\infty}\frac{f(x)-kx}{x}=0,$$

即
$$k=\lim_{x\to+\infty}\frac{f(x)}{x}.$$

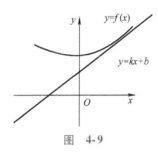

图 4-9

综合上述讨论,可得如下定理.

定理 7 设曲线 $y=f(x)$ 在 $(c,+\infty)$ 上有定义,直线 $y=kx+b$ 为曲线 $y=f(x)$ 的斜渐近线(见图 4-9)的充分必要条件为

$$k=\lim_{x\to+\infty}\frac{f(x)}{x}\neq0,b=\lim_{x\to+\infty}[f(x)-kx].$$

同样,在 $(-\infty,c)$ 上判定曲线的斜渐近线的充分必要条件可以类似给出.

定理 8 设曲线 $y=f(x)$ 在 $(-\infty,c)$ 上有定义,直线 $y=kx+b$ 为曲线 $y=f(x)$ 的斜渐近线的充分必要条件为

$$k=\lim_{x\to-\infty}\frac{f(x)}{x}\neq0,b=\lim_{x\to-\infty}[f(x)-kx].$$

例 14 求曲线 $f(x)=\dfrac{2x^3+x+1}{(x+1)^2}$ 的渐近线.

解 由 $\lim_{x\to-1}\dfrac{2x^3+x+1}{(x+1)^2}=-\infty$, $\lim_{x\to\infty}\dfrac{2x^3+x+1}{(x+1)^2}=\infty$,

易见,曲线有铅直渐近线 $x=-1$,没有水平渐近线.

下面来考察曲线是否存在斜渐近线.

$$\lim_{x\to\infty}\frac{f(x)}{x}=\lim_{x\to\infty}\frac{2x^3+x+1}{x(x+1)^2}=2,$$

并且
$$b=\lim_{x\to\infty}\left[\frac{2x^3+x+1}{(x+1)^2}-2x\right]=\lim_{x\to\infty}\frac{-4x^2-x+1}{(x+1)^2}=-4.$$

因此,该曲线有斜渐近线 $y=2x-4$.

2. 函数图形的描绘

借助函数的单调性与极值、凹凸性与拐点、曲线的渐近线,以及函数的周期性及奇偶性,再利用一些特殊点,就可以比较准确地描绘出函数的图形.

利用导数描绘函数图形的一般步骤为:

(1)考察函数的定义域,函数在定义域内的奇偶性、周期性、连续性,对间断点要考察间断点的类型.

（2）求函数一阶导数，确定函数的单调区间及极值点；求函数的二阶导数，确定曲线的凹凸区间及拐点.

（3）考察函数曲线的渐近线.

（4）计算特殊点（间断点、不可导点、极值点）处的函数值，曲线与横纵坐标轴的交点，为了把曲线描绘得更准确有时还需要补充一些点.

（5）描出函数的图形.

例 15　描绘出函数 $y = \dfrac{x^2}{x-1}$ 的图形.

解　（1）函数的定义域为 $(-\infty, 1) \cup (1, +\infty)$，函数在定义域内连续、可导.

（2）求导可得

$$y' = \frac{x(x-2)}{(x-1)^2},$$

函数图形的绘制

因此，函数有驻点 $x = 0$ 及 $x = 2$.

由于

$$y'' = \frac{2}{(x-1)^3},$$

故曲线没有拐点.

列表分析函数的单调性和曲线凹凸性.

x	$(-\infty, 0)$	0	$(0,1)$	$(1,2)$	2	$(2, +\infty)$
y'	+	0	—	—	0	+
y''	—	—	—	+	+	+
y	⌢↗	极大	↘	⌣	极小	↗

（3）显然，$\lim\limits_{x \to 1} \dfrac{x^2}{x-1} = \infty$，$\lim\limits_{x \to \infty} \dfrac{x^2}{x-1} = \infty$.

即，直线 $x = 1$ 是曲线的铅直渐近线，曲线没有水平渐近线.

又

$$\lim_{x \to \infty} \frac{f(x)}{x} = \lim_{x \to \infty} \frac{x^2}{x(x-1)} = 1,$$

$$\lim_{x \to \infty} (f(x) - x) = \lim_{x \to \infty} \frac{x}{x-1} = 1,$$

所以 $y = x + 1$ 是该函数的斜渐近线.

（4）计算出极大值 $f(0) = 0$，极小值 $f(2) = 4$. 再适当补充一些点：计算 $f(-4) = -\dfrac{16}{5}$，$f(1/2) = -1/2$，$f(5) = \dfrac{25}{4}$，可以补充描出点 $\left(-4, \dfrac{-16}{5}\right)$，$\left(\dfrac{1}{2}, -\dfrac{1}{2}\right)$，$\left(5, \dfrac{25}{4}\right)$.

最后根据上述的讨论，描绘出函数图形（见图 4-10）.

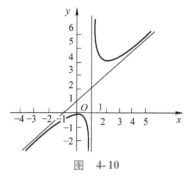

图　4-10

例 16　描绘出函数 $y = \dfrac{1}{\sqrt{2\pi}}e^{-\frac{x^2}{2}}$ 的图形.

解　（1）函数的定义域为 $(-\infty, +\infty)$，函数在定义域内是连续、可导的. 显然，该函数是偶函数，图形关于 y 轴对称，只需讨论 $[0, +\infty)$ 上该函数的图形.

（2）对函数求导得，

$$y' = \frac{-x}{\sqrt{2\pi}}e^{-\frac{x^2}{2}},$$

因此，函数有驻点 $x = 0$.

令

$$y'' = \frac{1}{\sqrt{2\pi}}e^{-\frac{x^2}{2}}(x^2 - 1) = 0,$$

则 $x = \pm 1$.

列表分析函数的单调性和曲线的凹凸性.

x	0	(0,1)	1	$(1, +\infty)$
y'	0	—	—	—
y''	—	—	0	+
y	—	↘	拐点	⌣

（3）显然，$\lim\limits_{x \to \infty} \dfrac{1}{\sqrt{2\pi}}e^{-\frac{x^2}{2}} = 0$.

因此，曲线有水平渐近线 $y = 0$.

（4）计算出极大值 $f(0) = \dfrac{1}{\sqrt{2\pi}}$，拐点纵坐标 $f(1) = \dfrac{1}{\sqrt{2\pi e}}$. 计算 $f(2) = \dfrac{1}{\sqrt{2\pi e^2}}$，可以补充描出点 $\left(2, \dfrac{1}{\sqrt{2\pi e^2}}\right)$.

最后，描绘出函数图形（见图 4-11）.

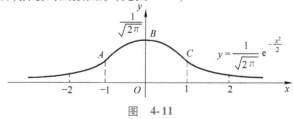

图　4-11

例 17　描绘出函数 $y = \dfrac{c}{1 + be^{-ax}}$ 的图形,其中,a,b,c 是大于 0 的常数.

解　(1)函数的定义域为$(-\infty, +\infty)$,函数在定义域内连续、可导.

(2)求导,

$$y' = \frac{abce^{-ax}}{(1 + be^{-ax})^2} > 0,$$

因此,函数在定义域内单调递增.

令

$$y'' = \frac{a^2 bce^{-ax}(be^{-ax} - 1)}{(1 + be^{-ax})^3} = 0,$$

则 $x = \dfrac{\ln b}{a}$.

列表分析函数的单调性和曲线的凹凸性.

x	$\left(-\infty, \dfrac{\ln b}{a}\right)$	$\dfrac{\ln b}{a}$	$\left(\dfrac{\ln b}{a}, +\infty\right)$
y'	+	+	+
y''	+	0	—
y	↗	拐点	↷

(3)显然,$\displaystyle\lim_{x \to -\infty} \frac{c}{1 + be^{-ax}} = 0$,$\displaystyle\lim_{x \to +\infty} \frac{c}{1 + be^{-ax}} = c$.

即,曲线有水平渐近线 $y = 0$ 和 $y = c$.

(4)计算拐点纵坐标 $f\left(\dfrac{\ln b}{a}\right) = \dfrac{c}{2}$.

最后根据上述的讨论,描绘出函数图形(见图 4-12).

这条曲线称为逻辑斯谛曲线,是研究数量增长的一条重要曲线.

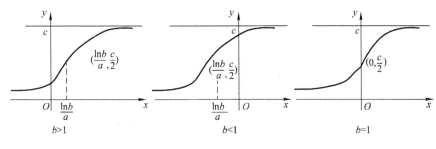

图　4-12

习题 4-3(A)

1. 确定下列函数的单调区间和极值:

   (1) $y = x^3 - 3x + 4$; (2) $y = x^3 - 3x^2 + 3x - 2$;

   (3) $y = x - \arctan x$; (4) $y = \dfrac{x}{x^2 + 1}$;

   (5) $y = \sqrt{2x - x^2}$; (6) $y = 2x^2 - \ln x$.

2. 证明下列不等式:

   (1) 当 $x > 0$ 时,$x > \ln(x + 1)$;

   (2) 当 $x > 0$ 时,$\arctan x > x - \dfrac{x^3}{3}$;

   (3) 当 $x > 0$ 时,$e^x - 1 > (x + 1)\ln(x + 1)$;

   (4) 当 $0 < x < \dfrac{\pi}{2}$ 时,$\dfrac{2x}{\pi} < \sin x < x$.

3. 讨论下列方程根的情况:

   (1) $4\ln x = x$; (2) $e^x = x^2$.

4. a 为何值时,函数 $f(x) = 2\sin x + a\sin 3x$ 在 $x = \dfrac{\pi}{3}$ 处有极值? 求出此极值. 并且说明该极值是极大值还是极小值.

5. 求下列曲线的凹凸区间及拐点:

   (1) $y = 2x^3 - 6x^2 + 6x + 7$; (2) $y = x + \dfrac{1}{x}$;

   (3) $y = xe^x$; (4) $y = \dfrac{\ln \sqrt{x}}{x}$;

   (5) $y = \sqrt[3]{x^2}$; (6) $y = \sqrt[3]{x} + \sqrt[3]{x^2}$.

6. 利用函数图形的凹凸性证明:

   当 $x \neq y$ 时,不等式 $\dfrac{\ln x + \ln y}{2} < \ln \dfrac{x + y}{2}$.

7. 画具有以下性质的二次可微函数图形的简图,在有可能的地方标出坐标值.

   (1)

x	y	导数
$x < 2$		$y' < 0, y'' > 0$
2	1	$y' = 0, y'' > 0$
$2 < x < 4$		$y' < 0, y'' > 0$
4	6	$y' > 0, y'' = 0$
$4 < x < 7$		$y' > 0, y'' < 0$
7	8	$y' = 0, y'' < 0$
$x > 7$		$y' < 0, y'' < 0$

(2) $y = f(x)$ 过点 $(-2,2)$，$(-1,1)$，$(0,0)$，$(1,1)$，$(2,3)$，且其一、二阶导数具有如图 4-13 所示的正负号模式.

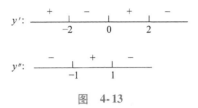

图　4-13

8. 试利用下列函数 f 的图形(见图 4-14)来估计 f' 和 f'' 在什么地方等于 0，为正和为负以及函数的极值及曲线的拐点.

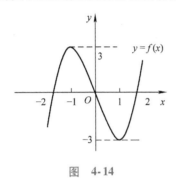

图　4-14

9. 描绘下列函数的图形：

(1) $y = x^4 - 6x^2 + 8x + 1$；

(2) $y = \dfrac{2x}{1 + x^2}$.

习题 4-3(B)

1. 证明：函数 $y = \left(1 + \dfrac{1}{x}\right)^x$ 在区间 $(-\infty, -1)$ 内单调增加.

2. 设函数 $f(x) = a\ln x + bx^2 + x$ 在 $x_1 = 1, x_2 = 2$ 都取极值，求 a 与 b 的值，并说明 $f(1)$ 和 $f(2)$ 是极大值还是极小值.

3. 设方程 $kx + \dfrac{1}{x^2} = 1$ 有且仅有一个正实根，求常数 k 的取值范围.

4. 解下列各题：

(1) 试确定 a, b, c, d 的值，使曲线 $y = ax^3 + bx^2 + cx + d$ 在点 $(-2,44)$ 处有水平切线，且点 $(1, -10)$ 为曲线的拐点.

(2) 试确定 k 的值，使曲线 $y = k(x^2 - 3)^2$ 在拐点处的法线通过原点.

5. 当 $x > 0, y > 0, x \neq y$ 时，证明：

$$x\ln x + y\ln y > (x + y)\left[\ln(x + y) - \ln 2\right].$$

6. 作函数 $y = \dfrac{e^x}{x}$ 的图形，由此研究方程 $e^x = kx$ 的实根个数，并指出实根所在区间.

第四节 函数最值理论及其在经济学中的应用

一、函数的最大值与最小值

在经济学中,"最少投入,最大产出"是经济学者研究的重要内容. 这样的问题在数学中有时可以归结为求某函数的最大值或最小值的问题,这一函数称为目标函数,最大值和最小值统称为最值.

下面分两种情况来研究目标函数的最值.

1. 闭区间上的连续函数

根据闭区间上连续函数的性质,若目标函数 $f(x)$ 在 $[a,b]$ 上连续,则 $f(x)$ 在 $[a,b]$ 上必取得最大值和最小值. 如果最值在区间内部取得,那么它必是函数的极值. 而极值点只能是函数的驻点和不可导点. 因此,目标函数 $y = f(x)$ 在区间 $[a,b]$ 上的最值只可能在区间的端点、驻点或不可导点处取到.

▶ 函数最值的求法

因此,求函数最值的步骤如下:

(1)对函数求导,找出驻点和不可导点;

(2)计算函数在区间端点、驻点和不可导点处的函数值;

(3)比较这些值的大小,最大者为最大值,最小者为最小值.

例1 求函数 $f(x) = x^3 - 3x^2 - 9x + 5$ 在 $[-2,4]$ 上的最大值与最小值.

解 $f(x)$ 在 $[-2,4]$ 上连续,故必存在最大值与最小值.

令

$$f'(x) = 3x^2 - 6x - 9 = 3(x+1)(x-3) = 0,$$

则驻点为 $x = -1$ 和 $x = 3$.

因为

$$f(-1) = 10, \quad f(3) = -22, \quad f(-2) = 3, \quad f(4) = -15,$$

所以 $f(x)$ 在 $x = -1$ 取得最大值 10,在 $x = 3$ 取得最小值 -22.

2. 开区间内的连续函数

(1)唯一的极值点是最值点

设目标函数 $f(x)$ 在 (a,b) 内连续,如果 x_0 是 $f(x)$ 在 (a,b) 内唯一的极值点,则当 $f(x_0)$ 是极小值时,$f(x_0)$ 就是 $f(x)$ 在 (a,b) 上的最小值;当 $f(x_0)$ 是极大值时,$f(x_0)$ 就是 $f(x)$ 在 (a,b) 上的最大值.

例2 求函数 $f(x) = \dfrac{4(x+1)}{x^2} - 1$ 在 $(-\infty,0)$ 内的最大值与最小值.

解 显然,$f(x)$ 在 $(-\infty,0)$ 内连续.

令

$$f'(x) = -\frac{4(x+2)}{x^3} = 0,$$

则函数 $f(x)$ 唯一的驻点为 $x = -2$，$f(x)$ 在 $(-\infty, 0)$ 内没有不可导点.

因为

$$f''(x) = \frac{8(x+3)}{x^4},$$

所以 $f''(-2) = \frac{1}{2} > 0$.

从而，$x = -2$ 是 $f(x)$ 在 $(-\infty, 0)$ 内唯一的极小值点，即为最小值点. 并且 $\lim\limits_{x \to 0^-} f(x) = +\infty$，

因此，$f(x)$ 在 $x = -2$ 取得最小值 $f(-2) = -2$，没有最大值.

（2）实际应用问题

对应用问题，如果按其实际意义可以确定目标函数 $f(x)$ 最大值或最小值的存在性，并且可以计算出可导函数 $f(x)$ 有唯一的驻点 x_0，那么 $f(x_0)$ 必为所求的最大值（或最小值）.

例 3 制作一个容积为 1000ml 的圆柱形油桶，如何设计最省材料？

解 设油桶底面半径为 r，高为 h，表面积为 S，

则目标函数

$$S = 2\pi r^2 + 2\pi rh.$$

由油桶容积，可得

$$\pi r^2 h = 1000,$$

则 $h = \frac{1000}{\pi r^2}$.

从而，目标函数

$$S = 2\pi r^2 + \frac{2000}{r}, r > 0.$$

令

$$S' = 4\pi r - \frac{2000}{r^2} = \frac{4(\pi r^3 - 500)}{r^2} = 0,$$

得唯一驻点

$$r = \sqrt[3]{500/\pi}.$$

由实际意义，该问题必存在最大值，从而必在唯一的驻点 $r = \sqrt[3]{500/\pi}$ 处取得.

此时，

$$h = \frac{1000}{\pi r^2} = \frac{1000}{\pi\left(\sqrt[3]{500/\pi}\right)^2} = 2\sqrt[3]{\frac{500}{\pi}} = 2r.$$

因此，底面半径 $r = \sqrt[3]{500/\pi}$，高度 h 是底面半径的两倍，即等于底面直径时，制作出的 1000ml 油桶最节省材料.

二、经济应用问题举例

1. 最大利润问题

在经济学中，总成本和总收益都可以表示为产量 Q 的函数，分

别记为 $C(Q)$ 和 $R(Q)$,则总利润 $L(Q)$ 可表示为 $L(Q) = R(Q) - C(Q)$.

令 $L'(Q) = R'(Q) - C'(Q) = 0$,则 $R'(Q) = C'(Q)$.

这说明,取得最大利润的必要条件是,边际收益等于边际成本.

而 $L''(Q) = R''(Q) - C''(Q)$,

这表明,取得最大利润的充分条件是,边际收益的变化率要小于边际成本的变化率.

例4 某工厂每批生产某产品 Q 件成本为 $C(Q) = 3Q + 10$(万元),收益为 $R(Q) = 5Q - 0.02Q^2$(万元),问每批产品生产多少件才能使利润最大?

解 由题意,设利润为 $L(Q)$,则

$$L(Q) = R(Q) - C(Q) = -0.02Q^2 + 2Q - 10.$$

令 $L'(Q) = -0.04Q + 2 = 0$,则 $Q = 50$.

而 $L''(Q) = R''(Q) - C''(Q) = -0.04 < 0$,即 $Q = 50$ 是唯一的极大值点.

又 $L(50) = 40$,

因此,每批产品生产50件会获得最大利润40万元.

2. 最大收益问题

例5 某工厂生产一批商品,已知该商品的价格函数为 $P = 10\mathrm{e}^{-\frac{Q}{2}}$,最大需求量为6,其中,$Q$ 表示需求量,P 为价格,求该商品的收益函数和边际收益,如何定价可以使收益最大,最大收益是多少? 此时的产量应为多少?

解 由题意,设收益函数为 $R(Q)$,则

$$R(Q) = PQ = 10Q\mathrm{e}^{-\frac{Q}{2}},\ 0 \leqslant Q \leqslant 6.$$

边际收益

$$R'(Q) = 5(2 - Q)\mathrm{e}^{-\frac{Q}{2}}.$$

令 $R'(Q) = 0$,得唯一驻点 $Q = 2$.

又 $R''(Q) = \dfrac{5(Q-4)}{2}\mathrm{e}^{-\frac{Q}{2}}$,则 $R''(2) = -5\mathrm{e}^{-1} < 0$.

而 $R(2) = 20\mathrm{e}^{-1}$,$P(2) = 10\mathrm{e}^{-1}$,

故定价为 $10\mathrm{e}^{-1}$ 时,有最大收益 $20\mathrm{e}^{-1}$,此时产量为2.

3. 经济批量问题

所谓经济批量问题就是,确定合理的采购进货批次和每批数量,使库存费用和采购费用之和最小.

假设某商品的全年需求量为 a,全年分 N 批采购,批量为 x,则 $N = \dfrac{a}{x}$. 用 b 表示每采购一批商品所需的采购费用,则全年的采购

经济批量问题

费用为 $bN = \dfrac{ab}{x}$. 批量 x 即为最大库存量,假设商品匀速消耗,则平

均库存量为 $\frac{x}{2}$. 用 c 表示单位商品库存一年所需费用,则全年的库

存费用为 $\frac{cx}{2}$. 从而,总费用为 $E(x) = \frac{ab}{x} + \frac{cx}{2}$.

令 $E'(x) = -\frac{ab}{x^2} + \frac{c}{2} = 0$,即 $\frac{ab}{x} = \frac{cx}{2}$,

此时,全年库存费用与采购费用相等.

可得,唯一驻点 $x = \sqrt{\frac{2ab}{c}}$.

又 $E''(x) = \frac{2ab}{x^3} > 0$,

从而,$x = \sqrt{\frac{2ab}{c}}$ 为最小值点.

此时,最小总费用为 $E\left(\sqrt{\frac{2ab}{c}}\right) = \frac{ab}{\sqrt{\frac{2ab}{c}}} + \frac{c\sqrt{\frac{2ab}{c}}}{2} = \sqrt{2abc}$.

结论是全年库存费用与采购费用相等时总费用最小,如
图 4-15 所示.

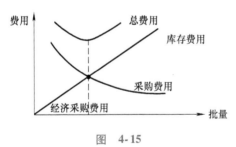

图　4-15

我们也可以从采购批数 N 入手解决这个问题.

例 6　某工厂生产某种产品,年销售量为 100 万件,每生产一
批需要花费准备费 1000 元,而每件的年库存费为 0.05 元. 如果年
销售率是均匀的,且上批售完后立即生产下批(即,平均库存数为
批量的一半),问应分为几批生产,能使采购费用及库存之和最小?

解　设批数为 N,则一年的准备费为 $1000N$,批量为 $1000000/N$,平
均库存数为 $500000/N$,库存费为 $0.05 \times 500000/N$,从而总费用为

$$E(N) = 1000N + 0.05 \times \frac{500000}{N} = 1000N + \frac{25000}{N}, N \in (0, \infty).$$

令 $E'(N) = 1000 - \frac{25000}{N^2} = 0$,

由 $N \in (0, \infty)$,得唯一驻点 $N = 5$.

又因为 $E''(N) = \frac{50000}{N^3} > 0$.

所以 $N = 5$ 是最小值点.

因此,应分为 $N=5$ 批生产,能使采购费用及库存之和最小.

4. 定价问题

例 7 某公园举办一次六一儿童节游园活动,据估计,若门票为每人 8 元,观众将有 300 人,且门票每降低 1 元,观众将增加 60 人. 试确定当门票定价为多少时可使门票收入最大,并求相应的门票收入.

解 由题意,设门票为每人 x 元,则观众数为 $300+(8-x)\cdot 60$,

从而门票收入 $R=x[300+(8-x)\cdot 60]=780x-60x^2$.

由 $R'=780-120x=0$ 有 $x=6.5$.

而 $R''=-120<0$,

所以,$x=6.5$ 时,门票收入取得最大值 $R(6.5)=780\times 6.5-60\times 6.5^2=2535$.

因此,当门票定价为 6.5 元时,可使门票收入最大,其相应的门票收入为 2535 元.

习题 4-4(A)

1. 求下列函数在指定区间的最大值和最小值:

(1) $f(x)=4x^4-8x^2+1,x\in[0,2]$;

(2) $f(x)=\dfrac{x}{x+2},x\in[0,4]$;

(3) $f(x)=x+\sqrt{1-x},x\in[-5,1]$;

(4) $f(x)=2x^3-3x^2+1,x\in[-1,4]$.

2. 求下列函数在指定区间的最大值和最小值:

(1) $f(x)=x^2-\dfrac{16}{x},x\in(-\infty,0)$;

(2) $f(x)=\dfrac{x}{x^2+1},x\in[0,+\infty)$;

(3) $f(x)=\sqrt{x}\ln x,x\in(0,+\infty)$;

(4) $f(x)=2\tan x-\tan^2 x,x\in\left[0,\dfrac{\pi}{2}\right)$.

3. 求直线 $x-y-1=0$ 与抛物线 $y=x^2+1$ 的最近距离.

4. 求下列经济应用问题的最大值和最小值:

(1) 制造和销售每双鞋的成本为 c 元. 如果每双鞋的售出价为 x 元,售出鞋的数量由

$$n=\frac{a}{x-c}+b(100-x)$$

给出,其中,a 和 b 是正常数,请问如何定价可以带来最大利润?

(2) 某民间手工艺人签订了一个每天制作 5 件工艺品的合同,原材料每次的运送成本为 2500 元,而贮存每件工艺品原材料的成

本为每天 10 元,为使每天的制作成本最小,这个手工艺人每次应该订多少原料,多长时间订一次原材料?

(3)某旅行社的旅游服务提供以下的参考价格:如果 50 人(预定旅游的最低人数)参加旅游,那么每人 200 元;每增加 1 人,每人的费用下降 2 元. 旅客至多预订到 80 人,要开展一次旅游的费用为 6000 元(固定成本)加上每人 32 元. 请问,有多少人参加旅游才能使旅行社的利润最大?

(4)假设 $c(x) = x^3 - 200x^2 + 400x$ 是制造 x 件产品的成本,求制造 x 件产品的平均成本最小的生产水平.

习题 4-4(B)

1. 在由直线 $y = 0$,$x = 8$ 与抛物线 $y = x^2$ 围成的曲边三角形的曲边上求一点,使该点的切线与两直角边围成的三角形的面积最大.

2. 证明:若存在平均成本最小的生产水平,则平均成本最小时平均成本等于边际成本.

3. 证明:如果商家销售某产品的收益函数为 $R(Q) = 6Q$,成本函数为 $c(Q) = Q^3 - 6Q^2 + 15Q$,那么商家销售此产品不能盈利.

4. 将习题 4-4(A)中 4(2)问题一般化:生产率为每天 p 件,原材料每次的运送成本为 d 元,而贮存每件原材料每天的成本为 s 元,证明:最佳原材料订货间隔时间 x^* 位于双曲线 $y = \dfrac{d}{x}$ 和直线 $y = \dfrac{psx}{2}$ 的交点处.

第五节　泰勒公式

在研究一些复杂函数时,往往希望能够用简单的函数对其进行近似表达,而多项式是各类函数中最简单的一种,因此用多项式近似表达函数是近似计算和理论分析中的一个重要内容.

首先,假设函数本身就是一个多项式. 设 $f(x)$ 是关于 $(x - x_0)$ 的 n 次多项式

$$f(x) = a_0 + a_1(x - x_0) + a_2(x - x_0)^2 + \cdots + a_n(x - x_0)^n.$$

逐次求导得

$$f'(x) = a_1 + 2a_2(x - x_0) + \cdots + na_n(x - x_0)^{n-1},$$

$$f''(x) = 2!a_2 + 3 \times 2a_3(x - x_0) + \cdots + n(n-1)a_n(x - x_0)^{n-2},$$

$$\vdots$$

$$f^{(n)}(x) = n!a_n.$$

代入 x_0 的值,得

$$f(x_0) = a_0, f'(x_0) = a_1, f''(x_0) = 2!a_2, \cdots, f^{(n)}(x_0) = n!a_n,$$

因此,

$$a_0 = f(x_0), a_1 = f'(x_0), \; a_2 = \frac{f''(x_0)}{2!}, \cdots, a_n = \frac{f^{(n)}(x_0)}{n!}.$$

于是

$$f(x) = f(x_0) + f'(x_0)(x - x_0) + \frac{f''(x_0)}{2!}(x - x_0)^2 + \cdots + \frac{f^{(n)}(x_0)}{n!}(x - x_0)^n.$$

(4.6)

这表明,多项式 $f(x)$ 的各项系数可以由其各阶导数在 x_0 处的取值所唯一确定.

其次,对于一个不是多项式的函数 $f(x)$,如果 $f(x)$ 存在直到 n 阶的导数,则按照式(4.6)右端仍可相应地写出一个多项式,那么这个多项式与函数 $f(x)$ 之间有什么关系呢?

一、泰勒公式

泰勒中值定理 I

泰勒中值定理 1   若 $f(x)$ 在 x_0 的某邻域 $U(x_0)$ 内具有 $n-1$ 阶导数,且 $f^{(n)}(x_0)$ 存在,则

$$f(x) = f(x_0) + f'(x_0)(x - x_0) + \frac{f''(x_0)}{2!}(x - x_0)^2 + \cdots +$$
$$\frac{f^{(n)}(x_0)}{n!}(x - x_0)^n + R_n(x),$$
(4.7)

其中,$R_n(x) = o((x - x_0)^n), x \in U(x_0)$.

证   记

$$R_n(x) = f(x) - \left[f(x_0) + \frac{f'(x_0)}{1!}(x - x_0) + \cdots + \frac{1}{n!} \; f^{(n)}(x_0)(x - x_0)^n \right],$$
$$G_n(x) = (x - x_0)^n.$$

当 $x \in U(x_0)$ 时,连续运用洛必达法则 $n-1$ 次,并结合 $f^{(n)}(x_0)$ 的存在性和导数的定义,可得

$$\lim_{x \to x_0} \frac{R_n(x)}{G_n(x)} = \lim_{x \to x_0} \frac{R_n^{(n-1)}(x)}{G_n^{(n-1)}(x)} = \cdots$$

$$= \lim_{x \to x_0} \frac{f^{(n-1)}(x) - f^{(n-1)}(x_0) - f^{(n)}(x_0)(x - x_0)}{n!\,(x - x_0)}$$

$$= \frac{1}{n!} \lim_{x \to x_0} \left[\frac{f^{(n-1)}(x) - f^{(n-1)}(x_0)}{x - x_0} - f^{(n)}(x_0) \right] = 0.$$

即当 $x \in U(x_0)$ 时

$$R_n(x) = o(G_n(x)) \quad (x \to x_0),$$

从而公式(4.7)成立.

式(4.7)称为 $f(x)$ 的**泰勒公式**,多项式 $f(x_0) + \dfrac{f'(x_0)}{1!}(x - x_0)$

$+ \cdots + \dfrac{1}{n!}f^{(n)}(x_0)(x-x_0)^n$ 称为 n 次**泰勒多项式**,其中,$R_n(x) = o((x-x_0)^n)$ 称为**佩亚诺型余项**,它是用 n 次泰勒多项式近似表示函数 $f(x)$ 时所产生的误差,遗憾的是,利用它无法估算误差的大小. 下面给出另一种余项形式的泰勒公式,它解决了这一问题,但同时对函数的限制条件更加严格.

泰勒中值定理 2　若 $f(x)$ 在含有 x_0 的某开区间 (a,b) 内具有直到 $n+1$ 阶的导数,则对任意 $x \in (a,b)$,至少存在一点 ξ 介于 x_0 与 x 之间,使得

泰勒中值定理 II

$$f(x) = f(x_0) + f'(x_0)(x-x_0) + \frac{f''(x_0)}{2!}(x-x_0)^2 + \cdots +$$

$$\frac{f^{(n)}(x_0)}{n!}(x-x_0)^n + \frac{f^{(n+1)}(\xi)}{(n+1)!}(x-x_0)^{n+1} \qquad (4.8)$$

式(4.8)称为 $f(x)$ 在 x_0 处(或按 $(x-x_0)$ 的幂展开)的带有拉格朗日型余项的**泰勒公式**,其中,$R_n(x) = \dfrac{f^{(n+1)}(\xi)}{(n+1)!}(x-x_0)^{n+1}$ 称为**拉格朗日型余项**. 当 $n=0$ 时,泰勒中值定理 2 就是拉格朗日中值定理,即泰勒中值定理 2 是拉格朗日中值定理的高阶推广.

泰勒公式(4.7)或式(4.8)在 $x_0 = 0$ 时称为**麦克劳林公式**,即

$$f(x) = f(0) + f'(0)x + \frac{f''(0)}{2!}x^2 + \cdots + \frac{f^{(n)}(0)}{n!}x^n + R_n(x) \quad (4.9)$$

其中,$R_n(x) = \dfrac{f^{(n+1)}(\theta x)}{(n+1)!}x^{n+1}\ (0 < \theta < 1)$ 或 $R_n(x) = o(x^n)$,前者称为带拉格朗日型余项的麦克劳林公式,后者称为带佩亚诺型余项的麦克劳林公式.

例 1　求指数函数 $f(x) = \mathrm{e}^x$ 的麦克劳林公式.

解　由 $f(x) = \mathrm{e}^x$,有

$$f^{(n)}(x) = \mathrm{e}^x, f^{(n)}(0) = 1\,(n=0,1,2,\cdots).$$

代入公式(4.9),即得指数函数 e^x 的麦克劳林公式

$$\mathrm{e}^x = 1 + x + \frac{x^2}{2!} + \cdots + \frac{x^n}{n!} + R_n(x),$$

其中,$R_n(x) = \dfrac{\mathrm{e}^{\theta x}}{(n+1)!}x^{n+1}\ (0 < \theta < 1)$ 或 $R_n(x) = o(x^n)$.

例 2　求 $f(x) = \sin x$ 的带佩亚诺型余项的麦克劳林公式.

解　由 $f(x) = \sin x$,有

$$f^{(n)}(x) = \sin\left(x + \frac{n\pi}{2}\right),$$

所以 $f(x) = \sin x$ 的带佩亚诺型余项的麦克劳林公式是

$$\sin x = x - \frac{x^3}{3!} + \cdots + (-1)^k \frac{x^{2k+1}}{(2k+1)!} + o(x^{2k+1}).$$

图 4-16 给出了 $y = \sin x$ 以及它的一阶、三阶、五阶泰勒多项式的图像. 从图中易见,泰勒多项式的幂次越高,它在 $x = 0$ 附近与正弦曲线"贴近"的程度越高.

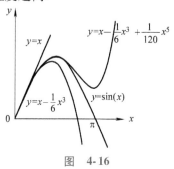

图 4-16

类似可以求出

$$\cos x = 1 - \frac{x^2}{2!} + \cdots + (-1)^k \frac{x^{2k}}{(2k)!} + o(x^{2k}).$$

例 3 求 $f(x) = \ln(1 + x)$ 的带佩亚诺型余项的麦克劳林公式.

解 设 $f(x) = \ln(1 + x)$,则 $f(0) = 0$,

$$f^{(n)}(x) = (-1)^{n-1} \frac{(n-1)!}{(1+x)^n},$$

$$f^{(n)}(0) = (-1)^{n-1}(n-1)! \ (n = 1, 2, \cdots).$$

所以 $f(x) = \ln(1 + x)$ 的带佩亚诺型余项的麦克劳林公式是

$$\ln(1 + x) = x - \frac{x^2}{2} + \cdots + (-1)^{n-1}\frac{x^n}{n} + o(x^n).$$

二、 应用

利用上面几个常见初等函数的麦克劳林公式,可以解决某些求极限或作近似计算的问题.

例 4 求极限 $\lim\limits_{x \to 0} \dfrac{\sin x - x}{e^x - 1 - x - \frac{1}{2}x^2}$.

利用泰勒公式求极限

解 本题也可用洛必达法则,但这里我们介绍另一种方法——泰勒展开法

$$\lim_{x \to 0} \frac{\sin x - x}{e^x - 1 - x - \frac{1}{2}x^2}$$

$$= \lim_{x \to 0} \frac{x - \frac{1}{3!}x^3 + o(x^3) - x}{1 + x + \frac{1}{2!}x^2 + \frac{1}{3!}x^3 + o(x^3) - 1 - x - \frac{1}{2}x^2}$$

$$= \lim_{x \to 0} \frac{-\frac{1}{3!}x^3 + o(x^3)}{\frac{1}{3!}x^3 + o(x^3)} = -1.$$

例 5　求极限 $\lim\limits_{x \to 0} \dfrac{6\sin x^3 + x^3(x^6 - 6)}{x^9 \ln(1 + x^6)}$.

解　$\lim\limits_{x \to 0} \dfrac{6\sin x^3 + x^3(x^6 - 6)}{x^9 \ln(1 + x^6)}$

$= \lim\limits_{x \to 0} \dfrac{6\left[x^3 - \dfrac{1}{3!}(x^3)^3 + \dfrac{1}{5!}(x^3)^5 + o((x^3)^5) \right] + x^9 - 6x^3}{x^9 \left[x^6 + o(x^6) \right]}$

$= \lim\limits_{x \to 0} \dfrac{\dfrac{6}{5!}x^{15} + o(x^{15})}{x^{15} + o(x^{15})} = \dfrac{1}{20}.$

例 6　计算数 e 使其误差不超过 10^{-6}.

解　由例 1 知,e^x 的带拉格朗日型余项的麦克劳林公式为

$$e^x = 1 + x + \frac{x^2}{2!} + \cdots + \frac{x^n}{n!} + \frac{e^{\theta x}}{(n+1)!}x^{n+1} \quad (0 < \theta < 1).$$

当 $x = 1$ 时,有

$$e = 1 + 1 + \frac{1}{2!} + \cdots + \frac{1}{n!} + \frac{e^{\theta}}{(n+1)!} \quad (0 < \theta < 1).$$

由 $\dfrac{e^{\theta}}{(n+1)!} < \dfrac{3}{(n+1)!}$,从而当 $n = 9$ 时,

$$\frac{e^{\theta}}{(9+1)!} < \frac{3}{(9+1)!} = \frac{3}{3268800} < 10^{-6}.$$

此时,可以得到 e 的近似值

$$1 + 1 + \frac{1}{2!} + \cdots + \frac{1}{9!} \approx 2.7182815,$$

并且误差不超过 10^{-6}.

习题 4-5(A)

1. 按 $x - 2$ 的幂形式展开多项式 $f(x) = x^4 - x^3 + x^2 - x + 1$.

2. 将函数 $f(x) = \dfrac{1}{x+1}$ 在 $x = 1$ 点展开为带有佩亚诺型余项的三阶泰勒公式.

3. 将函数 $f(x) = \dfrac{1+x}{x}$ 按 $(x+1)$ 的幂形式展开为带有拉格朗日型余项的 n 阶泰勒公式.

4. 写出函数 $f(x) = (x+1)e^x$ 的带有拉格朗日型余项的 n 阶麦克劳林公式.

5. 利用泰勒公式求下列极限:

$(1) \lim\limits_{x \to 0} \dfrac{\cos x - e^{-\frac{x^2}{2}}}{x^4}$;　　　　　$(2) \lim\limits_{x \to 0} \dfrac{e^x \sin x - x(1+x)}{x^3}$.

6. 应用三阶泰勒公式计算下列各数的近似值,并估计误差:

$(1) \sqrt[3]{28}$;　　　　　　　$(2) \sin 15°$.

习题 4-5(B)

1. 若函数 $f(x)$ 有二阶导数,$f''(x) > 0$,且 $\lim\limits_{x \to 0} \dfrac{f(x)}{\sin x} = 1$,用泰勒公式证明 $f(x) \geqslant x$.

2. 设函数 $f(x)$ 在区间 $[a,b]$ 上存在二阶导数,且 $f''(x) > 0$,证明:对于任何实数 $\lambda \in (0,1)$,$x, y \in [a,b]$,都有 $f[\lambda x + (1-\lambda)y] \leqslant \lambda f(x) + (1-\lambda)f(y)$.

3. 设函数 $f(x)$ 在区间 $[a, +\infty)$ 有二阶导数,$f(a) = A > 0$,$f'(a) < 0$,$f''(x) \leqslant 0$,证明:函数 $f(x)$ 有且仅有一个零点.

4. 求一个三次多项式 $P_3(x)$,使得 $x\sin x = P_3(x) + o((x-1)^3)$.

5. 求下列极限:

$(1) \lim\limits_{x \to 0} \dfrac{\cos x - e^{-x^2/2} + x^4/12}{x^6}$;$(2) \lim\limits_{x \to 0} \dfrac{\tan(\tan x) - \sin(\sin x)}{\tan x - \sin x}$.

6. 设函数 $f(x)$ 在 $[0,1]$ 上二阶可导,且 $f(x)$ 在 $(0,1)$ 内有最大值 $\dfrac{1}{4}$,$|f''(x)| \leqslant 1$,证明:$|f(0)| + |f(1)| < 1$.

7. 设函数 $f(x)$ 在 $[a,b]$ 上具有二阶导数,且 $f(a) = f(b) = 0$,$|f''(x)| \leqslant 8$,证明:$\left| f\left(\dfrac{a+b}{2} \right) \right| \leqslant (b-a)^2$.

第六节　MATLAB 数学实验

MATLAB 中用来将函数展成泰勒级数的命令为 taylor,其使用格式为 taylor(f,x,x0,'order',n),其中,f 为给定的函数,x 为自变量,x0 为函数展开点,n 为泰勒级数与函数误差的阶数;并且利用 MATLAB 中命令 diff 和 solve 求得函数的极值. 下面给出具体实例.

例1　将函数 $f = \ln(x+1)$ 在 $x = 0$ 处展开到第 5 项,并在同一坐标系下画出函数及函数展开式的图形.

【MATLAB 代码】
```
>>syms x;
>>f = log(x+1);
>> y = taylor(f,x,0,'order',6)
```
运行结果:
```
y =
x^5/5 - x^4/4 + x^3/3 - x^2/2 + x
```
再画出函数与展开式的图形:
```
>>x = (-0.9):0.01:2;
>>f = log(x+1);
```

```
>>y = x.^5/5 - x.^4/4 + x.^3/3 - x.^2/2 + x;
>>plot(x,f,x,y)
```
运行结果:

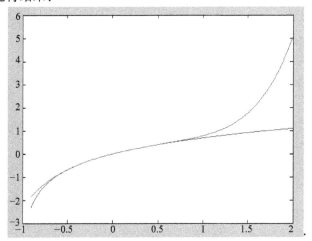

例2 求函数 $y = 2x^3 - 9x^2 + 12x - 3$ 的极值.

【MATLAB 代码】

```
>> syms x;
>> y = 2 * x^3 - 9 * x^2 + 12 * x - 3;
>> f1 = diff(y,x)
```
运行结果:
```
f1 =
6 * x^2 - 18 * x + 12
>> [x0] = solve(f1)
```
运行结果:
```
x0 =
1
2
>> f2 = diff(f1,x)
```
运行结果:
```
f2 =
12 * x - 18
>> subs(f2,x,x0)
```
运行结果:
```
ans =
-6
 6
>> subs(y,x,x0)
```
运行结果:
```
ans =
2
1
```

由此可知:函数在点 $x=1$ 处的二阶导数为 -1,所以在 $x=1$ 处取得极大值 2;函数在点 $x=2$ 处二阶导数为 6,所以在 $x=2$ 处取得极小值 1.

例 3　已知函数 $f(x)=x^4-2x^3+1$,求过点 $(1,0)$ 的切线方程.

【MATLAB 代码】

```
>>syms x;
>>f = x^4 - 2 * x^3 + 1;
>>f1 = diff(f,x);
>>subs(f1,x,1)
```

运行结果:

ans =

 -2

所以切线方程为 $y=-2(x-1)$,即 $2x+y-2=0$.

总习题四

1. 证明下列各题:

(1)设函数 $f(x)$ 在 $[0,1]$ 上连续,在 $(0,1)$ 内可导,且 $f(1)=0$,证明:在 $(0,1)$ 内至少存在一点 ξ,使得

$$f'(\xi)=-\frac{2f(\xi)}{\xi}.$$

(2)设函数 $f(x)$ 在 $[0,1]$ 上连续,在 $(0,1)$ 内可导,且 $f(0)=f(1)=0$,证明:在 $(0,1)$ 内,方程 $(x^2+1)f'(x)-2xf(x)=0$ 至少有一个根.

(3)设函数 $f(x)$ 在 $[0,1]$ 上连续,在 $(0,1)$ 内二阶可导,且 $f(0)=f(1)=0$,证明:在 $(0,1)$ 内至少存在一点 ξ,使得
$$2f'(\xi)+\xi f''(\xi)=0.$$

(4)设函数 $f(x)$ 在 $[a,b]$ 上连续,在 (a,b) 内可导,证明:存在 $\xi\in(a,b)$,使得

$$\frac{bf(b)-af(a)}{b-a}=f(\xi)+\xi f'(\xi).$$

2. 证明下列不等式:

(1)当 $0<a<b$ 时,有 $1-\dfrac{a}{b}<\ln\dfrac{b}{a}<\dfrac{b}{a}-1$.

(2)当 $0<x<1$ 时,$\ln^2(1+x)+2\ln(1+x)<2x$.

(3)设 $0\leqslant x\leqslant1,p>1$,证明不等式:$\dfrac{1}{2^{p-1}}\leqslant x^p+(1-x)^p\leqslant1$.

3. 计算下列各极限

(1)$\lim\limits_{x\to0}\dfrac{e^{2x}-e^{-2x}-4x}{x-\sin x}$;

$(2)\lim\limits_{x\to 0}\dfrac{\left[\sin x - \sin(\sin x)\right]\sin x}{x^4}$;

$(3)\lim\limits_{x\to 1^-}\dfrac{\operatorname{lntan}\dfrac{\pi x}{2}}{\ln(1-x)}$;

$(4)\lim\limits_{x\to\infty}\left(\dfrac{\pi}{2}-\arctan 2x^2\right)x^2$;

$(5)\lim\limits_{x\to +\infty}x(a^{\frac{1}{x}}-b^{\frac{1}{x}})\ (a,b>0)$;

$(6)\lim\limits_{x\to\infty}\left[x-x^2\ln\left(1+\dfrac{1}{x}\right)\right]$;

$(7)\lim\limits_{x\to 0}(\cos x + x\sin x)^{\frac{1}{x^2}}$;

$(8)\lim\limits_{x\to 0}\left[\dfrac{\ln(1+x)}{x}\right]^{\frac{1}{e^x-1}}$.

4. 设 $f(x)=\dfrac{10}{4x^3-9x^2+6x}$,确定 $f(x)$ 的单调区间.

5. 求曲线 $y=(x-2)^{\frac{5}{3}}-\dfrac{5}{9}x^2$ 的凹凸区间及拐点.

6. 求函数的极值或最值

   (1)求函数 $y=\dfrac{3x^2+4x+4}{x^2+x+1}$ 的极值;

   (2)求函数 $f(x)=x^{\frac{1}{x}}$ 在区间 $(0,+\infty)$ 内的最值.

   (3)求 $f(x)=\left|x^2-3x+2\right|$ 在 $[-3,4]$ 上的最大值与最小值.

7. 解决下列经济问题:

   (1)一房产公司有 50 套公寓要出租,当月租金为 1000 元时,公寓会全部租出去. 当月租金每增加 50 元时,就会多一套公寓租不出去,而租出去的公寓每月需花费 100 元的维修费,问房租定为多少时可获得最大收入?

   (2)设某商品的需求量 $Q(P)=12000-80P$,其中,P 为商品单价,商品的总成本为 $C(Q)=25000+50Q$,并且每件商品需要纳税 2 元,试求销售利润最大的商品单价和最大利润额.

第 五 章

不 定 积 分

在第三章中,我们已经学习了求给定函数的导函数的方法,本章主要讨论其反问题,即求某一区间的一个未知函数,使其在该区间上的导函数恰好是已知函数,这种由已知导函数求原来函数的运算即为不定积分,本章将介绍不定积分的概念及其各种计算方法.

第一节　不定积分的概念与性质

一、原函数与不定积分的概念

定义 1　设在区间 I 上,有 $F'(x) = f(x)$ 或 $dF(x) = f(x)dx$,则称 $F(x)$ 为 $f(x)$ 在区间 I 上的一个原函数.

原函数与
不定积分的概念

例如,由于 $(\sin x)' = \cos x$,因此在整个实数集上,$\sin x$ 是 $\cos x$ 的一个原函数;在区间 $(-1,1)$ 上,$(\arcsin x)' = \dfrac{1}{\sqrt{1-x^2}}$,因此在 $(-1,1)$ 上,$\arcsin x$ 是 $\dfrac{1}{\sqrt{1-x^2}}$ 的一个原函数;当 $x > 0$ 时,$(\ln x)' = \dfrac{1}{x}$,当 $x < 0$ 时,$[\ln(-x)]' = \dfrac{1}{x}$,因此在区间 $(-\infty,0) \cup (0,+\infty)$ 上,$\ln|x|$ 是 $\dfrac{1}{x}$ 的一个原函数.

现在有两个问题需要研究:

1. 在什么条件下,一个函数存在原函数?

2. 如果知道 $f(x)$ 有原函数,那么它的原函数唯一吗?

关于问题 1,我们给出原函数存在的一个充分条件.

定理 1　如果 $f(x)$ 在区间 I 上连续,那么 $f(x)$ 在区间 I 上一定存在原函数.

由于初等函数在其定义的区间上是连续的,因此,根据定理 1 可知,**初等函数在其定义的区间上存在原函数**.

关于问题 2,我们给出如下结论.

定理 2　设 $F(x)$ 为 $f(x)$ 在区间 I 上的一个原函数,则

(1) $F(x) + C$ 也是 $f(x)$ 在区间 I 上的原函数,其中,C 为任意常数;

(2) $f(x)$ 在区间 I 上的任意两个原函数相差一个常数.

证 (1) 由于 $F(x)$ 为 $f(x)$ 在区间 I 上的原函数,即

$$F'(x) = f(x), \forall x \in I \text{ 成立}.$$

因而, $(F(x) + C)' = F'(x) + (C)' = f(x).$

由原函数的定义知,对任意的常数 C,$F(x) + C$ 也是 $f(x)$ 的原函数.

(2) 设 $F(x)$,$\Psi(x)$ 是 $f(x)$ 的任意两个原函数,因此有

$$F'(x) = f(x), \Psi'(x) = f(x).$$

令 $G(x) = \Psi(x) - F(x)$,则有

$$G'(x) = (\Psi(x) - F(x))' = f(x) - f(x) = 0.$$

因此,必有 $G(x) \equiv$ 常数,不妨记为 C,则 $\Psi(x) - F(x) = C$,命题成立.

定理 2 告诉我们,如果一个函数存在原函数,那么原函数将有无穷多个,并且彼此之间只相差一个常数. 例如,$\cos x$ 的所有原函数可以写成 $\sin x + C$ 的形式,$\dfrac{1}{\sqrt{1-x^2}}$ 的所有原函数可以写成 $\arcsin x + C$ 的形式.

$f(x)$ 的全体原函数组成的集合 $\{F(x) + C \mid -\infty < C < +\infty\}$ 称为 $f(x)$ 的原函数族.

定义 2 在区间 I 上,函数 $f(x)$ 的全体原函数称为 $f(x)$ 的不定积分,记作 $\int f(x)\mathrm{d}x$. 其中,$\int$ 称为积分号,$f(x)$ 称为被积函数,$f(x)\mathrm{d}x$ 称为积分表达式,x 称为积分变量.

由定义可知,若函数 $F(x)$ 是函数 $f(x)$ 在区间 I 上的任意一个原函数,则 $f(x)$ 的不定积分可以表示为 $\int f(x)\mathrm{d}x = F(x) + C$,称 C 为积分常数,可见,一个函数的不定积分是一族函数.

例 1 求 $\int x\mathrm{d}x$.

解 因为 $\left(\dfrac{x^2}{2}\right)' = x$,所以 $\dfrac{x^2}{2}$ 为 x 的一个原函数,因此

$$\int x\mathrm{d}x = \frac{x^2}{2} + C.$$

二、 不定积分的几何意义

若 $F(x)$ 为 $f(x)$ 的一个原函数,则称 $y = F(x)$ 的图像为 $f(x)$ 的一条积分曲线. $f(x)$ 的不定积分 $\int f(x)\mathrm{d}x$ 在几何上表示 $f(x)$ 的积分曲线族,它可由 $f(x)$ 的某一条积分曲线 $y = F(x)$ 沿 y 轴方向上下

平移而得到. 显然,积分曲线族中的每一条积分曲线在横坐标相同点处的切线相互平行(见图 5-1). 要想确定积分曲线族中的某条积分曲线. 只需知道该积分曲线上的一点即可.

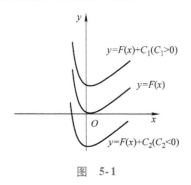

图 5-1

例 2 设曲线通过点 $(0,0)$,且曲线上任意一点处的切线斜率等于该点横坐标的 2 倍,求此曲线的方程.

解 设所求曲线为 $y = f(x)$,(x,y) 为曲线上任一点,

由导数几何意义和题设条件有
$$
\begin{cases}
\dfrac{\mathrm{d}y}{\mathrm{d}x} = 2x, \\
y(0) = 0.
\end{cases}
$$

由于 x^2 是 $2x$ 的一个原函数,所以 $y = \int 2x\,\mathrm{d}x = x^2 + C$.

将初始条件 $x = 0, y = 0$ 代入式中,得 $C = 0$.

因此,所求曲线方程为 $y = x^2$.

三、 基本不定积分公式

由第二章的导数公式表,可以得到下面的基本不定积分表:

1. $\int 0\,\mathrm{d}x = C$;

2. $\int k\,\mathrm{d}x = kx + C$($k$ 是常数);

3. $\int x^\mu \,\mathrm{d}x = \dfrac{x^{\mu+1}}{\mu+1} + C$($\mu \neq -1$);

4. $\int \dfrac{1}{x}\,\mathrm{d}x = \ln|x| + C$;

5. $\int \mathrm{e}^x \,\mathrm{d}x = \mathrm{e}^x + C$;

6. $\int a^x \,\mathrm{d}x = \dfrac{a^x}{\ln a} + C$($a > 0, a \neq 1$);

7. $\int \sin x\,\mathrm{d}x = -\cos x + C$;

8. $\int \cos x\,\mathrm{d}x = \sin x + C$;

9. $\int \sec^2 x\,\mathrm{d}x = \tan x + C$;

10. $\int \csc^2 x \mathrm{d}x = -\cot x + C$;

11. $\int \dfrac{1}{1+x^2} \mathrm{d}x = \arctan x + C = -\operatorname{arccot} x + C$;

12. $\int \dfrac{1}{\sqrt{1-x^2}} \mathrm{d}x = \arcsin x + C = -\arccos x + C$;

13. $\int \sec x \tan x \mathrm{d}x = \sec x + C$;

14. $\int \csc x \cot x \mathrm{d}x = -\csc x + C$.

以上 14 个基本积分公式是求不定积分的基础,需要熟记.

例3 求 $\int x\sqrt{x}\mathrm{d}x$.

解 由不定积分的基本公式知, $\int x\sqrt{x}\mathrm{d}x = \int x^{\frac{3}{2}}\mathrm{d}x = \dfrac{2}{5}x^{\frac{5}{2}} + C$.

四、 不定积分的性质

由原函数的定义,下面的性质是显然成立的.

性质1 $\dfrac{\mathrm{d}}{\mathrm{d}x}\left[\int f(x)\mathrm{d}x\right] = f(x)$ 或 $\mathrm{d}\int f(x)\mathrm{d}x = f(x)\mathrm{d}x$.

性质2 $\int F'(x)\mathrm{d}x = F(x) + C$ 或 $\int \mathrm{d}F(x) = F(x) + C$.

将一个函数 $f(x)$ 先积分,再求导,结果是 $f(x)$ 本身;将一个函数 $F(x)$ 先求导,再积分,结果是 $F(x) + C$,与函数本身相差一个常数.

▶ 不定积分的性质

由此可见,微分运算(记号 d)与积分运算(记号 $\int$)互为逆运算,当 d 与 $\int$ 连在一起时,"$\mathrm{d}\int$"使函数还原,"$\int \mathrm{d}$"使函数相差一个常数.

性质3 $\int [f(x) + g(x)]\mathrm{d}x = \int f(x)\mathrm{d}x + \int g(x)\mathrm{d}x$.

性质4 $\int kf(x)\mathrm{d}x = k\int f(x)\mathrm{d}x \, (k \neq 0)$.

例4 求 $\int \sqrt{x}(x^2 - 6)\mathrm{d}x$.

分析 根据不定积分的线性性质,将被积函数分为两项,再根据基本公式分别进行积分.

解 $\int \sqrt{x}(x^2 - 6)\mathrm{d}x = \int (x^{\frac{5}{2}} - 6x^{\frac{1}{2}})\mathrm{d}x = \int x^{\frac{5}{2}}\mathrm{d}x - \int 6x^{\frac{1}{2}}\mathrm{d}x$

$$= \frac{2}{7}x^{\frac{7}{2}} - 6 \times \frac{2}{3}x^{\frac{3}{2}} + C = \frac{2}{7}x^{\frac{7}{2}} - 4x^{\frac{3}{2}} + C.$$

例5 求 $\int (2^x + x^2)\mathrm{d}x$.

解 $\int (2^x + x^2)\mathrm{d}x = \int 2^x \mathrm{d}x + \int x^2 \mathrm{d}x = \dfrac{2^x}{\ln 2} + \dfrac{1}{3}x^3 + C$.

例 6 求 $\displaystyle\int\frac{x^4-1}{1+x^2}\mathrm{d}x$.

解 $\displaystyle\int\frac{x^4-1}{1+x^2}\mathrm{d}x=\int\frac{(x^2-1)(x^2+1)}{1+x^2}\mathrm{d}x$

$\qquad\qquad=\displaystyle\int(x^2-1)\mathrm{d}x=\frac{1}{3}x^3-x+C .$

例 7 求 $\displaystyle\int\frac{x^2+x+1}{x(1+x^2)}\mathrm{d}x$.

解 $\displaystyle\int\frac{x^2+x+1}{x(1+x^2)}\mathrm{d}x=\int\frac{x+(x^2+1)}{x(1+x^2)}\mathrm{d}x$

$\qquad\qquad=\displaystyle\int\frac{x}{x(1+x^2)}\mathrm{d}x+\int\frac{x^2+1}{x(1+x^2)}\mathrm{d}x$

$\qquad\qquad=\displaystyle\int\frac{1}{1+x^2}\mathrm{d}x+\int\frac{1}{x}\mathrm{d}x=\arctan x+\ln|x|+C .$

例 8 求 $\displaystyle\int\frac{(x-1)^2}{x^2}\mathrm{d}x$.

解 $\displaystyle\int\frac{(x-1)^2}{x^2}\mathrm{d}x=\int\frac{x^2-2x+1}{x^2}\mathrm{d}x=\int\left(1-\frac{2}{x}+\frac{1}{x^2}\right)\mathrm{d}x$

$\qquad\qquad=\displaystyle\int\mathrm{d}x-\int\frac{2}{x}\mathrm{d}x+\int\frac{1}{x^2}\mathrm{d}x=x-2\ln|x|-\frac{1}{x}+C .$

例 9 求 $\displaystyle\int\tan^2 x\mathrm{d}x .$

解 $\displaystyle\int\tan^2 x\mathrm{d}x=\int(\sec^2 x-1)\mathrm{d}x=\int\sec^2 x\mathrm{d}x-\int 1\mathrm{d}x=\tan x-x+C .$

例 10 求 $\displaystyle\int 3^x\mathrm{e}^x\mathrm{d}x .$

解 $\displaystyle\int 3^x\mathrm{e}^x\mathrm{d}x=\int(3\mathrm{e})^x\mathrm{d}x=\frac{(3\mathrm{e})^x}{\ln(3\mathrm{e})}+C=\frac{3^x\mathrm{e}^x}{1+\ln 3}+C .$

例 11 $\displaystyle\int\frac{x^2}{1+x^2}\mathrm{d}x .$

分析 注意到 $\dfrac{x^2}{1+x^2}=\dfrac{x^2+1-1}{1+x^2}=1-\dfrac{1}{1+x^2}$,根据不定积分的线性性质,将被积函数分为两项,再根据基本公式分别进行积分.

解 $\displaystyle\int\frac{x^2}{1+x^2}\mathrm{d}x=\int\mathrm{d}x-\int\frac{1}{1+x^2}\mathrm{d}x=x-\arctan x+C .$

例 12 求 $\displaystyle\int\cos^2\frac{x}{2}\mathrm{d}x .$

解 $\displaystyle\int\cos^2\frac{x}{2}\mathrm{d}x=\int\frac{1+\cos x}{2}\mathrm{d}x=\int\frac{1}{2}\mathrm{d}x+\frac{1}{2}\int\cos x\mathrm{d}x$

$\qquad\qquad=\dfrac{x}{2}+\dfrac{1}{2}\sin x+C .$

习题 5-1(A)

1. 证明函数 $y_1=2\cos^2 x , y_2=-2\sin^2 x , y_3=\cos 2x$ 都是同一个函数

的原函数,并且它们相互之间只相差一个常数.

2. 若 $\int f(x)\mathrm{d}x = 2\mathrm{e}^x\sin x + C$,求函数 $f(x)$.

3. 一曲线过点 $(1,1)$,且在任一点 $M(x,y)$ 处的切线的斜率等于该点横坐标的三次方,求该曲线方程.

4. 求下列不定积分:

(1) $\int (2\mathrm{e}^x + x)\mathrm{d}x$;

(2) $\int \left(\dfrac{3}{1 + x^2} - \sec^2 x \right)\mathrm{d}x$;

(3) $\int \left(\dfrac{1}{\sqrt{1 - x^2}} - \cos x \right)\mathrm{d}x$;

(4) $\int \dfrac{1 - x\tan^2 x}{x}\mathrm{d}x$;

(5) $\int \dfrac{1 + 2x^2 + 2x^4}{1 + x^2}\mathrm{d}x$;

(6) $\int (2 + x^3)^2\mathrm{d}x$;

(7) $\int \dfrac{2\mathrm{d}x}{x^2(1 + x^2)}$;

(8) $\int \dfrac{(1 + x)^2}{\sqrt{x}}\mathrm{d}x$;

(9) $\int \dfrac{x - 4}{\sqrt{x} - 2}\mathrm{d}x$;

(10) $\int (\sqrt{x} + 1)(x - 1)\mathrm{d}x$;

(11) $\int \mathrm{e}^x\left(2^x - \dfrac{\mathrm{e}^{-x}}{\sqrt{x}} \right)\mathrm{d}x$;

(12) $\int \dfrac{2^x - x}{x \cdot 2^x}\mathrm{d}x$.

5. 若函数 $f(x)$ 的一个原函数为 $x\cos x + \mathrm{e}^x$,求 $\int f(x)\mathrm{d}x$.

习题 5-1(B)

1. 一物体由静止开始以初速度 $v_0 = 3\mathrm{m/s}$ 沿直线运动,经过 $t\mathrm{s}$ 后其加速度 $a(t) = 1 - t$,求 $2\mathrm{s}$ 后物体离开出发点的距离是多少? 此时物体运动的速度是多少?

2. 求下列不定积分:

(1) $\int \sec x(2\sec x + 3\tan x)\mathrm{d}x$;

(2) $\int \dfrac{\mathrm{d}x}{\sin^2\frac{x}{2}\cos^2\frac{x}{2}}$;

(3) $\int 3\cos^2\dfrac{x}{2}\mathrm{d}x$;

(4) $\int \dfrac{\mathrm{d}x}{1 + \cos 2x}$;

(5) $\int \dfrac{\cos 2x}{\cos x + \sin x}\mathrm{d}x$;

(6) $\int \dfrac{\cos 2x}{\cos^2 x \cdot \sin^2 x}\mathrm{d}x$;

(7) $\int \dfrac{\cos 2x}{1 + \cos 2x}\mathrm{d}x$;

(8) $\int \dfrac{\mathrm{d}x}{x^2(1 + x^2)}$;

(9) $\int \dfrac{x^3 + 1}{x + 1}\mathrm{d}x$;

(10) $\int \dfrac{\mathrm{e}^{3x} + 1}{\mathrm{e}^x + 1}\mathrm{d}x$.

3. 若函数 $f(x)$ 满足 $f'(\sqrt[3]{x}) = x + \dfrac{1}{x}$,求 $f(x)$.

4. 若函数 $f(x)$ 满足 $f'(x) = 6x + 12x^2$,求不定积分 $\int f(x)\mathrm{d}x$.

第二节 换元积分法

尽管第一节通过不定积分的定义和性质得到了基本积分表,但能够利用基本积分表计算的不定积分非常有限,因此本节主要研究一种不定积分的计算方法——换元积分法.

一、第一类换元积分法(凑微分法)

第一类换元积分法

先考察不定积分 $\int \cos 2x \mathrm{d}x$,显然从基本积分公式中查不到此类积分,故不能用直接积分法求解.

一方面,可以利用导数的运算法则猜出 $\int \cos 2x \mathrm{d}x$. 由于 $(\sin 2x)' = 2\cos 2x$,因此 $\cos 2x = \dfrac{1}{2}(\sin 2x)' = \left(\dfrac{1}{2}\sin 2x\right)'$,由不定积分的定义可知, $\int \cos 2x \mathrm{d}x = \dfrac{1}{2}\sin 2x + C$.

另一方面,如果把 $2x$ 看作一个新的变量 t ,那么可得 $\int \cos 2x \mathrm{d}(2x) = \int \cos t \mathrm{d}t$,利用积分表,有 $\int \cos 2x \mathrm{d}(2x) = \int \cos t \mathrm{d}t = \sin t + C$. 最后将 t 换回 $2x$ 即可,于是

$$\int \cos 2x \mathrm{d}x = \frac{1}{2}\int 2\cos 2x \mathrm{d}x = \frac{1}{2}\int \cos 2x \mathrm{d}(2x)$$

$$= \frac{1}{2}\int \cos t \mathrm{d}t = \frac{1}{2}\sin t + C = \frac{1}{2}\sin 2x + C.$$

把上述问题一般化就有下面的**第一类换元法**,也称**凑微分法**.

定理 1 设 $f(u)$ 具有原函数 $F(u)$, $u = \varphi(x)$ 可导,则有

$$\int f(\varphi(x))\varphi'(x)\mathrm{d}x \xlongequal{u=\varphi(x)} \int f(u)\mathrm{d}u = F(u) + C = F(\varphi(x)) + C.$$

$$(5.1)$$

由复合函数微分法,有 $[F(\varphi(x))]' = f(\varphi(x))\varphi'(x)$,即 $F(\varphi(x))$ 也是 $f(\varphi(x))\varphi'(x)$ 的一个原函数,因此式(5.1)成立.

说明 用公式(5.1)求不定积分 $\int g(x)\mathrm{d}x$ 必须要考虑如下问题:

1. 将 $g(x)$ 改写为 $f[\varphi(x)]\varphi'(x)$ 形式;
2. $f(u)$ 具有原函数 $F(u)$;
3. $u = \varphi(x)$ 可导.

下面给出不定积分第一类换元法在不定积分计算中的应用.

例 1 求 $\int \sin(ax + b)\mathrm{d}x$,其中, $a \neq 0$.

分析 被积函数为复合函数 $y = \sin u$, $u = ax + b$,被积表达式可变形为

$\sin(ax+b)\times 1\mathrm{d}x = \sin(ax+b)\cdot\dfrac{1}{a}(ax+b)'\mathrm{d}x$,由定理1,即可求出积分.

解 $\displaystyle\int\sin(ax+b)\mathrm{d}x = \dfrac{1}{a}\int a\sin(ax+b)\mathrm{d}x$

$\qquad\qquad\qquad\qquad = \dfrac{1}{a}\int\sin(ax+b)\cdot(ax+b)'\mathrm{d}x$

令 $u = ax+b$,则

$\displaystyle\int\sin(ax+b)\mathrm{d}x = \dfrac{1}{a}\int\sin u\,\mathrm{d}u = -\dfrac{1}{a}\cos u + C = -\dfrac{1}{a}\cos(ax+b) + C.$

注 凑微分 $\mathrm{d}x = \dfrac{1}{a}\mathrm{d}(ax+b)$,积分 $\displaystyle\int f(ax+b)\mathrm{d}x = \int f(ax+b)$

$\dfrac{1}{a}\mathrm{d}(ax+b).$

例2 求 $\displaystyle\int\dfrac{1}{3x+4}\mathrm{d}x$.

解 $\displaystyle\int\dfrac{1}{3x+4}\mathrm{d}x = \int\dfrac{1}{3x+4}\times\dfrac{1}{3}\mathrm{d}(3x+4) = \dfrac{1}{3}\ln|3x+4| + C.$

例3 求 $\displaystyle\int 2xe^{x^2}\mathrm{d}x$.

第一类换元积分
法例题

分析 被积函数的一个因式 e^{x^2} 是由 $y = e^u$,$u = x^2$ 复合而成的复合函数,而 $u' = (x^2)' = 2x$. 被积函数的另一个因式正好是 $2x$,所以被积函数符合 $f(\varphi(x))\varphi'(x)$ 的形式.

解 $\displaystyle\int 2xe^{x^2}\mathrm{d}x = \int e^{x^2}\mathrm{d}x^2 = e^{x^2} + C.$

例4 求 $\displaystyle\int\dfrac{\cos 2\sqrt{x}}{\sqrt{x}}\mathrm{d}x$.

分析 被积函数的一个因式 $\cos 2\sqrt{x}$ 是由 $y = \cos u$,$u = 2\sqrt{x}$ 复合而成的函数,而 $u' = (2\sqrt{x})' = \dfrac{1}{\sqrt{x}}$ 正是被积函数的另一个因式,因此被积函数符合 $f(\varphi(x))\varphi'(x)$ 的形式.

解 $\displaystyle\int\dfrac{\cos(2\sqrt{x})}{\sqrt{x}}\mathrm{d}x = 2\int\cos(2\sqrt{x})\mathrm{d}\sqrt{x}$

$\qquad\qquad\qquad\qquad = \int\cos(2\sqrt{x})\mathrm{d}(2\sqrt{x}) = \sin(2\sqrt{x}) + C.$

注 将被积函数写成 $f(\varphi(x))\varphi'(x)$ 的形式,$\displaystyle\int f(\varphi(x))\varphi'(x)\mathrm{d}x \xupuaneq{\varphi(x)=u} \int f(u)\mathrm{d}u = F(u) + C = F(\varphi(x)) + C.$ 在实际计算的过程中,可以简化上述分析过程,但要理解、掌握每一道题选择中间变量 u 的技巧和规律.

例5 求 $\displaystyle\int\dfrac{1}{x\ln x}\mathrm{d}x$.

解 显然有 $x > 0$,因此 $\displaystyle\int\dfrac{1}{x\ln x}\mathrm{d}x = \int\dfrac{1}{\ln x}\mathrm{d}(\ln x) = \ln|\ln x| + C.$

例 6　求 $\int \dfrac{1}{a^2 + x^2}\mathrm{d}x, a \neq 0$.

解　$\displaystyle\int \frac{1}{a^2 + x^2}\mathrm{d}x = \int \frac{1}{a^2}\frac{1}{1 + \left(\dfrac{x}{a}\right)^2}\mathrm{d}x = \int \frac{1}{a}\frac{1}{1 + \left(\dfrac{x}{a}\right)^2}\mathrm{d}\left(\frac{x}{a}\right)$

$\qquad\qquad = \dfrac{1}{a}\displaystyle\int \frac{1}{1 + \left(\dfrac{x}{a}\right)^2}\mathrm{d}\left(\frac{x}{a}\right) = \frac{1}{a}\arctan \frac{x}{a} + C$.

例 7　求 $\int \dfrac{2x\mathrm{d}x}{1 + x^4}$.

解　$\displaystyle\int \frac{2x\mathrm{d}x}{1 + x^4} = \int \frac{\mathrm{d}x^2}{1 + (x^2)^2} = \arctan x^2 + C$.

例 8　$\displaystyle\int \frac{1}{\sqrt{a^2 - x^2}}\mathrm{d}x\ (a > 0)$.

解　$\displaystyle\int \frac{1}{\sqrt{a^2 - x^2}}\mathrm{d}x = \int \frac{1}{a\sqrt{1 - \left(\dfrac{x}{a}\right)^2}}\mathrm{d}x$

$\qquad\qquad = \displaystyle\int \frac{1}{\sqrt{1 - \left(\dfrac{x}{a}\right)^2}}\mathrm{d}\left(\frac{x}{a}\right) = \arcsin \frac{x}{a} + C$.

例 9　求 $\int x^3\sqrt{x^4 + 1}\mathrm{d}x$.

解　$\displaystyle\int x^3\sqrt{x^4 + 1}\mathrm{d}x = \int \frac{1}{4}\sqrt{x^4 + 1}\mathrm{d}x^4$

$\qquad\qquad = \dfrac{1}{4}\displaystyle\int \sqrt{x^4 + 1}\mathrm{d}(x^4 + 1) = \frac{1}{6}\sqrt{(x^4 + 1)^3} + C$.

例 10　求 $\int \dfrac{1}{a^2 - x^2}\mathrm{d}x, a \neq 0$.

解　$\displaystyle\int \frac{1}{a^2 - x^2}\mathrm{d}x = \frac{1}{2a}\int \left(\frac{1}{a - x} + \frac{1}{a + x}\right)\mathrm{d}x$

$\qquad\qquad = \dfrac{1}{2a}\displaystyle\int \frac{1}{a - x}\mathrm{d}x + \frac{1}{2a}\int \frac{1}{a + x}\mathrm{d}x$

$\qquad\qquad = -\dfrac{1}{2a}\ln|a - x| + \dfrac{1}{2a}\ln|a + x| + C$

$\qquad\qquad = \dfrac{1}{2a}\ln\left|\dfrac{a + x}{a - x}\right| + C$.

例 11　求 $\int \tan x\mathrm{d}x$.

解　$\displaystyle\int \tan x\mathrm{d}x = \int \frac{\sin x}{\cos x}\mathrm{d}x = -\int \frac{\mathrm{d}\cos x}{\cos x} = -\ln|\cos x| + C$.

注　用类似的方法可得

$$\int \cot x\mathrm{d}x = \ln|\sin x| + C .$$

例 12　求 $\int \csc x\mathrm{d}x$.

解法 1　$\displaystyle\int \csc x \mathrm{d}x = \int \frac{1}{\sin x}\mathrm{d}x = \int \frac{1}{2\sin\frac{x}{2}\cos\frac{x}{2}}\mathrm{d}x$

$\displaystyle = \int \frac{1}{2\tan\frac{x}{2}\cos^2\frac{x}{2}}\mathrm{d}x = \int \frac{1}{\tan\frac{x}{2}\cos^2\frac{x}{2}}\mathrm{d}\left(\frac{x}{2}\right)$

$\displaystyle = \int \frac{\mathrm{d}\tan\frac{x}{2}}{\tan\frac{x}{2}} = \ln\left|\tan\frac{x}{2}\right| + C = \ln\left|\frac{\sin\frac{x}{2}}{\cos\frac{x}{2}}\right| + C$

$\displaystyle = \ln\left|\frac{2\sin^2\frac{x}{2}}{\sin x}\right| + C$

$\displaystyle = \ln\left|\frac{1 - \cos x}{\sin x}\right| + C = \ln|\csc x - \cot x| + C.$

解法 2　$\displaystyle\int \csc x \mathrm{d}x = \int \frac{\csc x(\csc x - \cot x)}{\csc x - \cot x}\mathrm{d}x = \int \frac{(\csc x - \cot x)'}{\csc x - \cot x}\mathrm{d}x$

$\displaystyle = \int \frac{\mathrm{d}(\csc x - \cot x)}{\csc x - \cot x} = \ln|\csc x - \cot x| + C.$

注　利用例 12 的结论,还可求得

$\displaystyle\int \sec x \mathrm{d}x = \int \csc\left(\frac{\pi}{2} + x\right)\mathrm{d}x = \int \csc\left(\frac{\pi}{2} + x\right)\mathrm{d}\left(\frac{\pi}{2} + x\right)$

$\displaystyle = \ln\left|\csc\left(\frac{\pi}{2} + x\right) - \cot\left(\frac{\pi}{2} + x\right)\right| + C$

$\displaystyle = \ln|\sec x + \tan x| + C.$

例 13　求 $\displaystyle\int \cos^3 x \mathrm{d}x$.

解　$\displaystyle\int \cos^3 x \mathrm{d}x = \int \cos^2 x \cdot \cos x \mathrm{d}x = \int (1 - \sin^2 x)\mathrm{d}\sin x$

$\displaystyle = \int \mathrm{d}\sin x - \int \sin^2 x \mathrm{d}\sin x = \sin x - \frac{1}{3}\sin^3 x + C.$

例 14　求 $\displaystyle\int \sin^2 x \cos^3 x \mathrm{d}x$.

解　$\displaystyle\int \sin^2 x \cos^3 x \mathrm{d}x$

$\displaystyle = \int \sin^2 x \cos^2 x \mathrm{d}(\sin x)$

$\displaystyle = \int \sin^2 x(1 - \sin^2 x)\mathrm{d}(\sin x)$

$\displaystyle = \int (\sin^2 x - \sin^4 x)\mathrm{d}(\sin x)$

$\displaystyle = \frac{1}{3}\sin^3 x - \frac{1}{5}\sin^5 x + C.$

例 15　求 $\displaystyle\int \cos^2 x \mathrm{d}x$.

解 $\displaystyle\int \cos^2 x \mathrm{d}x = \int \frac{1+\cos 2x}{2}\mathrm{d}x = \int \frac{1}{2}\mathrm{d}x + \int \frac{\cos 2x}{2}\mathrm{d}x$

$\displaystyle\qquad\qquad = \frac{1}{2}x + \frac{1}{4}\int \cos 2x \mathrm{d}(2x) = \frac{1}{2}x + \frac{1}{4}\sin 2x + C.$

例 16 求 $\displaystyle\int \sin^4 x \mathrm{d}x$.

解 $\displaystyle\int \sin^4 x \mathrm{d}x = \int (\sin^2 x)^2 \mathrm{d}x = \int \left(\frac{1-\cos 2x}{2}\right)^2 \mathrm{d}x$

$\displaystyle\qquad\qquad = \frac{1}{4}\int (1 - 2\cos 2x + \cos^2 2x)\mathrm{d}x$

$\displaystyle\qquad\qquad = \frac{1}{4}\int \left(1 - 2\cos 2x + \frac{1+\cos 4x}{2}\right)\mathrm{d}x$

$\displaystyle\qquad\qquad = \frac{1}{4}\int \frac{3}{2}\mathrm{d}x - \frac{1}{4}\int 2\cos 2x \mathrm{d}x + \frac{1}{8}\int \cos 4x \mathrm{d}x$

$\displaystyle\qquad\qquad = \frac{3}{8}x - \frac{1}{4}\sin 2x + \frac{1}{32}\sin 4x + C.$

例 17 求 $\displaystyle\int \tan^5 x \sec^3 x \mathrm{d}x$.

解 $\displaystyle\int \tan^5 x \sec^3 x \mathrm{d}x$

$\displaystyle = \int \tan^4 x \sec^2 x \cdot \tan x \sec x \mathrm{d}x$

$\displaystyle = \int \tan^4 x \sec^2 x \mathrm{d}\sec x = \int (\sec^2 x - 1)^2 \sec^2 x \mathrm{d}\sec x$

$\displaystyle = \int (\sec^6 x - 2\sec^4 x + \sec^2 x)\mathrm{d}\sec x$

$\displaystyle = \frac{1}{7}\sec^7 x - \frac{2}{5}\sec^5 x + \frac{1}{3}\sec^3 x + C.$

例 18 求 $\displaystyle\int \sec^4 x \mathrm{d}x$.

解 $\displaystyle\int \sec^4 x \mathrm{d}x = \int \sec^2 x \cdot \sec^2 x \mathrm{d}x = \int (1 + \tan^2 x)\mathrm{d}\tan x$

$\displaystyle\qquad\qquad = \tan x + \frac{1}{3}\tan^3 x + C.$

例 19 求 $\displaystyle\int \sin mx \sin nx \mathrm{d}x \, (m \neq n)$.

解 $\displaystyle\int \sin mx \sin nx \mathrm{d}x = \frac{1}{2}\int [\cos(m-n)x - \cos(m+n)x]\mathrm{d}x$

$\displaystyle\qquad\qquad = \frac{1}{2}\int \cos(m-n)x \mathrm{d}x - \frac{1}{2}\int \cos(m+n)x \mathrm{d}x$

$\displaystyle\qquad\qquad = \frac{1}{2(m-n)}\sin(m-n)x - \frac{1}{2(m+n)}\sin(m+n)x + C.$

注 本题用到了三角函数的积化和差公式:

$$\sin a \sin b = -\frac{1}{2}[\cos(a+b) - \cos(a-b)].$$

例 20　求 $\int \dfrac{(1+x)\mathrm{e}^x}{1+x\mathrm{e}^x}\mathrm{d}x$.

解　$\int \dfrac{(1+x)\mathrm{e}^x}{1+x\mathrm{e}^x}\mathrm{d}x = \int \dfrac{(x\mathrm{e}^x)'}{1+x\mathrm{e}^x}\mathrm{d}x = \int \dfrac{\mathrm{d}(x\mathrm{e}^x+1)}{1+x\mathrm{e}^x} = \ln|1+x\mathrm{e}^x| + C$.

凑微分法的常用形式:

(1) $\int f(ax+b)\mathrm{d}x = \dfrac{1}{a}\int f(ax+b)\mathrm{d}(ax+b)\,(a \neq 0)$;

(2) $\int f(x^n)x^{n-1}\mathrm{d}x = \dfrac{1}{n}\int f(x^n)\mathrm{d}(x^n)$;

(3) $\int f(\sin x)\cos x\,\mathrm{d}x = \int f(\sin x)\mathrm{d}\sin x$;

(4) $\int f(\mathrm{e}^x)\mathrm{e}^x\mathrm{d}x = \int f(\mathrm{e}^x)\mathrm{d}\mathrm{e}^x$;

(5) $\int f(\ln x)\dfrac{1}{x}\mathrm{d}x = \int f(\ln x)\mathrm{d}\ln x$;

(6) $\int f(\arctan x)\dfrac{1}{1+x^2}\mathrm{d}x = \int f(\arctan x)\mathrm{d}\arctan x$;

(7) $\int f(\arcsin x)\dfrac{1}{\sqrt{1-x^2}}\mathrm{d}x = \int f(\arcsin x)\mathrm{d}\arcsin x$.

第一类换元
积分法小结

二、第二类换元法

第一类换元法适用于形如 $\int f(\varphi(x))\varphi'(x)\mathrm{d}x$ 的积分,或者说适用于当被积函数为一个复合函数 $f(\varphi(x))$ 与其"内函数" $\varphi(x)$ 的导函数 $\varphi'(x)$ 的乘积时的积分. 再看积分 $\int \sqrt{a^2-x^2}\mathrm{d}x\,(a>0)$,发现它不符合这一特点,因此,不能用第一类换元法. 对于这个积分,如何将被开方式化成完全平方的形式,使被积函数的根号去掉呢?

我们发现,积分变量 x 满足 $a^2-x^2 \geqslant 0$,即 $-a \leqslant x \leqslant a$. 如果把积分变量 x 当作另一变量 t 的函数: $x = a\sin t$,那么被积函数可化为

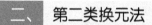
$$\sqrt{a^2-x^2} \xlongequal{x=a\sin t} \sqrt{a^2-(a\sin t)^2} = \sqrt{a^2(1-\sin^2 t)} = \sqrt{(a\cos t)^2}$$

被开方式就是一个完全平方式了. 与第一类换元积分法相比较,第一类换元法是将所给的被积函数中的一个函数用一个变量作替换,而这里是将积分变量用一个函数来替换. 但都是替换积分变量,因此也称为换元积分法,为了与第一类换元法相区别,称它为第二类换元积分法.

第二类换
元积分法

定理 2　设 $x = \varphi(t)$ 是单调的、可导的函数,并且 $\varphi'(t) \neq 0$,又 $f(\varphi(t))\varphi'(t)$ 具有原函数,则有

$$\int f(x)\mathrm{d}x = \left[\int f[\varphi(t)]\varphi'(t)\mathrm{d}t\right]_{t=\varphi^{-1}(x)}. \qquad (5.2)$$

证　对式(5.2)的右边关于 t 求导,注意到它通过中间变量 t 是 x 的复合函数,因此,式(5.2)右边对 x 的导数是

$$\dfrac{\mathrm{d}\left(\int f[\varphi(t)]\varphi'(t)\mathrm{d}t\right)}{\mathrm{d}t} \cdot \dfrac{\mathrm{d}t}{\mathrm{d}x} = f[\varphi(t)]\varphi'(t)\dfrac{1}{\varphi'(t)} = f(\varphi(t)) = f(x),$$

就是说,式(5.2)右边是 $f(x)$ 的不定积分,因此式(5.2)成立.

注 用第二类换元法时,也要利用 $t = \varphi^{-1}(x)$ 把最后的结果换回原来的积分变量 x.

恰当利用第二类换元法能够有效地简化计算,常见的变量代换主要有三角函数代换、无理函数代换和倒代换. 对于每种代换,下面给出相应例题.

当被积函数中出现形如 $\sqrt{a^2 - x^2}$,$\sqrt{a^2 + x^2}$ 和 $\sqrt{x^2 - a^2}$ 的二次根式时,分别利用 $x = a\sin t$,$x = a\tan t$ 和 $x = a\sec t$ 就可以化去被积函数中的根号.

1. 三角函数代换

例 21 求 $\displaystyle\int \sqrt{a^2 - x^2}\,\mathrm{d}x\,(a > 0)$.

三角代换

解 令 $x = a\sin t\left(-\dfrac{\pi}{2} < t < \dfrac{\pi}{2}\right)$,那么,$\sqrt{a^2 - x^2} = \sqrt{a^2 - (a\sin t)^2} = a\cos t$,$\mathrm{d}x = a\cos t\,\mathrm{d}t$,于是

$$\int \sqrt{a^2 - x^2}\,\mathrm{d}x = \int a\cos t \cdot a\cos t\,\mathrm{d}t = a^2 \int \frac{1 + \cos 2t}{2}\,\mathrm{d}t = a^2\left(\frac{t}{2} + \frac{\sin 2t}{4}\right) + C$$

$$= \frac{a^2}{2}t + \frac{a^2}{2}\sin t\cos t + C.$$

下面换回原来的变量 x. 由于 $x = a\sin t$,并且 $-\dfrac{\pi}{2} < t < \dfrac{\pi}{2}$,因此

$$t = \arcsin\frac{x}{a},\quad \cos t = \sqrt{1 - \sin^2 t} = \sqrt{1 - \left(\frac{x}{a}\right)^2} = \frac{\sqrt{a^2 - x^2}}{a},\text{于是}$$

$$\int \sqrt{a^2 - x^2}\,\mathrm{d}x = \frac{a^2}{2}t + \frac{a^2}{2}\sin t\cos t + C$$

$$= \frac{a^2}{2}\arcsin\frac{x}{a} +$$

$$\frac{1}{2}x\sqrt{a^2 - x^2} + C.$$

例 22 求 $\displaystyle\int \frac{1}{\sqrt{a^2 + x^2}}\,\mathrm{d}x$.

分析 利用三角函数恒等式 $\tan^2 x + 1 = \sec^2 x$ 可化去被积函数中的根号.

解 设 $x = a\tan t\left(-\dfrac{\pi}{2} < t < \dfrac{\pi}{2}\right)$,则 $\mathrm{d}x = \mathrm{d}(a\tan t) = a\sec^2 t\,\mathrm{d}t$,因此

$$\int \frac{1}{\sqrt{a^2 + x^2}}\,\mathrm{d}x = \int \frac{a\sec^2 t}{a\sec t}\,\mathrm{d}t = \int \sec t\,\mathrm{d}t = \ln|\sec t + \tan t| + C.$$

下面换回原来的变量 x. 由于 $\tan t = \dfrac{x}{a}$,为此,不妨设 $0 < t < \dfrac{\pi}{2}$,我们作出如图 5-2 所示的直角三角形,令一锐角为 t,该锐角所对的直角边设为 x,相邻的直角边设为 a,那么由勾股定理,其斜边为 $\sqrt{a^2 + x^2}$. 这样可以十分方便地写出 t 的所有三角函数.

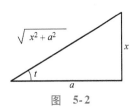

图 5-2

容易计算 $\sec t = \dfrac{\sqrt{a^2 + x^2}}{a}$,于是

$$\int \frac{1}{\sqrt{a^2 + x^2}} dx = \ln|\sec t + \tan t| + C_1 = \ln\left(\frac{\sqrt{a^2 + x^2}}{a} + \frac{x}{a}\right) + C_1$$

$$= \ln(x + \sqrt{a^2 + x^2}) + C, 其中, C = C_1 - \ln a.$$

例 23　求 $\int \frac{1}{\sqrt{x^2 - a^2}} dx (a > 0)$.

分析　利用三角函数恒等式 $\sec^2 x - 1 = \tan^2 x$ 可化去被积函数中的根号.

解　显然, $|x| > a$, 因此, x 的取值应分两种情况: $x > a$ 或 $x < -a$.

当 $x > a$ 时, 设 $x = a\sec t\left(0 < t < \frac{\pi}{2}\right)$,

那么 $\sqrt{x^2 - a^2} = \sqrt{a^2 \sec^2 t - a^2} = a\tan t$,

$dx = a\sec t\tan t dt$, 于是

$$\int \frac{1}{\sqrt{x^2 - a^2}} dx = \int \frac{a\sec t\tan t}{a\tan t} dt = \int \sec t dt = \ln|\sec t + \tan t| + C_1.$$

利用 $\sec t = \frac{x}{a}$, 通过作出如图 5-3 所示的辅助直角三角形得

$$\tan t = \frac{\sqrt{x^2 - a^2}}{a}.$$

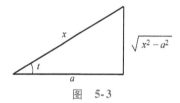

图　5-3

因此 $\int \frac{1}{\sqrt{x^2 - a^2}} dx = \ln|\sec t + \tan t| + C_1$

$$= \ln\left|\frac{x}{a} + \frac{\sqrt{x^2 - a^2}}{a}\right| + C_1 = \ln\left|x + \sqrt{x^2 - a^2}\right| + C,$$

其中, $C = C_1 - \ln a$.

当 $x < -a$ 时, 可令 $x = -a\sec t\left(0 < t < \frac{\pi}{2}\right)$, 用类似的方法可求出与当 $x > a$ 时相同的结果. 综上有

$$\int \frac{1}{\sqrt{x^2 - a^2}} dx = \ln\left|x + \sqrt{x^2 - a^2}\right| + C.$$

例 24　求 $\int \frac{dx}{\sqrt{1 - x + x^2}}$.

解　$\int \frac{dx}{\sqrt{1 - x + x^2}} = \int \frac{dx}{\sqrt{\left(x - \frac{1}{2}\right)^2 + \left(\frac{\sqrt{3}}{2}\right)^2}}$,

令 $t = x - \frac{1}{2}, a = \frac{\sqrt{3}}{2}$, 利用例 22 结论可得

$$\int \frac{dx}{\sqrt{1 - x + x^2}} = \int \frac{d\left(x - \frac{1}{2}\right)}{\sqrt{\left(x - \frac{1}{2}\right)^2 + \left(\frac{\sqrt{3}}{2}\right)^2}}$$

$$= \ln\left(x - \frac{1}{2} + \sqrt{x^2 - x + 1}\right) + C.$$

2. 无理函数代换

无理函数代换

当被积函数中出现形如 $\sqrt[n]{ax+b}$，$\sqrt[n]{\dfrac{ax+b}{cx+d}}$ 的 n 次根式时，分别

利用 $t=\sqrt[n]{ax+b}$，$t=\sqrt[n]{\dfrac{ax+b}{cx+d}}$ 就可以化去被积函数中的根号.

例 25 求 $\displaystyle\int\dfrac{\mathrm{d}x}{\sqrt{x+1}+1}(x>-1)$.

解 这里的关键还是去掉分母中的根号，为此，令 $\sqrt{x+1}=t$，因此 $x=t^2-1$，$\mathrm{d}x=2t\mathrm{d}t$，于是

$$\int\dfrac{\mathrm{d}x}{\sqrt{x+1}+1}=\int\dfrac{2t}{t+1}\mathrm{d}t=2\int\left(1-\dfrac{1}{t+1}\right)\mathrm{d}t=2[t-\ln(t+1)]+C$$

$$=2\sqrt{x+1}-2\ln(\sqrt{x+1}+1)+C.$$

例 26 求 $\displaystyle\int\sqrt{\dfrac{1+x}{x}}\dfrac{\mathrm{d}x}{x}$.

解 本题的关键也是去根号. 为此设 $\sqrt{\dfrac{1+x}{x}}=t$，那么有

$$x=\dfrac{1}{t^2-1},\mathrm{d}x=-\dfrac{2t\mathrm{d}t}{(t^2-1)^2},$$

从而

$$\int\sqrt{\dfrac{1+x}{x}}\dfrac{\mathrm{d}x}{x}=\int(t^2-1)t\cdot\dfrac{-2t}{(t^2-1)^2}\mathrm{d}t$$

$$=-2\int\dfrac{t^2}{t^2-1}\mathrm{d}t$$

$$=-2\int\left(1+\dfrac{1}{t^2-1}\right)\mathrm{d}t$$

$$=-2\int\left(1+\dfrac{1}{(t-1)(t+1)}\right)\mathrm{d}t$$

$$=-2t-\ln\left|\dfrac{t-1}{t+1}\right|+C$$

$$=-2t+2\ln(t+1)-\ln|t^2-1|+C$$

$$=-2\sqrt{\dfrac{1+x}{x}}+2\ln\left(\sqrt{\dfrac{1+x}{x}}+1\right)+\ln|x|+C.$$

例 27 求 $\displaystyle\int\dfrac{\mathrm{d}x}{(\sqrt[4]{x}+1)\sqrt{x}}$.

解 为了同时去掉所有的根号，令 $t=\sqrt[4]{x}$，则 $t^2=\sqrt{x}$，$x=t^4$，$\mathrm{d}x=4t^3\mathrm{d}t$，从而有

$$\int\dfrac{\mathrm{d}x}{(\sqrt[4]{x}+1)\sqrt{x}}=\int\dfrac{4t^3\mathrm{d}t}{(t+1)t^2}=4\int\dfrac{t\mathrm{d}t}{t+1}=4\int\mathrm{d}t-4\int\dfrac{\mathrm{d}t}{t+1}$$

$$=4t-4\ln|t+1|+C=4\sqrt[4]{x}-4\ln(\sqrt[4]{x}+1)+C.$$

3. 倒代换

倒代换是指引入变量与原变量为倒数关系，即 $t=\dfrac{1}{x}$. 恰当使用

倒代换会使被积函数发生显著的改变,有利于问题的解决.

例 28　求 $\int \dfrac{1}{x(x^4+2)}\mathrm{d}x$.

　倒代换

解　令 $x=\dfrac{1}{t}$,那么 $\mathrm{d}x=-\dfrac{1}{t^2}\mathrm{d}t$,于是

$$\int \frac{1}{x(x^4+2)}\mathrm{d}x = \int \frac{1}{\dfrac{1}{t}\left(\dfrac{1}{t^4}+2\right)}\left(-\frac{\mathrm{d}t}{t^2}\right) = -\int \frac{t^3}{1+2t^4}\mathrm{d}t$$

$$= -\frac{1}{8}\int \frac{\mathrm{d}(1+2t^4)}{1+2t^4}$$

$$= -\frac{1}{8}\ln(1+2t^4)+C = -\frac{1}{8}\ln\left(1+\frac{2}{x^4}\right)+C .$$

例 29　求 $\int \dfrac{\sqrt{4-x^2}}{x^4}\mathrm{d}x$.

分析　被积函数中除了含有与上边类似的根式之外,分母还含有 x^4 ,如果直接用三角代换,解题过程较为烦琐. 为此,可以采用倒代换.

解　令 $x=\dfrac{1}{t}$,那么 $\mathrm{d}x=-\dfrac{1}{t^2}\mathrm{d}t$,于是

$$\int \frac{\sqrt{4-x^2}}{x^4}\mathrm{d}x = \int \frac{\sqrt{4-\left(\dfrac{1}{t}\right)^2}}{\left(\dfrac{1}{t}\right)^4}\left(-\frac{\mathrm{d}t}{t^2}\right) = -\int \sqrt{4t^2-1}\,|t|\,\mathrm{d}t ,$$

当 $x>0$ 时,有

$$\int \frac{\sqrt{4-x^2}}{x^4}\mathrm{d}x = -\int \sqrt{4t^2-1}\,t\,\mathrm{d}t = -\frac{1}{8}\int \sqrt{4t^2-1}\,\mathrm{d}(4t^2-1)$$

$$= -\frac{(4t^2-1)^{\frac{3}{2}}}{12}+C = -\frac{(4-x^2)^{\frac{3}{2}}}{12x^3}+C .$$

当 $x<0$ 时,有相同的结果.

本节得到的一些结果纳入基本积分公式应用,按照第一节的基本不定积分公式进行排序.

15. $\int \tan x\,\mathrm{d}x = -\ln|\cos x|+C$;

16. $\int \cot x\,\mathrm{d}x = \ln|\sin x|+C$;

17. $\int \sec x\,\mathrm{d}x = \ln|\sec x+\tan x|+C$;

18. $\int \csc x\,\mathrm{d}x = \ln|\csc x-\cot x|+C$;

19. $\int \dfrac{1}{a^2+x^2}\mathrm{d}x = \dfrac{1}{a}\arctan \dfrac{x}{a}+C(a\neq 0)$;

20. $\int \dfrac{1}{\sqrt{a^2-x^2}}\mathrm{d}x = \arcsin \dfrac{x}{a}+C(a>0)$;

21. $\int \sqrt{a^2 - x^2} \mathrm{d}x = \dfrac{a^2}{2} \arcsin \dfrac{x}{a} + \dfrac{1}{2} x \sqrt{a^2 - x^2} + C \ (a > 0)$;

22. $\int \dfrac{1}{\sqrt{a^2 + x^2}} \mathrm{d}x = \ln(x + \sqrt{a^2 + x^2}) + C$;

23. $\int \dfrac{1}{\sqrt{x^2 - a^2}} \mathrm{d}x = \ln\left| x + \sqrt{x^2 - a^2} \right| + C \, (a > 0)$.

习题 5-2(A)

1. 在下列各题中的横线上填入适当的数值或函数,使等号成立.

   (1) $\mathrm{d}x = $ _____ $\mathrm{d}(2 + 3x)$;

   (2) $\cos(1 + 3x)\mathrm{d}x = $ _____ $\mathrm{d}(\sin(1 + 3x))$;

   (3) $\mathrm{e}^{4x}\mathrm{d}x = $ _____ $\mathrm{d}(\mathrm{e}^{4x})$;

   (4) $\dfrac{\mathrm{d}x}{1 + 4x^2} = $ _____ $\mathrm{d}(\arctan 2x)$;

   (5) $\int x^2 f(x^3)\mathrm{d}x = $ _____ $\int f(x^3)\mathrm{d}x^3$;

   (6) $\int \dfrac{1}{\sqrt{x}} f(\sqrt{x})\mathrm{d}x = $ _____ $\int f(\sqrt{x})\mathrm{d}\sqrt{x}$;

   (7) $\dfrac{\ln x}{x}\mathrm{d}x = \mathrm{d}$ _____;

   (8) $x^2\mathrm{d}x = \dfrac{1}{12}\mathrm{d}$ _____;

   (9) $\dfrac{1}{x}\mathrm{d}x = -\mathrm{d}$ _____;

   (10) $\dfrac{1}{\cos^2 x}\mathrm{d}x = \mathrm{d}$ _____.

2. 求下列不定积分:

   (1) $\int (1 + 3x)^3 \mathrm{d}x$; (2) $\int \sin(2 + x)\mathrm{d}x$;

   (3) $\int \dfrac{\mathrm{d}x}{\sqrt{2x + 3}}$; (4) $\int \dfrac{\mathrm{d}x}{\sqrt{1 - 9x^2}}$;

   (5) $\int \dfrac{x\mathrm{d}x}{1 + 2x^2}$; (6) $\int x\cos(3 + x^2)\mathrm{d}x$;

   (7) $\int (3 + 4x)\sqrt{10 + 6x + 4x^2}\mathrm{d}x$; (8) $\int \dfrac{\mathrm{d}x}{\sqrt{x}\cos^2\sqrt{x}}$;

   (9) $\int \dfrac{1}{x^2}\mathrm{e}^{1 + \frac{1}{x}}\mathrm{d}x$; (10) $\int \dfrac{1}{x(\ln x + 1)}\mathrm{d}x$;

   (11) $\int \dfrac{\arccos x}{\sqrt{1 - x^2}}\mathrm{d}x$; (12) $\int \dfrac{\mathrm{e}^{\arctan x}}{1 + x^2}\mathrm{d}x$;

(13) $\int \sin x \sqrt{2 + 3\cos x}\,\mathrm{d}x$;

(14) $\int \sin^3 x \cos^2 x\,\mathrm{d}x$;

(15) $\int \dfrac{\sin^5 x}{\cos^7 x}\,\mathrm{d}x$;

(16) $\int \tan^3 x \cdot \sec^2 x\,\mathrm{d}x$;

(17) $\int \sin 3x \cdot \cos 5x\,\mathrm{d}x$;

(18) $\int \dfrac{\sin x + \cos x}{\sin x - \cos x}\,\mathrm{d}x$;

(19) $\int \dfrac{2x + 5}{x^2 + 5x + 2}\,\mathrm{d}x$;

(20) $\int \dfrac{\mathrm{d}x}{(x + 1)(x - 1)}$;

(21) $\int \dfrac{\mathrm{d}x}{x^2 + 4x + 5}$;

(22) $\int \dfrac{1 + 2x}{x^2 + 2x + 2}\,\mathrm{d}x$;

(23) $\int \dfrac{x - 2}{(x - 1)^3}\,\mathrm{d}x$;

(24) $\int \dfrac{x^3 + 1}{x^2 + x}\,\mathrm{d}x$.

3. 求下列不定积分:

(1) $\int x^3 \sqrt{1 - x^2}\,\mathrm{d}x$;

(2) $\int \dfrac{\mathrm{d}x}{\sqrt{(x^2 + 1)^3}}$;

(3) $\int \dfrac{\mathrm{d}x}{x \sqrt{x^2 + 9}}$;

(4) $\int \dfrac{\sqrt{x^2 - 1}}{x}\,\mathrm{d}x$;

(5) $\int \dfrac{\mathrm{d}x}{\sqrt{x(x + 4)}}$;

(6) $\int \dfrac{1 + x}{\sqrt{4 - x^2}}\,\mathrm{d}x$;

(7) $\int \dfrac{2x + 3}{\sqrt{x^2 + 4x + 5}}\,\mathrm{d}x$;

(8) $\int \dfrac{\mathrm{d}x}{1 + \sqrt{4x}}$;

(9) $\int \dfrac{x\,\mathrm{d}x}{\sqrt[3]{1 + x}}$;

(10) $\int \dfrac{\sqrt{x} + 1}{\sqrt{x} - 1}\,\mathrm{d}x$;

(11) $\int \dfrac{\sqrt{x} + 1}{\sqrt[3]{x} + 1}\,\mathrm{d}x$;

(12) $\int \dfrac{1}{(1 - x)^2} \cdot \sqrt{\dfrac{1 - x}{1 + x}}\,\mathrm{d}x$.

习题 5-2(B)

1. 求下列不定积分:

(1) $\int \dfrac{\mathrm{d}x}{1 - x^4}$;

(2) $\int \dfrac{\mathrm{d}x}{1 - x^3}$;

(3) $\int \dfrac{\mathrm{d}x}{1 + \sin^2 x}$;

(4) $\int \dfrac{\cos x}{\sin x + \cos x}\,\mathrm{d}x$;

(5) $\int \dfrac{\mathrm{d}x}{(1 + 4x^2)\arctan 2x}$;

(6) $\int \dfrac{\ln \cot x}{\sin x \cos x}\,\mathrm{d}x$;

(7) $\int \dfrac{2 - \sin 2x}{\sqrt{2x + \cos^2 x}}\,\mathrm{d}x$;

(8) $\int \dfrac{1 + \ln x}{(x\ln x)^2 + 1}\,\mathrm{d}x$.

(9) $\int \dfrac{\mathrm{d}x}{1 + \sqrt{1 - x^2}}$;

(10) $\int \dfrac{\mathrm{d}x}{x \sqrt{x^2 - 4}}$;

(11) $\displaystyle\int \frac{\mathrm{d}x}{\sqrt{-x^2-2x}}$;　　　　(12) $\displaystyle\int \sqrt{1+\mathrm{e}^{2x}}\,\mathrm{d}x$;

(13) $\displaystyle\int \frac{\mathrm{d}x}{\sqrt[3]{(x+1)^2(x-1)^4}}$;　　(14) $\displaystyle\int \frac{\mathrm{d}x}{2+\cos x}$.

2. 已知函数 $f(x)$ 满足 $f'(\cos^2 x)=\cos 2x+\tan^2 x$, 当 $0<x<1$ 时, 求 $f(x)$.

第三节　分部积分法

分部积分法

考虑到不定积分与求导的互逆关系,要研究乘积函数的不定积分,我们先"追根溯源",从两个不同函数乘积的导数开始.

定理 1　若 $u(x)$, $v(x)$ 可导,且不定积分 $\displaystyle\int u'(x)v(x)\,\mathrm{d}x$ 与 $\displaystyle\int u(x)v'(x)\,\mathrm{d}x$ 存在,则有

$$\int u(x)v'(x)\,\mathrm{d}x = u(x)v(x)-\int u'(x)v(x)\,\mathrm{d}x .$$

证　由于 u, v 分别是两个可导的函数,则 $(uv)'=u'v+uv'$,两边求不定积分,有

$$u(x)v(x)=\int u'(x)v(x)\,\mathrm{d}x+\int u(x)v'(x)\,\mathrm{d}x .$$

因此,

$$\int u(x)v'(x)\,\mathrm{d}x = u(x)v(x)-\int u'(x)v(x)\,\mathrm{d}x . \tag{5.3}$$

通常把式 (5.3) 也写作 $\displaystyle\int u\,\mathrm{d}v = uv-\int v\,\mathrm{d}u$. 　　(5.4)

称式 (5.3) 与式 (5.4) 为不定积分的**分部积分公式**.

分部积分公式可以将一个复杂的不定积分计算转化成一个相对简单的不定积分计算上来,从而使问题得到解决.

利用分部积分公式求不定积分的步骤如下:

1. 把被积函数 $f(x)$ 适当分为 u 和 v' 两部分,并把 $v'\mathrm{d}x=\mathrm{d}v$ 凑成微分;

2. 代入公式 $\displaystyle\int u\,\mathrm{d}v = uv-\int v\,\mathrm{d}u$;

3. 计算 $\displaystyle\int v\,\mathrm{d}u=\int vu'\,\mathrm{d}x$,将积分 $\displaystyle\int u\,\mathrm{d}v$ 转化为计算 $\displaystyle\int v\,\mathrm{d}u$ 的积分,如果还是乘积的形式,还可再用一次分部积分公式,即分部积分公式可以用有限次.

下面分四种情况介绍分部积分法的具体应用.

一、　降次法

当被积函数为多项式函数与三角函数或指数函数的乘积时,选

多项式函数为 u,三角函数或指数函数为 v' 进行积分,将积分 $\int u\mathrm{d}v$ 转化为计算 $\int v\mathrm{d}u$ 的积分,相应的多项式的次数降低了一次,此方法称为降次法.

例1 求 $\int x\cos x\mathrm{d}x$.

分析 这个被积函数为多项式函数与三角函数的乘积,选取 $u = x, v' = \cos x$ 进行积分.

解 $\int x\cos x\mathrm{d}x = x\sin x - \int \sin x\mathrm{d}x = x\sin x + \cos x + C$.

 降次法

例2 求 $\int x\mathrm{e}^x\mathrm{d}x$.

分析 这个被积函数为多项式函数与指数函数的乘积,选取 $u = x, v' = \mathrm{e}^x$ 进行积分.

解 $\int x\mathrm{e}^x\mathrm{d}x = x\mathrm{e}^x - \int \mathrm{e}^x\mathrm{d}x = x\mathrm{e}^x - \mathrm{e}^x + C$.

例3 求 $\int x^2\mathrm{e}^x\mathrm{d}x$.

分析 取 $u = x^2$,将 e^x 作为 v',则 $v = \mathrm{e}^x$.

解 $\int x^2\mathrm{e}^x\mathrm{d}x = \int x^2\mathrm{d}\mathrm{e}^x = x^2\mathrm{e}^x - \int \mathrm{e}^x\mathrm{d}x^2 = x^2\mathrm{e}^x - 2\int x\mathrm{e}^x\mathrm{d}x$

$= x^2\mathrm{e}^x - 2\int x\mathrm{d}\mathrm{e}^x$

$= x^2\mathrm{e}^x - 2x\mathrm{e}^x + 2\mathrm{e}^x + C$.

二、 转换法

当被积函数为多项式函数与对数函数或反三角函数的乘积时,选对数函数或反三角函数为 u,多项式函数为 v' 进行积分,将积分 $\int u\mathrm{d}v$ 转化为计算 $\int v\mathrm{d}u$ 的积分,此方法称为转换法.

 转换法

例4 求 $\int x\ln x\mathrm{d}x$.

分析 与上面例子不同的是,如果将 v' 取作 $\ln x$,不单是 v 的形式简单与复杂的问题,而是不知道 v 是什么的问题. 因此将 x 作为 v',那么 $v = \frac{1}{2}x^2$.

解 $\int x\ln x\mathrm{d}x = \int \ln x\mathrm{d}\frac{x^2}{2} = \frac{x^2}{2}\ln x - \int \frac{x^2}{2}\mathrm{d}\ln x = \frac{x^2}{2}\ln x - \int \frac{x^2}{2}\cdot\frac{1}{x}\mathrm{d}x$

$= \frac{x^2}{2}\ln x - \int \frac{x}{2}\mathrm{d}x = \frac{x^2}{2}\ln x - \frac{x^2}{4} + C$.

例5 求 $\int x\arctan x\mathrm{d}x$.

分析　与例 4 类似,如果将 v' 取作 arctan$x$,求不出 v,只能将 x 作为 v',那么 $v = \dfrac{1}{2}x^2$.

解　$\displaystyle\int x\arctan x\mathrm{d}x = \int \arctan x\,\mathrm{d}\dfrac{x^2}{2}$

$$= \dfrac{x^2}{2}\arctan x - \int \dfrac{x^2}{2}\mathrm{d}\arctan x$$

$$= \dfrac{x^2}{2}\arctan x - \int \dfrac{x^2}{2}\cdot\dfrac{1}{x^2+1}\mathrm{d}x$$

$$= \dfrac{x^2}{2}\arctan x - \dfrac{1}{2}\int\left(1 - \dfrac{1}{x^2+1}\right)\mathrm{d}x$$

$$= \dfrac{x^2}{2}\arctan x - \dfrac{1}{2}(x - \arctan x) + C.$$

注　若取 $v = \dfrac{x^2+1}{2}$,不定积分过程会得以简化.

$\displaystyle\int x\arctan x\mathrm{d}x = \int \arctan x\,\mathrm{d}\dfrac{x^2+1}{2}$

$$= \dfrac{x^2+1}{2}\arctan x - \int \dfrac{x^2+1}{2}\,\mathrm{d}\arctan x$$

$$= \dfrac{x^2+1}{2}\arctan x - \int \dfrac{x^2+1}{2}\cdot\dfrac{1}{1+x^2}\,\mathrm{d}x$$

$$= \dfrac{x^2+1}{2}\arctan x - \dfrac{x}{2} + C.$$

例 6　求 $\displaystyle\int \ln x\mathrm{d}x$.

解　$\displaystyle\int \ln x\mathrm{d}x = (\ln x)\cdot x - \int x\mathrm{d}\ln x = x\ln x - \int x\cdot\dfrac{1}{x}\mathrm{d}x = x\ln x - x + C.$

三、循环法

循环法

当被积函数为指数函数与正弦(或余弦)函数的乘积时,任意选一个函数为 u,另一个为 v',经过两次分部积分,会还原到要求的函数的积分,只是系数有些变化,进行移项化简,再加上任意常数 C,就可以解出所求的积分,此方法称为循环法.

例 7　求 $\displaystyle\int \mathrm{e}^x\cos x\mathrm{d}x$.

分析　对于 e^x 和 $\cos x$,不论把哪个函数当作 v' 都不存在 v 比较麻烦的问题. 因此不妨取 e^x 作 v',此时 v 可取 e^x.

解　$\displaystyle\int \mathrm{e}^x\cos x\mathrm{d}x = \int \cos x\,\mathrm{d}\mathrm{e}^x = \cos x\cdot\mathrm{e}^x - \int \mathrm{e}^x\mathrm{d}\cos x$

$$= \cos x\cdot\mathrm{e}^x + \int \mathrm{e}^x\sin x\mathrm{d}x.$$

又出现了与原题相似的积分,因此仍然继续采用相同的方法,得

$$\int \mathrm{e}^x\cos x\mathrm{d}x = \mathrm{e}^x\cos x + \int \mathrm{e}^x\sin x\mathrm{d}x = \mathrm{e}^x\cos x + \int \sin x\mathrm{d}\mathrm{e}^x$$

$$= \mathrm{e}^x \cos x + \mathrm{e}^x \sin x - \int \mathrm{e}^x \mathrm{d}\sin x = \mathrm{e}^x(\cos x + \sin x) - \int \mathrm{e}^x \cos x \mathrm{d}x.$$

这里又出现了要求的积分 $\int \mathrm{e}^x \cos x \mathrm{d}x$. 由于等号右边的其他部分不再含有积分，因此把上式的最后一项移项，得 $2\int \mathrm{e}^x \cos x \mathrm{d}x = \mathrm{e}^x(\cos x + \sin x) + 2C$，于是

$$\int \mathrm{e}^x \cos x \mathrm{d}x = \frac{\mathrm{e}^x(\cos x + \sin x)}{2} + C.$$

例 8　求 $\int \sec^3 x \mathrm{d}x$

解　$\int \sec^3 x \mathrm{d}x = \int \sec x \cdot \sec^2 x \mathrm{d}x = \int \sec x \mathrm{d}\tan x = \sec x \tan x - \int \tan x \mathrm{d}\sec x$

$= \sec x \tan x - \int \tan^2 x \cdot \sec x \mathrm{d}x = \sec x \tan x - \int \sec^3 x \mathrm{d}x + \int \sec x \mathrm{d}x$

$= \sec x \tan x - \int \sec^3 x \mathrm{d}x + \ln|\sec x + \tan x|,$

因此，$\int \sec^3 x \mathrm{d}x = \dfrac{1}{2}\sec x \tan x + \dfrac{1}{2}\ln|\sec x + \tan x| + C.$

四、递推法

当被积函数是某一简单函数的高次幂函数时，可以适当选取 u 和 v'，通过分部积分，得到该函数的高次幂函数与低次幂函数的关系，即所谓的递推公式，此方法称为递推法.

▶ 递推法

例 9　已知 $I_n = \int \dfrac{1}{(1+x^2)^n}\mathrm{d}x$，其中，$n$ 为正整数，证明：

$$I_{n+1} = \frac{x}{2n(1+x^2)^n} + \frac{2n-1}{2n}I_n.$$

解　利用分部积分法有

$$I_n = \int \frac{1}{(1+x^2)^n}\mathrm{d}x = \frac{x}{(1+x^2)^n} - \int x \mathrm{d}\frac{1}{(1+x^2)^n}$$

$$= \frac{x}{(1+x^2)^n} + 2n\int \frac{x^2 \mathrm{d}x}{(1+x^2)^{n+1}}$$

$$= \frac{x}{(1+x^2)^n} + 2n\int \left[\frac{1}{(1+x^2)^n} - \frac{1}{(1+x^2)^{n+1}}\right]\mathrm{d}x.$$

即　$I_n = \dfrac{x}{(1+x^2)^n} + 2n(I_n - I_{n+1}) = \dfrac{x}{(1+x^2)^n} + 2nI_n - 2nI_{n+1},$

由此等式我们容易得到 $I_{n+1} = \dfrac{x}{2n(1+x^2)^n} + \dfrac{2n-1}{2n}I_n.$

注　根据上述递推公式和 $I_1 = \arctan x + C$ 可以计算出任意指定的 I_n.

换元积分法与分部积分法都是常用的积分法. 它们既可以单独使用，也可以结合使用.

例 10　求 $\int \sin\sqrt{x}\mathrm{d}x$.

分析 由于被积函数中含有根式,因此利用换元法先消去根号,再用分部积分法进行积分.

解 令 $\sqrt{x}=t$,则 $x=t^2$,$\mathrm{d}x=2t\mathrm{d}t$,于是

$$\int \sin\sqrt{x}\,\mathrm{d}x = \int \sin t \cdot 2t\mathrm{d}t = 2\int t\sin t\mathrm{d}t.$$

得到了幂函数与三角函数乘积的积分,显然,应采取分部积分法,有

$$\int \sin\sqrt{x}\,\mathrm{d}x = 2\int t\sin t\mathrm{d}t$$
$$= -2\int t\mathrm{d}\cos t = -2(t\cos t - \int \cos t\mathrm{d}t)$$
$$= -2(t\cos t - \sin t) + C$$
$$= -2(\sqrt{x}\cos\sqrt{x} - \sin\sqrt{x}) + C.$$

习题 5-3(A)

1. 求下列不定积分:

(1) $\int x\sin x\mathrm{d}x$;

(2) $\int (x+2)\cos x\mathrm{d}x$;

(3) $\int x^2\cos x\mathrm{d}x$;

(4) $\int x^2\mathrm{e}^x\mathrm{d}x$;

(5) $\int \ln(2+x)\mathrm{d}x$;

(6) $\int \dfrac{\ln x}{\sqrt[3]{x^2}}\mathrm{d}x$;

(7) $\int 2x\ln^2 x\mathrm{d}x$;

(8) $\int \arcsin 2x\mathrm{d}x$;

(9) $\int x\arcsin x\mathrm{d}x$;

(10) $\int 2x\arctan x\mathrm{d}x$;

(11) $\int \mathrm{e}^x\sin 2x\mathrm{d}x$;

(12) $\int \ln(x+\sqrt{1+x^2})\mathrm{d}x$.

2. 已知 $f(x)$ 的二阶导函数 $f''(x)$ 在 $(-\infty,+\infty)$ 上连续,求不定积分 $\int xf''(x)\mathrm{d}x$.

3. 若 $f(x)$ 的一个原函数为 $\ln^3 x$,求不定积分 $\int xf'(x)\mathrm{d}x$.

习题 5-3(B)

1. 求下列不定积分:

(1) $\int \dfrac{x\sin x}{\cos^3 x}\mathrm{d}x$;

(2) $\int x\tan^2 2x\mathrm{d}x$;

(3) $\int x\cos^2 x\mathrm{d}x$;

(4) $\int \cos(\ln x)\mathrm{d}x$;

(5) $\int \dfrac{x\mathrm{e}^{2x}}{(1+2x)^2}\mathrm{d}x$; (6) $\int \dfrac{\arcsin\sqrt{x}}{\sqrt{1-x}}\mathrm{d}x$.

2. 记 $I_n = \int x^n \mathrm{e}^x \mathrm{d}x$，证明：$I_n = x^n \mathrm{e}^x - nI_{n-1}$.

3. 若函数 $f(x)$ 具有连续导数，$f''(\mathrm{e}^x) = 6\mathrm{e}^x + x$，且 $f(1) = f'(1) = 2$，求 $f(x)$.

第四节　有理函数的积分

虽然前面学习了换元法与分部积分法，但并不是所有的函数（即使已知它的原函数是存在的）都能通过上面的方法积出来. 但有理函数的原函数一定能求出来，接下来本节研究有理函数的积分.

一、有理函数的概念

形如 $\dfrac{P_n(x)}{Q_m(x)} = \dfrac{a_0 x^n + a_1 x^{n-1} + \cdots + a_{n-1}x + a_n}{b_0 x^m + b_1 x^{m-1} + \cdots + b_{m-1}x + b_m}$ 的函数称为有理函数，其中，$a_0 \neq 0$，$b_0 \neq 0$，$P_n(x)$ 是 n（为正整数）次多项式，$Q_m(x)$ 是 m（为正整数）次多项式. 一般假定 $P_n(x)$ 与 $Q_m(x)$ 是互质的（没有公因式）. 当 $n < m$ 时，称之为有理真分式，当 $n > m$ 时，称之为有理假分式.

二、六种简单的有理函数的不定积分

这里所谓"简单"，是指它是真分式，即分子的次数小于分母的次数，同时分母不能再继续进行因式分解. 理论上任何一个有理函数（真分式）的积分都可以分为以下 6 种类型的基本积分的代数和.

1. $\int \dfrac{A}{x-a}\mathrm{d}x = A\ln|x-a| + C$;

2. $\int \dfrac{A}{(x-a)^n}\mathrm{d}x = \dfrac{A}{1-n}\dfrac{1}{(x-a)^{n-1}} + C$;

3. $\int \dfrac{1}{x^2+a^2}\mathrm{d}x = \dfrac{1}{a}\arctan\dfrac{x}{a} + C$;

4. $\int \dfrac{x}{x^2+a^2}\mathrm{d}x = \dfrac{1}{2}\ln(x^2+a^2) + C$;

5. $\int \dfrac{x}{(x^2+a^2)^n}\mathrm{d}x = \dfrac{1}{2(1-n)(x^2+a^2)^{n-1}} + C \,(n \geq 2)$;

6. $\int \dfrac{1}{(x^2+a^2)^n}\mathrm{d}x\,(n \geq 2)$，可用递推法推出.

例1　求 $\int \dfrac{x-2}{x^2+2x+2}\mathrm{d}x$.

解 $\int \dfrac{x-2}{x^2+2x+2}\mathrm{d}x = \dfrac{1}{2}\int \dfrac{2x-4}{x^2+2x+2}\mathrm{d}x$

$\qquad\qquad\qquad\qquad = \dfrac{1}{2}\left[\int \dfrac{2x+2}{x^2+2x+2}\mathrm{d}x - \int \dfrac{6}{x^2+2x+2}\mathrm{d}x\right]$

$\qquad\qquad\qquad\qquad = \dfrac{1}{2}\ln(x^2+2x+2) - 3\int \dfrac{1}{(x+1)^2+1^2}\mathrm{d}x$

$\qquad\qquad\qquad\qquad = \dfrac{1}{2}\ln(x^2+2x+2) - 3\arctan(x+1) + C.$

有理函数

不定积分举例

三、 待定系数法求有理函数的不定积分

由于上述六种形式的有理函数的积分都能求出来,因此对一般的有理函数,如果它们能化成上述的基本形式的代数和,那么可以利用上边的讨论把它们积出来.

这里只讨论有理真分式函数,将其分解成部分分式之和,再用待定系数法确定系数.

例 2 求 $\int \dfrac{3x-6}{x^2-5x+4}\mathrm{d}x.$

解 首先把被积函数 $\dfrac{3x-6}{x^2-5x+4}$ 分解成部分分式之和. 由于

$x^2-5x+4 = (x-1)(x-4)$,因此有

$$\frac{3x-6}{x^2-5x+4} = \frac{A}{x-1} + \frac{B}{x-4},$$

两端去分母,得 $3x-6 = A(x-4) + B(x-1)$,

即 $\qquad\qquad 3x-6 = (A+B)x - (4A+B).$

比较两边同次幂项的系数,得 $\begin{cases} A+B=3, \\ 4A+B=6. \end{cases}$

解这个方程组,得 $A=1, B=2.$

因此,有 $\dfrac{3x-6}{x^2-5x+4} = \dfrac{1}{x-1} + \dfrac{2}{x-4}.$ 于是

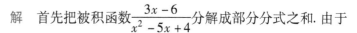

$\int \dfrac{3x-6}{x^2-5x+4}\mathrm{d}x = \int \dfrac{1}{x-1}\mathrm{d}x + \int \dfrac{2}{x-4}\mathrm{d}x = \ln|x-1| + 2\ln|x-4| + C.$

注 为求得 A, B 的值,也可以采用"赋值法":

对 $3x-6 = A(x-4) + B(x-1)$ 赋值,令 $x=4$,得 $B=2$;再令 $x=1$,得 $A=1.$

例 3 求 $\int \dfrac{2}{(1+x)(1+x^2)}\mathrm{d}x.$

解 设 $\dfrac{2}{(1+x)(1+x^2)} = \dfrac{A}{1+x} + \dfrac{Bx+C}{1+x^2}$,

两端去分母,得 $2 = A(1+x^2) + (Bx+C)(1+x)$,

整理得 $2 = (A+B)x^2 + (B+C)x + C + A.$

比较两端同次幂项的系数,得

$$\begin{cases} A+B=0, \\ B+C=0, \\ A+C=2. \end{cases}$$

解之得, $A=1, B=-1, C=1$, 于是

$$\frac{2}{(1+x)(1+x^2)} = \frac{1}{1+x} + \frac{-x+1}{1+x^2}. \text{ 从而有}$$

$$\begin{aligned} \int \frac{2}{(1+x)(1+x^2)}\mathrm{d}x &= \int \frac{1}{1+x}\mathrm{d}x + \int \frac{-x+1}{1+x^2}\mathrm{d}x \\ &= \int \frac{1}{1+x}\mathrm{d}x - \frac{1}{2}\int \frac{2x}{1+x^2}\mathrm{d}x + \int \frac{\mathrm{d}x}{1+x^2} \\ &= \int \frac{\mathrm{d}(x+1)}{1+x} - \frac{1}{2}\int \frac{\mathrm{d}(1+x^2)}{1+x^2} + \int \frac{\mathrm{d}x}{1+x^2} \\ &= \ln|1+x| - \frac{1}{2}\ln(1+x^2) + \arctan x + C. \end{aligned}$$

例 4 求 $\int \dfrac{\mathrm{d}x}{x(x-1)^2}$.

解 令 $\dfrac{1}{x(x-1)^2} = \dfrac{A}{x} + \dfrac{B}{x-1} + \dfrac{C}{(x-1)^2}$, 去分母, 得

$$1 = A(x-1)^2 + Bx(x-1) + Cx.$$

令 $x=0$, 得 $A=1$, 令 $x=1$, 得 $C=1$, 于是有

$$1 = (x-1)^2 + Bx(x-1) + x.$$

再令 $x=2$, 得 $B=-1$. 于是, 有

$$\frac{1}{x(x-1)^2} = \frac{1}{x} - \frac{1}{x-1} + \frac{1}{(x-1)^2}.$$

因此

$$\begin{aligned} \int \frac{\mathrm{d}x}{x(x-1)^2} &= \int \frac{\mathrm{d}x}{x} - \int \frac{\mathrm{d}x}{x-1} + \int \frac{\mathrm{d}x}{(x-1)^2} \\ &= \ln|x| - \ln|x-1| - \frac{1}{x-1} + C \\ &= \ln\left|\frac{x}{x-1}\right| - \frac{1}{x-1} + C. \end{aligned}$$

四、 有理三角函数的不定积分

称形如 $\int R(\cos x, \sin x)\mathrm{d}x$ 的积分为有理三角函数的积分, 其中, $R(\cos x, \sin x)$ 为三角函数 $\cos x, \sin x$ 的有理函数. 这类函数的积分可以通过三角函数的万能公式化成有理函数.

例 5 求 $\int \dfrac{1+\sin x}{\sin x(1+\cos x)}\mathrm{d}x$.

解 利用三角函数的万能公式

$$\sin x = \frac{2\tan\dfrac{x}{2}}{1+\tan^2\dfrac{x}{2}}, \cos x = \frac{1-\tan^2\dfrac{x}{2}}{1+\tan^2\dfrac{x}{2}}.$$

有理三角函数
不定积分

令 $u = \tan \dfrac{x}{2}(-\pi < x < \pi)$, 我们有

$$\sin x = \frac{2u}{1 + u^2}, \cos x = \frac{1 - u^2}{1 + u^2},$$

并且 $x = 2\arctan u$, 从而 $\mathrm{d}x = \dfrac{2}{1 + u^2}\mathrm{d}u$. 于是

$$
\begin{aligned}
\int \frac{1 + \sin x}{\sin x (1 + \cos x)}\mathrm{d}x &= \int \frac{\left(1 + \dfrac{2u}{1 + u^2}\right)\dfrac{2\mathrm{d}u}{1 + u^2}}{\dfrac{2u}{1 + u^2}\left(1 + \dfrac{1 - u^2}{1 + u^2}\right)} \\
&= \frac{1}{2}\int \left(u + 2 + \frac{1}{u}\right)\mathrm{d}u \\
&= \frac{1}{2}\left(\frac{u^2}{2} + 2u + \ln|u|\right) + C \\
&= \frac{1}{4}\tan^2 \frac{x}{2} + \tan \frac{x}{2} + \frac{1}{2}\ln\left|\tan \frac{x}{2}\right| + C.
\end{aligned}
$$

习题 5-4(A)

1. 求下列不定积分:

(1) $\displaystyle\int \frac{x^3}{x + 1}\mathrm{d}x$;

(2) $\displaystyle\int \frac{x^2 + x - 8}{x^3 - x}\mathrm{d}x$;

(3) $\displaystyle\int \frac{3}{x^3 + 1}\mathrm{d}x$;

(4) $\displaystyle\int \frac{x + 1}{(x - 1)^2}\mathrm{d}x$;

(5) $\displaystyle\int \frac{2}{x(x + 1)^3}\mathrm{d}x$;

(6) $\displaystyle\int \frac{2}{(x + 2)(x + 3)^2}\mathrm{d}x$;

(7) $\displaystyle\int \frac{x\mathrm{d}x}{(x + 1)(x + 2)(x + 3)}$;

(8) $\displaystyle\int \frac{x^2 + 1}{(x + 1)^2(x - 1)}\mathrm{d}x$.

习题 5-4(B)

1. 求下列不定积分:

(1) $\displaystyle\int \frac{1}{x(x^2 + 1)}\mathrm{d}x$;

(2) $\displaystyle\int \frac{1}{(x^2 + x)(x^2 + 1)}\mathrm{d}x$;

(3) $\displaystyle\int \frac{1}{x^4 + 1}\mathrm{d}x$;

(4) $\displaystyle\int \frac{-x^2 - 2}{(x^2 + x + 1)^2}\mathrm{d}x$.

第五节　MATLAB 数学实验

　　MATLAB 中用来计算不定积分的命令为 int,其使用格式为 int (f,x),其中,f 为给定的函数,x 为自变量. 下面给出具体实例.

例 1　$\int x^5 \mathrm{d}x$.

【MATLAB 代码】

```
> > syms x;
> > f = x^5;
> > int(f,x)
```

运行结果:

ans =

x^6/6

即 $\int x^5 \mathrm{d}x = \dfrac{1}{6}x^6 + C$.

例 2　求 $\int \dfrac{\mathrm{e}^x}{1 + \mathrm{e}^x} \mathrm{d}x$.

【MATLAB 代码】

```
> > syms x;
> > f = exp(x)/(1 + exp(x));
> > int(f,x)
```

运行结果:

ans =

log(1 + exp(x))

即 $\int \dfrac{\mathrm{e}^x}{1 + \mathrm{e}^x} \mathrm{d}x = \ln(\mathrm{e}^x + 1) + C$.

例 3　求 $\int \dfrac{1}{\sqrt{2x + 3} + \sqrt{2x - 1}} \mathrm{d}x$.

【MATLAB 代码】

```
> > syms x;
> > f = 1/((2*x+3)^(1/2) + (2*x-1)^(1/2));
> > int(f,x)
```

运行结果:

ans =

(x*(2*x + 3)^(1/2))/6 - (x*(2*x - 1)^(1/2))/6 +
(2*x - 1)^(1/2)/12 + (2*x + 3)^(1/2)/4

即 $\int \dfrac{1}{\sqrt{2x + 1} + \sqrt{2x - 1}} \mathrm{d}x = \dfrac{x\sqrt{2x + 3}}{6} - \dfrac{x\sqrt{2x - 1}}{6} +$
$\dfrac{x\sqrt{2x - 1}}{12} + \dfrac{\sqrt{2x + 3}}{4} + C$.

总习题五

1. 填空题:

（1）若 $f(x)$ 的一个原函数为 $x\arcsin x$，则 $\int f(x) \mathrm{d}x$

= _____ ;

(2)若 $\int f(x)\,\mathrm{d}x = F(x) + C$,则 $\int x^2 f(x^3)\,\mathrm{d}x = $ _____ ;

(3)不定积分 $\int \dfrac{f'(\sqrt{x})}{\sqrt{x}}\mathrm{d}x = $ _____ ;

(4)不定积分 $\int x^2 \left(\dfrac{\cos x}{x}\right)' \mathrm{d}x = $ _____ ;

(5)若 $f(x)$ 的一个原函数为 e^{x^3} ,则 $\int x f'(x)\,\mathrm{d}x = $ _____ .

2. 单项选择题:

(1)若 $f(x)$ 有连续的导函数,则下列式子中正确的是( );

(A) $\dfrac{\mathrm{d}}{\mathrm{d}x}\int f(x)\,\mathrm{d}x = f(x)$ 　　　　(B) $\mathrm{d}\left[\int f(x)\,\mathrm{d}x\right] = f(x)$

(C) $\int f'(x)\,\mathrm{d}x = f(x)$ 　　　　(D) $\int \mathrm{d}f(x) = f(x)$

(2)若 $f(x)$ 的一个原函数为 $\cos\sqrt{x}$,则 $2\int x f(x^2)\,\mathrm{d}x = $ ( );

(A) $\cos x^2 + C (x \in \mathbf{R})$ 　　　　(B) $\cos x + C (x \in \mathbf{R})$

(C) $\cos\sqrt{x} + C (x \geqslant 0)$ 　　　　(D) $\cos x + C (x \geqslant 0)$

(3)若 $\int f'(x)\,\mathrm{d}x = x^2\ln x + C$,则函数 $f(x) = $ ( );

(A) $2\ln x + 1$ 　　　　(B) $2x\ln x - x$

(C) $2\ln x + C$ 　　　　(D) $x^2\ln x + C$

(4)若 $f(x)$ 具有三阶连续导函数,则不定积分 $\int x f^{(3)}(x)\,\mathrm{d}x = $ ( );

(A) $x f''(x) + C$ 　　　　(B) $x f''(x) + f'(x) + C$

(C) $x f''(x) - f'(x) + C$ 　　　　(D) $x[f''(x) - f'(x)] + C$

(5)若函数 $f'(\ln x) = \begin{cases} x^2, & 0 < x \leqslant 1 \\ x, & x > 1 \end{cases}$,则 $f(x) = $ ( ).

(A) $f(x) = \begin{cases} \mathrm{e}^{2x} + C, & 0 < x \leqslant 1 \\ \mathrm{e}^x + C, & x > 1 \end{cases}$

(B) $f(x) = \begin{cases} \mathrm{e}^{2x} + 1 + C, & 0 < x \leqslant 1 \\ \mathrm{e}^x + C, & x > 1 \end{cases}$

(C) $f(x) = \begin{cases} \mathrm{e}^{2x} + C, & x \leqslant 0 \\ \mathrm{e}^x + C, & x > 0 \end{cases}$

(D) $f(x) = \begin{cases} \dfrac{1}{2}\mathrm{e}^{2x} + \dfrac{1}{2} + C, & x \leqslant 0 \\ \mathrm{e}^x + C, & x > 0 \end{cases}$

3. 求下列不定积分:

(1) $\int \dfrac{x^2}{(1 + 2x^2)^2}\mathrm{d}x$; 　　　　(2) $\int \dfrac{\mathrm{d}x}{x(1 + x^4)}$;

(3) $\int \dfrac{x^2}{1 + x + x^2}\mathrm{d}x$; 　　　　(4) $\int \dfrac{x}{\sqrt{4x - x^2}}\mathrm{d}x$;

$(5) \int \dfrac{\mathrm{d}x}{\sqrt{x} + \sqrt[3]{x}};$ $\qquad$ $(6) \int \dfrac{\mathrm{d}x}{\sqrt{x + 2x\sqrt{x}}};$

$(7) \int \sqrt{\dfrac{1+x}{1-x}}\,\mathrm{d}x;$ $\qquad$ $(8) \int \dfrac{\mathrm{d}x}{\sqrt{(1-4x^2)^3}};$

$(9) \int \dfrac{\mathrm{d}x}{x^2\sqrt{x^2-4}};$ $\qquad$ $(10) \int \dfrac{\mathrm{d}x}{x\sqrt{x^2+1}};$

$(11) \int \dfrac{\mathrm{d}x}{\mathrm{e}^x+1};$ $\qquad$ $(12) \int x^3\mathrm{e}^{x^2}\,\mathrm{d}x;$

$(13) \int \mathrm{e}^{\sqrt{x}}\,\mathrm{d}x;$ $\qquad$ $(14) \int \dfrac{x^3+\ln(1+x)}{x^2}\,\mathrm{d}x;$

$(15) \int x^2\ln x\,\mathrm{d}x;$ $\qquad$ $(16) \int \dfrac{(1-x^2)\ln x}{(1+x^2)^2}\,\mathrm{d}x;$

$(17) \int \cos 2x \cdot \cos 4x\,\mathrm{d}x;$ $\qquad$ $(18) \int \dfrac{\sin x \cdot \cos x}{1+\sin^2 x}\,\mathrm{d}x;$

$(19) \int \dfrac{\tan x}{\sqrt{\cos^3 x}}\,\mathrm{d}x;$ $\qquad$ $(20) \int \dfrac{\sin^2 x}{\cos^4 x}\,\mathrm{d}x;$

$(21) \int \dfrac{\mathrm{d}x}{\sin^2 x + 4\cos^2 x};$ $\qquad$ $(22) \int \dfrac{\mathrm{d}x}{\sin^4 x + \cos^4 x};$

$(23) \int \dfrac{x+2\sin x}{1+\cos x}\,\mathrm{d}x;$ $\qquad$ $(24) \int \dfrac{\arcsin\sqrt{x}}{\sqrt{x}}\,\mathrm{d}x;$

$(25) \int \dfrac{\arctan x}{x^2}\,\mathrm{d}x$ $\qquad$ $(26) \int \dfrac{\arctan \mathrm{e}^x}{\mathrm{e}^x}\,\mathrm{d}x;$

$(27) \int (f'(x)+f(x))\mathrm{e}^x\,\mathrm{d}x;$ $\qquad$ $(28) \int \max\{x^4, x^2\}\,\mathrm{d}x.$

4. 若 $\int xf(x)\,\mathrm{d}x = \arctan x + C$,求 $\int \dfrac{\mathrm{d}x}{f(x)}.$

5. 已知当 $0 \leqslant x \leqslant \dfrac{\pi}{2}$ 时,$f(\cos^2 x) = \dfrac{x}{\cos^2 x}$,求 $\int \dfrac{x}{\sqrt{1-x}}f(x)\,\mathrm{d}x.$

6 第六章 定积分

本章首先从实际问题中抽象出定积分的概念,然后讨论定积分的性质与计算方法,最后,把定积分的概念加以推广,并简要讨论两类反常积分.

第一节 定积分的概念和性质

一、引例

引例1 变速直线运动的路程

设某物体做直线运动,已知速度 $v = v(t)$ 为连续函数,且 $v(t) \geqslant 0$,求该物体从时刻 a 到时刻 b 这段时间内所经过的路程.

▶ 变速直线运动的路程

我们知道计算匀速直线运动路程的公式:路程 = 速度 × 时间. 但是,在我们现在所讨论的问题中速度是随时间变化的变量,所以不能直接代入上述公式. 然而当时间间隔很小时,变速直线运动可以近似地看成匀速直线运动,因此可采用如下方法求路程 s.

(1)分割:用分点 $a = t_0 < t_1 < t_2 < \cdots < t_{n-1} < t_n = b$ 将 $[a,b]$ 任意分成 n 个小区间:

$$[t_0, t_1], [t_1, t_2], \cdots, [t_{n-1}, t_n].$$

第 i 个小区间 $[t_{i-1}, t_i]$ 的长度记为 $\Delta t_i = t_i - t_{i-1}, i = 1, 2, \cdots, n$.

(2)近似:由于速度是连续变化的,因此当 Δt_i 较小时,物体在时间 $[t_{i-1}, t_i]$ 内的运动可以近似地看成匀速运动,在 $[t_{i-1}, t_i]$ 上任取一点 ξ_i,物体在这段时间内经过的路程 Δs_i 近似地等于 $v(\xi_i) \cdot \Delta t_i (i = 1, 2, \cdots, n)$,即 $\Delta s_i = v(\xi_i) \cdot \Delta t_i (i = 1, 2, \cdots, n)$.

(3)求和:变速直线运动路程 s 的近似值为 $\sum_{i=1}^{n} v(\xi_i) \Delta t_i$,即

$$s \approx \sum_{i=1}^{n} v(\xi_i) \Delta t_i.$$

(4)取极限:显然,$\Delta t_i (i = 1, 2, \cdots, n)$ 越小,上式的近似程度越好. 令 $\lambda = \max\{\Delta t_1, \Delta t_2, \cdots, \Delta t_n\}$,当 $\lambda \to 0$ 时,取上述和式的极限,即得到变速直线运动的路程

$$s = \lim_{\lambda \to 0} \sum_{i=1}^{n} v(\xi_i) \Delta t_i.$$

引例 2 曲边梯形的面积

我们已经熟知圆、三角形、矩形、梯形等规则几何图形面积的计算,但如何计算一般平面图形的面积呢?根据面积的可加性,求任何平面图形的面积问题都可以归结为下述曲边梯形的面积.

所谓曲边梯形,是指由连续曲线 $y = f(x)\,(f(x) \geq 0)$,直线 $x = a, x = b$ 及 x 轴围成的平面图形(见图 6-1),其中,区间 $[a, b]$ 称为曲边梯形的底,曲线弧 $y = f(x)\,(a \leq x \leq b)$ 称为曲边梯形的曲边.下面我们讨论该曲边梯形的面积计算问题.

曲边梯形的面积

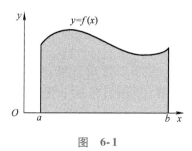

图 6-1

矩形的面积是我们都熟知的,能否利用矩形面积来研究曲边梯形的面积呢?

矩形的高是不变的,而现在的曲边梯形底边上各点处的高都是变化的,但是,由于曲边梯形的高 $f(x)$ 在 $[a, b]$ 上连续,所以在很小一段区间上它的变化很小,可以近似地看成是不变的. 因此我们仍可以用类似引例 1 的方法与步骤来解决上述问题.

(1)分割

用分点 $a = x_0 < x_1 < x_2 < \cdots < x_{n-1} < x_n = b$ 将 $[a, b]$ 任意分成 n 个小区间:$[x_0, x_1], [x_1, x_2], \cdots, [x_{n-1}, x_n]$. 记每个小区间的长度为 Δx_i,即

$$\Delta x_i = x_i - x_{i-1}(i = 1, 2, \cdots, n).$$

过 x_i 作垂直于 x 轴的直线 $x = x_i$,把该曲边梯形分成 n 个小曲边梯形(见图 6-2).

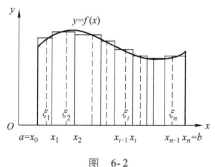

图 6-2

（2）近似：在 $[x_{i-1}, x_i]$ 上任取一点 ξ_i，用以 $[x_{i-1}, x_i]$ 为底，$f(\xi_i)$ 为高的小矩形面积 $f(\xi_i)\Delta x_i$ 近似替代第 i 个小曲边梯形的面积，即

$$\Delta A_i \approx f(\xi_i)\Delta x_i \, (i=1,2,\cdots,n).$$

（3）求和：曲边梯形面积的近似值为

$$A \approx \sum_{i=1}^{n} f(\xi_i)\Delta x_i.$$

（4）取极限：显然 Δx_i 越小，近似程度越好，令 $\lambda = \max\{\Delta x_1, \Delta x_2, \cdots, \Delta x_n\}$，当 $\lambda \to 0$ 时，取上述和式的极限，即得到曲边梯形的面积

$$A = \lim_{\lambda \to 0} \sum_{i=1}^{n} f(\xi_i)\Delta x_i.$$

引例 3 收益问题

设某商品的价格 p 是销售量 x（连续变量）的函数 $p = p(x)$（$p(x)$ 连续），我们来计算：当销售量从 a 增长到 b 时的收益 R 为多少？

由于价格随销售量的变化而变化，因此我们不能直接用销售量乘以价格的方法计算收益，仿照上面两个例子，计算如下：

（1）分割：在区间 $[a,b]$ 内任意插入若干个分点

$$a = x_0 < x_1 < x_2 < \cdots < x_{n-1} < x_n = b,$$

每个销售量段 $[x_{i-1}, x_i]\,(i=1,2,\cdots,n)$ 的销售量为

$$\Delta x_i = x_i - x_{i-1}\,(i=1,2,\cdots,n).$$

（2）近似：在每一个销售量段 $[x_{i-1}, x_i]$ 上任取一点 ξ_i，把 $p(\xi_i)$ 作为该段的近似价格，收益近似为

$$\Delta R_i \approx p(\xi_i)\Delta x_i \,(i=1,2,\cdots,n).$$

（3）求和：把这 n 段的收益相加，可得收益的近似值

$$R \approx \sum_{i=1}^{n} p(\xi_i)\Delta x_i.$$

（4）取极限：令 $\lambda = \max\{\Delta x_1, \Delta x_2, \cdots, \Delta x_n\}$，当 $\lambda \to 0$ 时，取上述和式的极限，即得所求的收益

$$R = \lim_{\lambda \to 0} \sum_{i=1}^{n} p(\xi_i)\Delta x_i.$$

二、 定积分的概念

1. 定积分的定义

在上面讨论的三个计算问题中，虽然它们是性质完全不同的实际问题，但计算这些量的方法与步骤都是相同的，反映到数量上都是求一个整体量，最后归结为所求的量都是和式的极限，类似的实际问题还有很多，如果抛开它们的实际意义，抽象出它们的数学结构，便得到了定积分的定义.

收益问题

定积分的定义

定义 1 设函数 $f(x)$ 在 $[a,b]$ 上有界,

(1)分割:在 $[a,b]$ 中任意插入 $n-1$ 个分点:
$$a = x_0 < x_1 < x_2 < \cdots < x_{n-1} < x_n = b,$$
它们把 $[a,b]$ 分成 n 个小区间: $[x_0,x_1]$, $[x_1,x_2]$, $\cdots$, $[x_{n-1},x_n]$.

记每个小区间的长度为 Δx_i, 即
$$\Delta x_i = x_i - x_{i-1}(i = 1,2,\cdots,n);$$

(2)作乘积:在每一个小区间 $[x_{i-1},x_i]$ 上任意取一点 ξ_i, 作乘积 $f(\xi_i)\Delta x_i(i = 1,2,\cdots,n)$;

(3)求和:将步骤(2)所得的各乘积值加起来,得
$$\sum_{i=1}^{n} f(\xi_i)\Delta x_i;$$

(4)取极限:记 $\lambda = \max\{\Delta x_1, \Delta x_2, \cdots, \Delta x_n\}$, 如果无论区间 $[a,b]$ 怎样分割及点 ξ_i 在 $[x_{i-1},x_i]$ 上怎样选取,极限
$$\lim_{\lambda \to 0} \sum_{i=1}^{n} f(\xi_i)\Delta x_i$$
的值都为同一常数,则称 $f(x)$ 在区间 $[a,b]$ 上可积,并称此极限值为 $f(x)$ 在区间 $[a,b]$ 上的定积分,记为 $\int_a^b f(x)\mathrm{d}x$. 即
$$\int_a^b f(x)\mathrm{d}x = \lim_{\lambda \to 0} \sum_{i=1}^{n} f(\xi_i)\Delta x_i,$$
其中, $f(x)$ 称为**被积函数**, $f(x)\mathrm{d}x$ 称为**被积表达式**, x 称为**积分变量**, a 称为**积分下限**, b 称为**积分上限**, $[a,b]$ 称为**积分区间**, 和式 $\sum_{i=1}^{n} f(\xi_i)\Delta x_i$ 称作**积分和式**, 也称作黎曼和.

注 (1)定义中和式的极限存在是指:无论区间 $[a,b]$ 如何分割,点 ξ_i 如何选取,当 $\lambda \to 0$ 时,和式 $\sum_{i=1}^{n} f(\xi_i)\Delta x_i$ 的极限都存在且为同一个数.

(2)由定义可知,当 $f(x)$ 在区间 $[a,b]$ 上的定积分存在时,该定积分的值只与被积函数 $f(x)$ 和积分区间 $[a,b]$ 有关,而与积分变量采用什么字母无关,即
$$\int_a^b f(x)\mathrm{d}x = \int_a^b f(u)\mathrm{d}u = \int_a^b f(t)\mathrm{d}t.$$

(3)为以后研究方便,补充规定:

当 $a = b$ 时, $\int_a^b f(x)\mathrm{d}x = 0$;

当 $a > b$ 时, $\int_a^b f(x)\mathrm{d}x = -\int_b^a f(x)\mathrm{d}x.$

根据定义 1,引例 1 中的路程可表示为

$$s = \int_a^b v(t)\,dt,$$

即直线运动的路程等于速度函数在时间间隔 $[a,b]$ 上的定积分.

引例 2 中的曲边梯形的面积可表示为

$$A = \int_a^b f(x)\,dx$$

即曲边梯形的面积等于函数 $f(x)$ 在区间 $[a,b]$ 上的定积分.

引例 3 中的价格为 $p = p(x)$ 的商品,销售量从 $x = a$ 增长到 $x = b$ 所得的收益可以表示为

$$R = \int_a^b p(x)\,dx.$$

2. 定积分存在的条件

在积分理论中,需要考虑以下重要问题:满足什么条件的函数可积? 下面就来回答这个问题.

由定积分的定义可以推出:定积分存在的**必要条件**是被积函数 $f(x)$ 在 $[a,b]$ 上有界.

即任何可积函数一定是有界的,无界函数一定不可积,但有界函数不一定可积.

进一步,我们不加证明地给出函数可积的两个充分条件:

定理 1 若函数 $f(x)$ 在区间 $[a,b]$ 上连续,那么函数 $f(x)$ 在区间 $[a,b]$ 上可积.

可以把上述条件放宽为下面的形式:

定理 2 若函数 $f(x)$ 在区间 $[a,b]$ 上有界,且只有有限个间断点,那么函数 $f(x)$ 在区间 $[a,b]$ 上可积.

例 1 利用定义计算定积分 $\int_0^1 x^2\,dx$.

解 由于函数 $f(x) = x^2$ 在区间 $[0,1]$ 上连续,故可积,且积分值与区间 $[0,1]$ 的分法及点 ξ_i 的取法无关. 现将 $[0,1]$ n 等分,显然每个区间的长度为 $\dfrac{1}{n}$,取右端点为 ξ_i,即

$$\xi_i = x_i = \frac{i}{n} \quad (i = 1,2,\cdots,n),$$

于是

$$\sum_{i=1}^n f(\xi_i)\Delta x_i = \sum_{i=1}^n \xi_i^2 \Delta x_i = \sum_{i=1}^n \left(\frac{i}{n}\right)^2 \cdot \frac{1}{n} = \frac{1}{n^3}\sum_{i=1}^n i^2$$

$$= \frac{1}{n^3} \cdot \frac{n(n+1)(2n+1)}{6} = \frac{1}{6}\left(1 + \frac{1}{n}\right)\left(2 + \frac{1}{n}\right).$$

当 $\lambda \to 0 \left(\lambda = \dfrac{1}{n}\right)$ 时,必有 $n \to \infty$,则

$$\lim_{\lambda \to 0}\sum_{i=1}^n f(\xi_i)\Delta x_i = \lim_{n \to \infty} \frac{1}{6}\left(1 + \frac{1}{n}\right)\left(2 + \frac{1}{n}\right) = \frac{1}{3}.$$

即

$$\int_0^1 x^2 \mathrm{d}x = \frac{1}{3}.$$

从这个例子可以看出,即使是一个比较简单的函数,用定义求该函数的定积分也是比较麻烦的,后面我们将给出较为简单的计算方法.

3. 定积分的几何意义

由引例 2 可知,当 $f(x) \geqslant 0$ 时,定积分 $\int_a^b f(x)\mathrm{d}x$ 表示由曲线 $y = f(x)$,直线 $x = a, x = b$ 以及 x 轴所围成的曲边梯形的面积 A,即

$$\int_a^b f(x)\mathrm{d}x = A ;$$

当 $f(x) \leqslant 0$ 时,相应的曲边梯形(见图 6-3)位于 x 轴的下方,此时 $-f(x) \geqslant 0$,曲边梯形的面积为

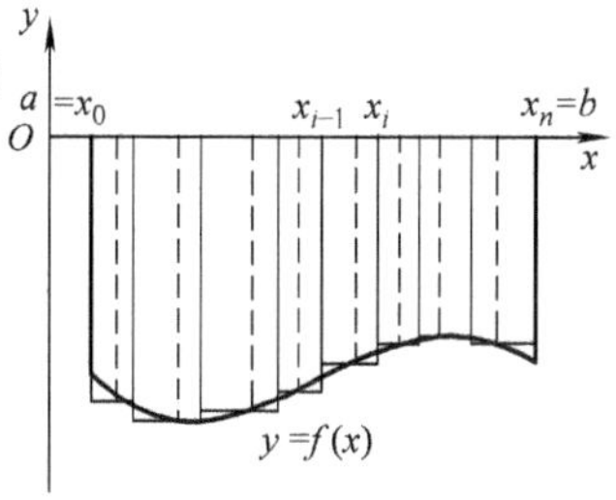

$$A = \lim_{\lambda \to 0}\sum_{i=1}^n (-f(\xi_i))\Delta x_i = -\lim_{\lambda \to 0}\sum_{i=1}^n f(\xi_i)\Delta x_i = -\int_a^b f(x)\mathrm{d}x,$$

即

$$\int_a^b f(x)\mathrm{d}x = -A.$$

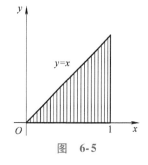

图　6-3

就是说,当 $f(x) \leqslant 0$ 时,$\int_a^b f(x)\mathrm{d}x$ 等于曲边梯形面积的负值;当 $f(x)$ 在 $[a,b]$ 上的值有正有负时,如图 6-4 所示,则定积分 $\int_a^b f(x)\mathrm{d}x$ 表示在 x 轴上方各曲边梯形面积总和减去 x 轴下方曲边梯形面积总和,即

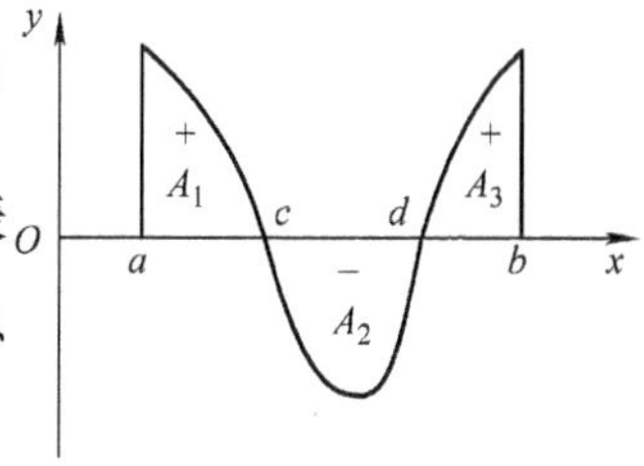

$$\int_a^b f(x)\mathrm{d}x = A_1 + (-A_2) + A_3 = A_1 - A_2 + A_3 ,$$

其中,A_1, A_2, A_3 分别代表图中相应曲边梯形的面积.

图　6-4

例 2　利用定积分的几何意义,写出定积分 $\int_0^1 x\mathrm{d}x$ 的值.

解　由定积分的几何意义,该定积分为直线 $y = x, x = 1, y = 0$ 所围成的直角三角形的面积(见图 6-5).该三角形的面积为 $\frac{1}{2} \times 1 \times 1 = \frac{1}{2}$,因此

$$\int_0^1 x\mathrm{d}x = \frac{1}{2}.$$

图　6-5

三、　定积分的性质

在下列性质中,均假设所讨论的定积分是存在的.

性质 1　$\int_a^b 1 \cdot \mathrm{d}x = \int_a^b \mathrm{d}x = b - a.$

这个性质的证明由定积分的定义可直接得到,留给读者完成.

性质 2(函数线性可加性)

$$\int_a^b [k_1 f(x) + k_2 g(x)]\mathrm{d}x = k_1\int_a^b f(x)\mathrm{d}x + k_2\int_a^b g(x)\mathrm{d}x (k_1, k_2 \text{ 为常数}).$$

证　由定积分的定义,可得

定积分的性质

$$\int_a^b \left[k_1 f(x) + k_2 g(x) \right] \mathrm{d}x = \lim_{\lambda \to 0} \sum_{i=1}^{n} \left[k_1 f(\xi_i) + k_2 g(\xi_i) \right] \Delta x_i$$

$$= k_1 \lim_{\lambda \to 0} \sum_{i=1}^{n} f(\xi_i) \Delta x_i + k_2 \lim_{\lambda \to 0} g(\xi_i) \Delta x_i$$

$$= k_1 \int_a^b f(x) \mathrm{d}x + k_2 \int_a^b g(x) \mathrm{d}x .$$

这个性质说明两个可积函数的线性组合的定积分等于这两个函数的定积分的线性组合. 该性质还可以推广到有限个函数的线性组合的情形.

性质 3(区间可加性) 设 a, b, c 为三个实数,则有
$$\int_a^b f(x) \mathrm{d}x = \int_a^c f(x) \mathrm{d}x + \int_c^b f(x) \mathrm{d}x .$$

证 (1)当 $a < c < b$ 时,由于函数 $f(x)$ 在区间 $[a, b]$ 上可积,所以定积分的值与区间的分法无关,于是在划分区间 $[a, b]$ 时,把 c 取为分点,则函数 $f(x)$ 在 $[a, b]$ 上的积分和就等于在 $[a, c]$ 上的积分和加上在 $[c, b]$ 上的积分和,即

$$\sum_{[a,b]} f(\xi_i) \Delta x_i = \sum_{[a,c]} f(\xi_i) \Delta x_i + \sum_{[c,b]} f(\xi_i) \Delta x_i .$$

令 $\lambda \to 0$,上式两边同时取极限就得到

$$\int_a^b f(x) \mathrm{d}x = \int_a^c f(x) \mathrm{d}x + \int_c^b f(x) \mathrm{d}x .$$

(2)其他情形,如 $a < b < c$ (当 $c < a < b$ 时,证明方法相同),由上面的证明,则有

$$\int_a^c f(x) \mathrm{d}x = \int_a^b f(x) \mathrm{d}x + \int_b^c f(x) \mathrm{d}x ,$$

于是, $\int_a^b f(x) \mathrm{d}x = \int_a^c f(x) \mathrm{d}x - \int_b^c f(x) \mathrm{d}x$,利用上面关于积分限的补充说明,有

$$- \int_b^c f(x) \mathrm{d}x = \int_c^b f(x) \mathrm{d}x ,$$

故

$$\int_a^b f(x) \mathrm{d}x = \int_a^c f(x) \mathrm{d}x + \int_c^b f(x) \mathrm{d}x .$$

性质 4(比较定理) 当 $f(x) \geqslant g(x)$ 时,
$$\int_a^b f(x) \mathrm{d}x \geqslant \int_a^b g(x) \mathrm{d}x (a < b) .$$

证 $\int_a^b f(x) \mathrm{d}x - \int_a^b g(x) \mathrm{d}x = \int_a^b \left[f(x) - g(x) \right] \mathrm{d}x$

$$= \lim_{\lambda \to 0} \sum_{i=1}^{n} \left[f(\xi_i) - g(\xi_i) \right] \Delta x_i .$$

由假设知 $f(\xi_i) - g(\xi_i) \geqslant 0$,且 $\Delta x_i > 0 \ (i = 1, 2, \cdots, n)$,所以上式右边的极限值非负,从而有

$$\int_a^b f(x)\,\mathrm{d}x \geqslant \int_a^b g(x)\,\mathrm{d}x .$$

推论 1（保号性） 当 $f(x) \geqslant 0$ 时，$\int_a^b f(x)\,\mathrm{d}x \geqslant 0$（其中，$a < b$）.

推论 2 $\left| \int_a^b f(x)\,\mathrm{d}x \right| \leqslant \int_a^b |f(x)|\,\mathrm{d}x$（其中，$a < b$）.

证 因为 $-|f(x)| \leqslant f(x) \leqslant |f(x)|$，由性质 4 和性质 2 可得

$$-\int_a^b |f(x)|\,\mathrm{d}x \leqslant \int_a^b f(x)\,\mathrm{d}x \leqslant \int_a^b |f(x)|\,\mathrm{d}x ,$$

即

$$\left| \int_a^b f(x)\,\mathrm{d}x \right| \leqslant \int_a^b |f(x)|\,\mathrm{d}x .$$

性质 5（估值定理） 设 M,m 分别为函数 $f(x)$ 在区间 $[a,b]$ 上的最大值与最小值，
则有

$$m(b-a) \leqslant \int_a^b f(x)\,\mathrm{d}x \leqslant M(b-a) .$$

证 已知 $m \leqslant f(x) \leqslant M, x \in [a,b]$，由性质 4 得

$$\int_a^b m\,\mathrm{d}x \leqslant \int_a^b f(x)\,\mathrm{d}x \leqslant \int_a^b M\,\mathrm{d}x$$

再由性质 2 和性质 1，得

$$m(b-a) \leqslant \int_a^b f(x)\,\mathrm{d}x \leqslant M(b-a) .$$

此性质可用来估计定积分值的范围.

性质 6（定积分中值定理） 如果函数 $f(x)$ 在区间 $[a,b]$ 上连续，则在 $[a,b]$ 上至少存在一点 ξ，使得

$$\int_a^b f(x)\,\mathrm{d}x = f(\xi)(b-a) \quad (a \leqslant \xi \leqslant b) .$$

定积分中值定理

这个公式称为积分中值公式.

证 由 $f(x)$ 在区间 $[a,b]$ 上连续，故它在 $[a,b]$ 上有最大值 M 与最小值 m. 因此由估值定理得

$$m(b-a) \leqslant \int_a^b f(x)\,\mathrm{d}x \leqslant M(b-a) ,$$

即

$$m \leqslant \frac{1}{b-a}\int_a^b f(x)\,\mathrm{d}x \leqslant M ,$$

由连续函数的介值定理可知，存在 $\xi \in [a,b]$，使得

$$f(\xi) = \frac{1}{b-a}\int_a^b f(x)\,\mathrm{d}x$$

即

$$\int_a^b f(x)\,\mathrm{d}x = f(\xi)(b-a) .$$

显然,积分中值公式 $\int_a^b f(x)\mathrm{d}x = f(\xi)(b-a)$ (ξ 在 a 与 b 之间)不论 $a<b$ 或 $a>b$ 都是成立的.

积分中值公式的几何意义是:

若 $f(x)$ 在 $[a,b]$ 上连续且非负,则 $f(x)$ 在 $[a,b]$ 上的曲边梯形面积等于与该曲边梯形同底,以 $f(\xi) = \dfrac{\int_a^b f(x)\,\mathrm{d}x}{b-a}$ 为高的矩形面积(见图 6-6).

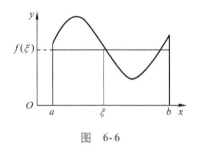

图 6-6

一般地,称 $\dfrac{1}{b-a}\int_a^b f(x)\mathrm{d}x$ 为 $f(x)$ 在区间 $[a,b]$ 上的平均值.

例 3 估计定积分 $\int_{-1}^2 \mathrm{e}^{-x^2}\mathrm{d}x$ 值的范围.

解 先求函数 $f(x) = \mathrm{e}^{-x^2}$ 在 $[-1,2]$ 上的最大值 M 与最小值 m.

由 $\qquad\qquad f'(x) = -2x\mathrm{e}^{-x^2} = 0,$

得 $\qquad\qquad\qquad x = 0.$

又因为 $\qquad f(0) = 1, f(-1) = \mathrm{e}^{-1}, f(2) = \mathrm{e}^{-4},$

因此,$M = 1, m = \mathrm{e}^{-4}$. 又因为积分区间长度为 3,因此由估值定理得

$$3\mathrm{e}^{-4} \leqslant \int_{-1}^2 \mathrm{e}^{-x^2}\mathrm{d}x \leqslant 3.$$

例 4 比较定积分 $\int_1^2 \ln x\,\mathrm{d}x$ 与 $\int_1^2 (\ln x)^2\,\mathrm{d}x$ 的大小.

解 在区间 $[1,2]$ 上由于 $0 \leqslant \ln x \leqslant 1$,得 $\ln x \geqslant (\ln x)^2$.
因此,由比较定理得

$$\int_1^2 \ln x\,\mathrm{d}x \geqslant \int_1^2 (\ln x)^2\,\mathrm{d}x.$$

例 5 求函数 $y = \sqrt{1-x^2}$ 在 $[-1,1]$ 上的平均值.

解 由定积分的几何意义知

$$\int_{-1}^1 \sqrt{1-x^2}\,\mathrm{d}x = \frac{\pi}{2}.$$

由平均值公式 $f(\xi) = \dfrac{1}{b-a}\int_a^b f(x)\mathrm{d}x$,得

$$\bar{y} = \frac{1}{2}\int_{-1}^{1}\sqrt{1-x^2}\,dx = \frac{1}{2}\cdot\frac{\pi}{2} = \frac{\pi}{4}.$$

例 6 证明不等式：$0 \leqslant \int_0^1 \dfrac{x^4\,dx}{1+x^4} \leqslant \dfrac{1}{2}.$

证 因为 $f(x) = \dfrac{x^4}{1+x^4}$ 在 $[0,1]$ 上连续，则在 $[0,1]$ 必存在 $f(x)$ 的最大值 M 与最小 m，使得

$$m(1-0) \leqslant \int_0^1 f(x)\,dx \leqslant M(1-0).$$

又 $\qquad f(x) = \dfrac{x^4}{1+x^4} = \dfrac{1+x^4-1}{1+x^4} = 1 - \dfrac{1}{1+x^4},$

则 $\qquad M = f(1) = \dfrac{1}{2}, m = f(0) = 0,$

所以由估值定理得

$$0 \leqslant \int_0^1 \frac{x^4\,dx}{1+x^4} \leqslant \frac{1}{2}.$$

习题 6-1(A)

1. 用定积分的几何意义计算下列各题：

(1) $\displaystyle\int_0^a \sqrt{a^2-x^2}\,dx\,(a>0)$；　　　　(2) $\displaystyle\int_0^1 2x\,dx.$

2. 根据定积分的性质，比较下面各对定积分中哪一个的值较大？

(1) $I_1 = \displaystyle\int_0^1 x^2\,dx$ 和 $I_2 = \displaystyle\int_0^1 x^3\,dx$；

(2) $I_1 = \displaystyle\int_1^2 x^2\,dx$ 和 $I_2 = \displaystyle\int_1^2 x^3\,dx$；

(3) $I_1 = \displaystyle\int_3^5 \ln x\,dx$ 与 $I_2 = \displaystyle\int_3^5 (\ln x)^2\,dx$；

(4) $I_1 = \displaystyle\int_0^{-2} e^x\,dx$ 和 $I_2 = \displaystyle\int_0^{-2} x\,dx.$

3. 估计下列定积分值的范围：

(1) $I = \displaystyle\int_{\frac{1}{2}}^1 x^4\,dx$；　　　　　　　　(2) $I = \displaystyle\int_0^{\pi} \dfrac{1}{3+\sin^3 x}\,dx$；

(3) $I = \displaystyle\int_0^2 (x^2-2x+3)\,dx$；　　　　(4) $I = \displaystyle\int_{\frac{\pi}{4}}^{\frac{\pi}{2}} \dfrac{\sin x}{x}\,dx.$

4. 设 $f(x)$ 可导，且 $\lim\limits_{x\to+\infty} f(x) = 1$，求 $\lim\limits_{x\to+\infty}\displaystyle\int_x^{x+2} t\sin\dfrac{3}{t} f(t)\,dt.$

习题 6-1(B)

1. 求 $\lim\limits_{n\to\infty}\displaystyle\int_0^{\frac{\pi}{4}} \sin^n x\,dx.$

2. 设 $f(x)$ 是 $[a,b]$ 上的连续函数,若在 $[a,b]$ 上 $f(x) \geq 0$ 且 $f(x) \not\equiv 0$,则

$$\int_a^b f(x)\,\mathrm{d}x > 0.$$

3. 若 $f(x)$,$g(x)$ 在 $[a,b]$ 上连续,且 $g(x)$ 在 $[a,b]$ 上不变号,则在 $[a,b]$ 上至少存在一点 ξ,使得

$$\int_a^b f(x)g(x)\,\mathrm{d}x = f(\xi)\int_a^b g(x)\,\mathrm{d}x.$$

第二节 微积分基本定理

第一节我们学习了定积分的定义与性质,但并未给出一个有效的计算方法,当被积函数较复杂时,难以利用定义直接计算. 为此,从本节开始将介绍一些求定积分的方法.

一、积分上限函数

积分上限函数及性质

设函数 $f(x)$ 在区间 $[a,\ b]$ 上连续,则对 $[a,\ b]$ 中的每个 x,$f(x)$ 在 $[a,\ x]$ 上也连续. 因此,$f(x)$ 在 $[a,\ x]$ 上的定积分 $\int_a^x f(t)\,\mathrm{d}t$ 都存在,也就是说对 $[a,\ b]$ 上的任意一点 x,都有唯一确定的积分值与 x 对应,从而就确定了一个以 $[a,\ b]$ 为定义域的新函数. 由于这个函数的自变量是积分上限 x,因此称它为积分上限函数. 记为 $\Phi(x)$,即

$$\Phi(x) = \int_a^x f(t)\,\mathrm{d}t,\ x \in [a,\ b].$$

积分上限函数 $\Phi(x)$ 具有下面的重要性质.

定理 1 若函数 $f(x)$ 在区间 $[a,b]$ 上连续,则积分上限函数

$$\Phi(x) = \int_a^x f(t)\,\mathrm{d}t \quad (x \in [a,b])$$

在 $[a,b]$ 上可导,并且

$$\Phi'(x) = \frac{\mathrm{d}}{\mathrm{d}x}\int_a^x f(t)\,\mathrm{d}t = f(x),\ x \in [a,b]. \tag{6.1}$$

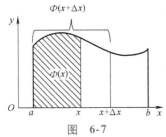

图 6-7

证 (1)当 $x \in (a,b)$ 时,给 x 一个增量 Δx,使得 $x + \Delta x \in (a,b)$,则

$$\Phi(x) = \int_a^x f(t)\,\mathrm{d}t\ ,\Phi(x + \Delta x) = \int_a^{x+\Delta x} f(t)\,\mathrm{d}t,$$

因此(见图 6-7,图中 $\Delta x > 0$)

$$\Delta\Phi = \Phi(x + \Delta x) - \Phi(x) = \int_a^{x+\Delta x} f(t)\,\mathrm{d}t - \int_a^x f(t)\,\mathrm{d}t$$

$$= \int_a^x f(t)\,\mathrm{d}t + \int_x^{x+\Delta x} f(t)\,\mathrm{d}t - \int_a^x f(t)\,\mathrm{d}t = \int_x^{x+\Delta x} f(t)\,\mathrm{d}t.$$

利用积分中值定理,得

$$\Delta\Phi = \Phi(x + \Delta x) - \Phi(x) = \int_x^{x+\Delta x} f(t)\,\mathrm{d}t = f(\xi) \cdot \Delta x,$$

其中,ξ 在 x 与 $x + \Delta x$ 之间,且当 $\Delta x \to 0$ 时,$\xi \to x$.

于是,利用导数的定义及 $f(x)$ 的连续性,有

$$\lim_{\Delta x \to 0} \frac{\Delta \Phi}{\Delta x} = \lim_{\Delta x \to 0} \frac{\Phi(x + \Delta x) - \Phi(x)}{\Delta x} = \lim_{\Delta x \to 0} \frac{f(\xi) \cdot \Delta x}{\Delta x} = \lim_{\xi \to x} f(\xi) = f(x).$$

由 $x \in (a, b)$ 的任意性知 $\Phi(x)$ 在 (a, b) 内每一点都可导,并且有

$$\Phi'(x) = f(x).$$

(2)x 为端点时的情形

若 $x = a$,取 $\Delta x > 0$,同理可证 $\phi'_+(a) = f(a)$;若 $x = b$,取 $\Delta x < 0$,同理亦可证 $\phi'_-(b) = f(b)$.

定理 1 证毕.

推论　设 $f(x)$ 为连续函数,且存在复合函数 $f[\varphi(x)]$ 与 $f[\psi(x)]$,其中,$\varphi(x)$,$\psi(x)$ 皆为可导函数,则

$$\frac{\mathrm{d}}{\mathrm{d}x} \int_{\psi(x)}^{\varphi(x)} f(t)\mathrm{d}t = f[\varphi(x)]\varphi'(x) - f[\psi(x)]\psi'(x) \quad (6.2)$$

证　令 $\Phi(x) = \int_a^x f(t)\mathrm{d}t$,$a$ 为 $f(x)$ 的连续区间内取定的点. 根据积分对区间的可加性,有

$$\int_{\psi(x)}^{\varphi(x)} f(t)\mathrm{d}t = \int_a^{\varphi(x)} f(t)\mathrm{d}t - \int_a^{\psi(x)} f(t)\mathrm{d}t = \Phi[\varphi(x)] - \Phi[\psi(x)].$$

由于 $f(x)$ 连续,所以 $\Phi(x)$ 为可导函数,而 $\varphi(x)$ 和 $\psi(x)$ 皆可导,故按复合函数求导数的链式法则,就有

$$\frac{\mathrm{d}}{\mathrm{d}x} \int_{\psi(x)}^{\varphi(x)} f(t)\mathrm{d}t = \Phi'[\varphi(x)]\varphi'(x) - \Phi'[\psi(x)]\psi'(x)$$

$$= f[\varphi(x)]\varphi'(x) - f[\psi(x)]\psi'(x).$$

所以式(6.2)成立.

定理 1 中的公式 $\Phi'(x) = f(x)$ 说明 $\Phi(x)$ 是 $f(x)$ 的原函数,因此,我们得到下面的原函数存在定理.

定理 2(原函数存在定理)　如果函数 $f(x)$ 在区间 $[a, b]$ 上连续,那么积分上限函数

$$\Phi(x) = \int_a^x f(t)\mathrm{d}t$$

是 $f(x)$ 在 $[a, b]$ 上的一个原函数.

这个定理告诉我们连续函数一定存在原函数,同时也初步揭示了定积分与原函数之间的联系,因此,我们可以利用原函数来研究定积分的计算问题. 回顾第一节中的引例 1:

设某物体做直线运动,已知速度 $v(t)$ 为连续函数,且 $v(t) \geqslant 0$,则该物体从时刻 a 到时刻 b 这段时间内所经过的路程为

$$s = \int_a^b v(t)\mathrm{d}t.$$

另一方面,如果已知物体的运动规律(即位置函数)为 $s = s(t)$,则物体从 a 到 b 所经过的路程为

$$s = s(b) - s(a),$$

从而有

$$\int_a^b v(t)\,\mathrm{d}t = s(b) - s(a). \tag{6.3}$$

又因为 $s'(t) = v(t)$,即位置函数 $s(t)$ 是速度函数 $v(t)$ 的原函数,所以关系式(6.3)表示:速度函数在区间$[a,b]$上的定积分等于它的原函数在积分上限的函数值与积分下限的函数值之差,即原函数在积分区间上的增量:

$$s(b) - s(a),$$

亦即

$$\int_a^b s'(t)\,\mathrm{d}t = s(b) - s(a).$$

这个结论是否具有普遍意义呢? 回答是肯定的,这就是下面的重要定理——微积分基本定理.

二、 微积分基本定理

定理 3 如果函数 $f(x)$ 在区间 $[a,b]$ 上连续,函数 $F(x)$ 是$f(x)$在$[a,b]$上的一个原函数,则有

$$\int_a^b f(x)\,\mathrm{d}x = F(b) - F(a).$$

定理 3 称为微积分基本定理,上式称为牛顿—莱布尼茨公式,也称为微积分基本公式.

微积分基本定理

证 由于 $F(x)$ 与积分上限函数 $\Phi(x) = \int_a^x f(t)\,\mathrm{d}t$ 都是连续函数 $f(x)$ 的原函数,故二者只差一个常数,设

$$\Phi(x) - F(x) = C \ (C \text{ 是常数},\, a \leqslant x \leqslant b).$$

即

牛顿—莱布尼兹

公式

$$\int_a^x f(t)\,\mathrm{d}t - F(x) = C. \tag{6.4}$$

在式(6.4)中令 $x = a$,由 $\int_a^a f(t)\,\mathrm{d}t = 0$ 有

$C = -F(a)$. 将它代入式(6.4),得

$$\int_a^x f(t)\,\mathrm{d}t = F(x) - F(a). \tag{6.5}$$

在式(6.5)中令 $x = b$,得

$$\int_a^b f(t)\,\mathrm{d}t = F(b) - F(a).$$

定理 3 证毕.

通常把 $F(b) - F(a)$ 记作 $[F(x)]_a^b$ 或者 $F(x)\big|_a^b$,因此牛顿—莱布尼茨公式又常记作

$$\int_a^b f(x)\,\mathrm{d}x = [F(x)]_a^b \ \text{或} \int_a^b f(x)\,\mathrm{d}x = F(x)\big|_a^b.$$

牛顿—莱布尼茨公式对 $a > b$ 的情形同样成立. 这个公式给定

积分提供了一个有效而简便的计算方法:要计算定积分 $\int_a^b f(x)\,\mathrm{d}x$ 的值,只需求出被积函数的一个原函数,然后计算这个原函数在积分区间上的增量即可.

例 1 计算第一节中的定积分 $\int_0^1 x^2\,\mathrm{d}x$.

解 因为 $\dfrac{x^3}{3}$ 是 x^2 的一个原函数,所以由牛顿—莱布尼茨公式,得

$$\int_0^1 x^2\,\mathrm{d}x = \left[\frac{x^3}{3}\right]_0^1 = \frac{1^3}{3} - \frac{0^3}{3} = \frac{1}{3}.$$

例 2 计算 $\int_0^{\frac{\pi}{3}} \cos x\,\mathrm{d}x$.

解 由于 $\sin x$ 是 $\cos x$ 的一个原函数,所以由牛顿—莱布尼茨公式,得

$$\int_0^{\frac{\pi}{3}} \cos x\,\mathrm{d}x = \left[\sin x\right]_0^{\frac{\pi}{3}} = \sin\frac{\pi}{3} - \sin 0 = \frac{\sqrt{3}}{2}.$$

例 3 计算 $\int_{-4}^{-1} \dfrac{1}{x}\,\mathrm{d}x$.

解 $\dfrac{1}{x}$ 在区间 $[-4,-1]$ 上连续,$\ln|x|$ 为其一个原函数. 因此

$$\int_{-4}^{-1} \frac{1}{x}\,\mathrm{d}x = \left[\ln|x|\right]_{-4}^{-1} = \ln|-1| - \ln|-4| = -2\ln 2.$$

注 牛顿—莱布尼茨公式中的函数 $F(x)$ 必须是 $f(x)$ 在该积分区间 $[a,b]$ 上的原函数.

例 4 计算 $\int_0^{2\pi} |\sin x|\,\mathrm{d}x$.

解 由被积函数的特点,需要利用"区间可加性",因此

$$\int_0^{2\pi} |\sin x|\,\mathrm{d}x = \int_0^{\pi} \sin x\,\mathrm{d}x + \int_{\pi}^{2\pi} (-\sin x)\,\mathrm{d}x$$
$$= -\cos x \,\big|_0^{\pi} + \cos x\,\big|_{\pi}^{2\pi} = 4.$$

例 5 设 $f(x) = \begin{cases} 1+x, & x \leqslant 1, \\ 2x^2, & x > 1, \end{cases}$ 求 $\int_0^2 f(x)\,\mathrm{d}x$.

解 由于被积函数是分段函数,所以利用区间可加性,得

$$\int_0^2 f(x)\,\mathrm{d}x = \int_0^1 f(x)\,\mathrm{d}x + \int_1^2 f(x)\,\mathrm{d}x$$
$$= \int_0^1 (1+x)\,\mathrm{d}x + \int_1^2 2x^2\,\mathrm{d}x$$
$$= \left[\frac{1}{2}(1+x)^2\right]_0^1 + \left[\frac{2x^3}{3}\right]_1^2 = \frac{37}{6}.$$

▶ 分段函数的积分

例 6 证明改进的积分中值定理:若函数 $f(x)$ 在闭区间 $[a,b]$ 上连续,则在开区间 (a,b) 内至少存在一点 ξ,使得

$$\int_a^b f(x)\,\mathrm{d}x = f(\xi)(b-a) \quad (a < \xi < b).$$

证 因为函数 $f(x)$ 连续,故它的原函数 $F(x)$ 存在,所以根据牛顿—莱布尼茨公式,有

$$\int_a^b f(x)\,dx = F(b) - F(a).$$

显然 $F(x)$ 在区间 $[a,b]$ 上满足微分中值定理的条件,因此在开区间 (a,b) 内至少存在一点 ξ,使得

$$F(b) - F(a) = F'(\xi)(b-a), \xi \in (a,b),$$

即

$$\int_a^b f(x)\,dx = f(\xi)(b-a) \ (a < \xi < b).$$

下面再举几个应用公式(6.1)及公式(6.2)的例子.

例 7 设 $F(x) = \int_1^x \dfrac{\sin t}{t}dt$,求 $F'(x)$.

解 由公式(6.1),得

$$F'(x) = \frac{\sin x}{x}.$$

例 8 设 $F(x) = \int_0^{x^2} \sqrt{1+t^2}\,dt$,求 $F'(x)$.

解 由公式(6.2)得

$$F'(x) = \frac{d}{dx}\int_0^{x^2}\sqrt{1+t^2}\,dt = \sqrt{1+x^4}(x^2)' = 2x\sqrt{1+x^4}.$$

例 9 设 $F(x) = \int_{x^3}^{x^2} e^t dt$,求 $F'(x)$.

解 由公式(6.2)得

$$F'(x) = e^{x^2}\cdot(x^2)' - e^{x^3}\cdot(x^3)' = 2xe^{x^2} - 3x^2 e^{x^3}.$$

例 10 求极限 $\lim\limits_{x\to 0}\dfrac{\int_0^{2x}\ln(1+t)\,dt}{x^2}$.

解 这是一个 "$\dfrac{0}{0}$" 型的未定式,由洛必达法则可得

$$\lim_{x\to 0}\frac{\int_0^{2x}\ln(1+t)\,dt}{x^2} = \lim_{x\to 0}\frac{2\ln(1+2x)}{2x} = \lim_{x\to 0}\frac{\ln(1+2x)}{x} = \lim_{x\to 0}\frac{2x}{x} = 2.$$

习题 6-2(A)

1. 求下列导数:

(1) $\dfrac{d}{dx}\int_0^x \dfrac{1}{1+t^2}dt$;　　(2) $\dfrac{d}{dx}\int_{x^2}^{e^x}\ln t\,dt$;

(3) $\dfrac{d}{dx}\int_{\cos x}^1 e^{-t^2}dt$;　　(4) $\dfrac{d}{dx}\int_{\cos x}^1 f(t)\,dt$.

2. 求下列极限:

$(1)\ \lim\limits_{x \to 0} \dfrac{x - \displaystyle\int_0^x \mathrm{e}^{t^2}\mathrm{d}t}{x^2 \tan x}$;　　　$(2)\ \lim\limits_{x \to 0} \dfrac{\left(\displaystyle\int_0^x \mathrm{e}^{t^2}\mathrm{d}t\right)^2}{\displaystyle\int_0^x t\mathrm{e}^{2t^2}\mathrm{d}t}$;

$(3)\ \lim\limits_{x \to 0} \dfrac{\displaystyle\int_0^{x^2} \tan t^2\,\mathrm{d}t}{x^6}$;　　　$(4)\ \lim\limits_{x \to 0} \dfrac{x^2 - \displaystyle\int_0^{x^2} \cos(t^2)\,\mathrm{d}t}{\sin^{10} x}$.

3. 计算下列定积分.

$(1)\ \displaystyle\int_0^{\frac{\pi}{2}} (2\cos x + \sin x - 1)\,\mathrm{d}x$;

$(2)\ \displaystyle\int_0^2 x\,\sqrt{4 - x^2}\,\mathrm{d}x$;

$(3)\ \displaystyle\int_0^{\sqrt{3}a} \dfrac{\mathrm{d}x}{a^2 + x^2}\ (a \neq 0)$;

$(4)\ \displaystyle\int_0^1 \sqrt{1 - x^2}\,\mathrm{d}x$;

$(5)\ \displaystyle\int_0^{\frac{\pi}{4}} \tan^2 x\,\mathrm{d}x$;

$(6)\ \displaystyle\int_0^1 \left(\dfrac{2}{\sqrt{1 - x^2}} - \dfrac{3}{1 + x^2}\right)\mathrm{d}x$;

$(7)\ \displaystyle\int_4^9 \sqrt{x}\left(1 + \dfrac{1}{x}\right)\mathrm{d}x$;

$(8)\ \displaystyle\int_0^2 |x - 1|\,\mathrm{d}x$;

$(9)\ \displaystyle\int_0^2 f(x)\,\mathrm{d}x$, 其中, $f(x) = \begin{cases} 2x, & 0 \leqslant x \leqslant 1, \\ 5, & 1 < x \leqslant 2; \end{cases}$

$(10)\ \displaystyle\int_{-1}^2 f(x)\,\mathrm{d}x$, 其中, $f(x) = \begin{cases} \dfrac{1}{1 + x^2}, & x < 0, \\ \dfrac{1}{1 + x}, & x \geqslant 0. \end{cases}$

4. 证明:若 $f(x)$ 在 $(-\infty, +\infty)$ 内连续,且满足 $f(x) = \displaystyle\int_0^x f(t)\,\mathrm{d}t$,
则 $f(x) \equiv 0$.

习题 6-2(B)

1. 设 $f(x)$ 在 $(0, +\infty)$ 内连续,且 $f(x) > 0$,证明:函数 $F(x) = \dfrac{\displaystyle\int_0^x tf(t)\,\mathrm{d}t}{\displaystyle\int_0^x f(t)\,\mathrm{d}t}$ 在 $(0, +\infty)$ 内为单调增加函数.

2. 设 $f(x)$ 在 $[0, 1]$ 上连续,且 $f(x) < 1$,证明:$2x - \displaystyle\int_0^x f(t)\,\mathrm{d}t = 1$ 在 $[0, 1]$ 上只有一个解.

3. 求 $\displaystyle\int_{-2}^{2}\max\{x,x^2\}\,\mathrm{d}x$.

4. 若函数 $f(x)$ 可导,且 $f(0)=0,f'(0)=2$,求极限 $\displaystyle\lim_{x\to0}\frac{\displaystyle\int_{0}^{x}f(t)\,\mathrm{d}t}{x^2}$.

5. 若函数 $f(x)$ 在区间 $[a,b]$ 上连续,在 (a,b) 内可导,且 $f'(x)\leqslant 0$,设

$$F(x)=\frac{1}{x-a}\int_{a}^{x}f(t)\,\mathrm{d}t,$$

证明:在区间 (a,b) 内 $F'(x)\leqslant 0$.

6. 设 $f(x)$ 在 $(-\infty,+\infty)$ 内连续,证明:函数 $y=\displaystyle\int_{0}^{x}\mathrm{e}^{t-x}f(t)\,\mathrm{d}t$ 满足方程 $\dfrac{\mathrm{d}y}{\mathrm{d}x}+y=f(x)$.

7. 设函数 $f(x)=\begin{cases}\sin x, & |x|<\dfrac{\pi}{2},\\ 0, & |x|\geqslant\dfrac{\pi}{2},\end{cases}$ 求函数 $F(x)=\displaystyle\int_{0}^{x}f(t)\,\mathrm{d}t$ 的表达式.

第三节 定积分基本积分法

上一节我们看到,利用牛顿—莱布尼茨公式计算定积分,就是求被积函数的原函数在积分区间上的增量. 而在第五章中,求原函数的主要方法是换元积分法和分部积分法,是否可以把这两种方法移植到定积分的计算中来而简化计算呢? 在一定条件下,可以用换元积分法和分部积分法简化定积分的计算. 下面我们就来讨论定积分的这两种计算方法.

一、 定积分的换元积分法

定积分的换元积分法

定理1 设函数 $f(x)$ 在区间 $[a,b]$ 上连续,函数 $x=\varphi(t)$ 满足

(1) $\varphi(\alpha)=a,\varphi(\beta)=b$;

(2) $\varphi(t)$ 在 $[\alpha,\beta]$(或 $[\beta,\alpha]$)上有连续的导数 $\varphi'(t)$,并且其值域为 $[a,b]$. 则有

$$\int_{a}^{b}f(x)\,\mathrm{d}x=\int_{\alpha}^{\beta}f[\varphi(t)]\varphi'(t)\,\mathrm{d}t. \tag{6.6}$$

公式(6.6)称为定积分的换元公式.

证 由 $f(x),\varphi(t),\varphi'(t)$ 都连续,可知 $f(x)$ 及 $f[\varphi(t)]\varphi'(t)$ 都可积,且原函数都存在. 设 $F(x)$ 是 $f(x)$ 在 $[a,b]$ 上的一个原函数,由牛顿—莱布尼茨公式,式(6.6)的左端为:

$$\int_{a}^{b}f(x)\,\mathrm{d}x=F(b)-F(a).$$

由于

$$(F[\varphi(t)])' = F'[\varphi(t)]\varphi'(t) = f[\varphi(t)]\varphi'(t)$$

故 $F[\varphi(t)]$ 是 $f[\varphi(t)]\varphi'(t)$ 的一个原函数. 利用牛顿—莱布尼茨公式, 式(6.6)的右端为

$$\int_{\alpha}^{\beta} f[\varphi(t)]\varphi'(t) = [F[\varphi(t)]]_{\alpha}^{\beta} = F[\varphi(\beta)] - F[\varphi(\alpha)]$$
$$= F(b) - F(a).$$

故有

$$\int_{a}^{b} f(x)\,\mathrm{d}x = \int_{\alpha}^{\beta} f[\varphi(t)]\varphi'(t)\,\mathrm{d}t.$$

这就证明了换元公式.

注 (1)公式(6.6)表明, 用换元法计算定积分时, 应注意同时改变积分限. 当找到新变量的原函数后不必代回原变量而直接用牛顿—莱布尼茨公式, 这正是定积分换元法的简便之处;

(2)求定积分时, 代换 $x = \varphi(t)$ 的选取原则与用换元法求相应的不定积分的选取原则完全相同.

例1 计算 $\int_{0}^{2} \sqrt{4 - x^2}\,\mathrm{d}x$.

解 令 $x = 2\sin t$, 则 $\mathrm{d}x = 2\cos t\,\mathrm{d}t$, 当 $x = 0$ 时, $t = 0$; 当 $x = 2$ 时, $t = \dfrac{\pi}{2}$. 于是

$$\int_{0}^{2} \sqrt{4 - x^2}\,\mathrm{d}x = 4\int_{0}^{\frac{\pi}{2}} \cos^2 t\,\mathrm{d}t = \frac{4}{2}\int_{0}^{\frac{\pi}{2}} (1 + \cos 2t)\,\mathrm{d}t$$

$$= 2\left[t + \frac{1}{2}\sin 2t\right]\Big|_{0}^{\frac{\pi}{2}} = \pi.$$

换元公式(6.6)也可以反过来使用. 对形如 $\int_{\alpha}^{\beta} f[\varphi(t)]\varphi'(t)\,\mathrm{d}t$ 的定积分, 可用 $t = \varphi(x)$ 作代换, 若 $a = \varphi(\alpha)$, $b = \varphi(\beta)$, 则

$$\int_{\alpha}^{\beta} f[\varphi(t)]\varphi'(t)\,\mathrm{d}t = \int_{a}^{b} f(t)\,\mathrm{d}t. \tag{6.7}$$

例2 计算 $\int_{0}^{\frac{\pi}{2}} \sin x\cos x\,\mathrm{d}x$.

解 令 $t = \sin x$, 则 $\mathrm{d}t = \cos x\,\mathrm{d}x$, 当 $x = 0$ 时, $t = 0$; 当 $x = \dfrac{\pi}{2}$ 时, $t = 1$. 于是

$$\int_{0}^{\frac{\pi}{2}} \sin x\cos x\,\mathrm{d}x = \int_{0}^{1} t\,\mathrm{d}t = \left[\frac{1}{2}t^2\right]_{0}^{1} = \frac{1}{2}.$$

注 对比较简单的变换, 可以不写出新的变量, 因此积分限也就不必变更. 例如

$$\int_{0}^{\frac{\pi}{2}} \sin x\cos x\,\mathrm{d}x = \int_{0}^{\frac{\pi}{2}} \sin x\,\mathrm{d}\sin x = \left[\frac{1}{2}(\sin^2 x)\right]_{0}^{\frac{\pi}{2}} = \frac{1}{2}.$$

例 3 计算 $\int_{\frac{3}{4}}^{1} \dfrac{\mathrm{d}x}{\sqrt{1-x}-1}$.

解 令 $\sqrt{1-x}=t$,则 $x=1-t^2$,$\mathrm{d}x=-2t\,\mathrm{d}t$,当 $x=\dfrac{3}{4}$ 时,$t=\dfrac{1}{2}$;当 $x=1$ 时,$t=0$. 于是

$$\int_{\frac{3}{4}}^{1} \dfrac{\mathrm{d}x}{\sqrt{1-x}-1} = -2\int_{\frac{1}{2}}^{0} \dfrac{t\,\mathrm{d}t}{t-1} = 2\int_{0}^{\frac{1}{2}} \left(1+\dfrac{1}{t-1}\right)\mathrm{d}t$$

$$= 2\left[t+\ln|t-1|\right]_{0}^{\frac{1}{2}} = 1-2\ln2.$$

例 4 设函数 $f(x)=\begin{cases} \dfrac{1}{1+x}, & x\geqslant 0, \\ \sqrt{1+x}, & -1\leqslant x<0, \end{cases}$ 求定积分 $\int_{0}^{2} f(x-1)\,\mathrm{d}x$.

解 令 $x-1=t$,则 $\mathrm{d}x=\mathrm{d}t$,当 $x=0$ 时,$t=-1$;当 $x=2$ 时,$t=1$.

则 $\int_{0}^{2} f(x-1)\,\mathrm{d}x = \int_{-1}^{1} f(t)\,\mathrm{d}t = \int_{-1}^{0} f(t)\,\mathrm{d}t + \int_{0}^{1} f(t)\,\mathrm{d}t$

$$= \int_{-1}^{0} \sqrt{1+t}\,\mathrm{d}t + \int_{0}^{1} \dfrac{1}{1+t}\,\mathrm{d}t$$

$$= \left[\dfrac{2}{3}(1+t)^{\frac{3}{2}}\right]_{-1}^{0} + \left[\ln(1+t)\right]_{0}^{1}$$

$$= \dfrac{2}{3} + \ln2.$$

例 5 $\int_{0}^{\pi} \sqrt{\sin^3 x - \sin^5 x}\,\mathrm{d}x$.

解 由于 $\sqrt{\sin^3 x - \sin^5 x} = \sqrt{\sin^3 x(1-\sin^2 x)} = \sin^{\frac{3}{2}} x \cdot |\cos x|$.

当 $x\in\left[0,\dfrac{\pi}{2}\right]$ 时,$|\cos x|=\cos x$;当 $x\in\left[\dfrac{\pi}{2},\pi\right]$ 时,

$|\cos x|=-\cos x$,故

$$\int_{0}^{\pi} \sqrt{\sin^3 x - \sin^5 x}\,\mathrm{d}x = \int_{0}^{\frac{\pi}{2}} \sqrt{\sin^3 x - \sin^5 x}\,\mathrm{d}x + \int_{\frac{\pi}{2}}^{\pi} \sqrt{\sin^3 x - \sin^5 x}\,\mathrm{d}x$$

$$= \int_{0}^{\frac{\pi}{2}} \sin^{\frac{3}{2}} x\cos x\,\mathrm{d}x + \left(-\int_{\frac{\pi}{2}}^{\pi} \sin^{\frac{3}{2}} x\cos x\,\mathrm{d}x\right)$$

$$= \int_{0}^{\frac{\pi}{2}} \sin^{\frac{3}{2}} x\,\mathrm{d}\sin x - \int_{\frac{\pi}{2}}^{\pi} \sin^{\frac{3}{2}} x\,\mathrm{d}\sin x$$

$$= \left[\dfrac{2}{5}\sin^{\frac{5}{2}} x\right]_{0}^{\frac{\pi}{2}} - \left[\dfrac{2}{5}\sin^{\frac{5}{2}} x\right]_{\frac{\pi}{2}}^{\pi}$$

$$= \dfrac{2}{5} - \left(-\dfrac{2}{5}\right) = \dfrac{4}{5}.$$

例 6(关于奇偶函数的积分) 设函数 $f(x)$ 在区间 $[-a,a]$ 上连续,证明:

(1) 当 $f(x)$ 为 $[-a,a]$ 上的偶函数时,$\int_{-a}^{a} f(x)\,\mathrm{d}x = 2\int_{0}^{a} f(x)\,\mathrm{d}x$;

▶ 奇偶函数的积分

（2）当 $f(x)$ 为 $[-a,a]$ 上的奇函数时，$\int_{-a}^{a} f(x)\mathrm{d}x = 0.$

证 由积分区间的可加性，有

$$\int_{-a}^{a} f(x)\mathrm{d}x = \int_{-a}^{0} f(x)\mathrm{d}x + \int_{0}^{a} f(x)\mathrm{d}x,$$

对右边第一个积分 $\int_{-a}^{0} f(x)\mathrm{d}x$，令 $x = -t$，则 $\mathrm{d}x = -\mathrm{d}t$，当 $x = 0$ 时，$t = 0$；当 $x = -a$ 时，$t = a$；于是

$$\int_{-a}^{0} f(x)\mathrm{d}x = -\int_{a}^{0} f(-t)\mathrm{d}t = \int_{0}^{a} f(-t)\mathrm{d}t = \int_{0}^{a} f(-x)\mathrm{d}x,$$

由此得

$$\int_{-a}^{a} f(x)\mathrm{d}x = \int_{0}^{a} f(-x)\mathrm{d}x + \int_{0}^{a} f(x)\mathrm{d}x = \int_{0}^{a} (f(-x) + f(x))\mathrm{d}x.$$

（1）当 $f(x)$ 为偶函数时，$f(-x) + f(x) = 2f(x)$，则

$$\int_{-a}^{a} f(x)\mathrm{d}x = 2\int_{0}^{a} f(x)\mathrm{d}x.$$

（2）当 $f(x)$ 为奇函数时，$f(-x) + f(x) = 0$，则

$$\int_{-a}^{a} f(x)\mathrm{d}x = 0.$$

注 例6的结论今后可以作为公式使用，利用这一结论，可以简化奇函数、偶函数在对称区间 $[-a,a]$ 上的积分计算过程.

例7 计算定积分 $\int_{-1}^{1} \dfrac{x\cos x}{1 + \sqrt{1 - x^2}}\mathrm{d}x.$

解 函数 $f(x) = \dfrac{x\cos x}{1 + \sqrt{1 - x^2}}$ 在 $[-1,1]$ 上是一个连续的奇函数，根据例6的结果，有

$$\int_{-1}^{1} \dfrac{x\cos x}{1 + \sqrt{1 - x^2}}\mathrm{d}x = 0.$$

例8 若函数 $f(x)$ 在区间 $[0,1]$ 上连续，证明：

$$\int_{0}^{\pi} x f(\sin x)\mathrm{d}x = \dfrac{\pi}{2} \int_{0}^{\pi} f(\sin x)\mathrm{d}x.$$

并由此计算

$$\int_{0}^{\pi} \dfrac{x\sin x}{1 + \cos^2 x}\mathrm{d}x.$$

证 令 $x = \pi - t$，则 $\mathrm{d}x = -\mathrm{d}t$，当 $x = 0$ 时，$t = \pi$；当 $x = \pi$ 时，$t = 0$. 于是

$$\int_{0}^{\pi} x f(\sin x)\mathrm{d}x = -\int_{\pi}^{0} (\pi - t)f[\sin(\pi - t)]\mathrm{d}t = \int_{0}^{\pi} (\pi - t)f(\sin x)\mathrm{d}x$$

$$= \pi \int_{0}^{\pi} f(\sin t)\mathrm{d}t - \int_{0}^{\pi} t f(\sin t)\mathrm{d}t$$

$$= \pi \int_{0}^{\pi} f(\sin x)\mathrm{d}x - \int_{0}^{\pi} x f(\sin x)\mathrm{d}x$$

移项整理，得 $\int_{0}^{\pi} x f(\sin x)\mathrm{d}x = \dfrac{\pi}{2} \int_{0}^{\pi} f(\sin x)\mathrm{d}x.$

利用这一结论，我们来计算 $\int_{0}^{\pi} \dfrac{x\sin x}{1 + \cos^2 x}\mathrm{d}x$. 这里令

$$f(\sin x) = \frac{\sin x}{1 + \cos^2 x} = \frac{\sin x}{2 - \sin^2 x},$$

故

$$
\begin{aligned}
\int_0^\pi \frac{x\sin x}{1 + \cos^2 x}\mathrm{d}x &= \frac{\pi}{2} \int_0^\pi \frac{\sin x}{1 + \cos^2 x}\mathrm{d}x \\
&= -\frac{\pi}{2} \int_0^\pi \frac{\mathrm{d}\cos x}{1 + \cos^2 x} \\
&= -\frac{\pi}{2} \big[\arctan(\cos x) \big]_0^\pi \\
&= -\frac{\pi}{2} \big[\arctan(\cos\pi) - \arctan(\cos 0) \big] \\
&= -\frac{\pi}{2} \left(-\frac{\pi}{4} - \frac{\pi}{4} \right) = \frac{\pi^2}{4}.
\end{aligned}
$$

注 例 8 的结果今后可作为公式使用.

例如我们可以直接写出

$$\int_0^\pi x\sin x\mathrm{d}x = \frac{\pi}{2} \int_0^\pi \sin x\mathrm{d}x = \pi.$$

二、 定积分的分部积分法

定积分的分部积分法

与不定积分的分部积分法类似,将乘积求导公式两端在 $[a,b]$ 上作定积分,即可得出定积分的分部积分公式.

定理 2 设 $u(x),v(x)$ 在 $[a,b]$ 上有连续的导函数,则

$$\int_a^b u(x)v'(x)\mathrm{d}x = \big[u(x)v(x) \big] \Big|_a^b - \int_a^b u'(x)v(x)\mathrm{d}x. \quad (6.8)$$

证 因为

$$\big[u(x)v(x) \big]' = u(x)v'(x) + u'(x)v(x), \quad a \leqslant x \leqslant b$$

所以 $u(x)v(x)$ 是 $u(x)v'(x) + u'(x)v(x)$ 在 $[a,b]$ 上的一个原函数,应用牛顿—莱布尼茨公式,有

$$\int_a^b \big[u(x)v'(x) + u(x)v'(x) \big]\mathrm{d}x = \big[u(x)v(x) \big] \big|_a^b,$$

移项即得式(6.8). 公式(6.8)称为定积分的分部积分公式,可以简记为

$$\int_a^b uv'\mathrm{d}x = \big[uv \big] \Big|_a^b - \int_a^b u'v\mathrm{d}x \quad \text{或} \quad \int_a^b u\mathrm{d}v = \big[uv \big] \Big|_a^b - \int_a^b v\mathrm{d}u.$$

例 9 计算积分 $\int_e^{e^2} \ln x\mathrm{d}x$.

解 由定积分的分部积分公式(6.8),有

$$
\begin{aligned}
\int_e^{e^2} \ln x\mathrm{d}x &= \big[x\ln x \big]_e^{e^2} - \int_e^{e^2} x \cdot \frac{1}{x}\mathrm{d}x \\
&= (2e^2 - e) - \int_e^{e^2} \mathrm{d}x = (2e^2 - e) - (e^2 - e) = e^2.
\end{aligned}
$$

例 10 计算定积分 $\int_0^1 e^{-\sqrt{x}}\mathrm{d}x$.

解 令 $\sqrt{x}=t$，则 $x=t^2$，$dx=2tdt$，当 $x=0$ 时，$t=0$；当 $x=1$ 时，$t=1$.
于是

$$\int_0^1 e^{-\sqrt{x}}dx = \int_0^1 e^{-t}\cdot 2tdt = -2\int_0^1 t\,de^{-t} = -2[te^{-t}]_0^1 + 2\int_0^1 e^{-t}dt$$

$$= -2e^{-1} - 2e^{-t}\big|_0^1 = 2 - \frac{4}{e}.$$

例 11 证明：$\int_0^{\frac{\pi}{2}}\sin^n x\,dx = \int_0^{\frac{\pi}{2}}\cos^n x\,dx$；并求 $I_n = \int_0^{\frac{\pi}{2}}\sin^n x\,dx$，这里 n 为正整数.

证 令 $x=\frac{\pi}{2}-t$，则当 $x=0$ 时，$t=\frac{\pi}{2}$；当 $x=\frac{\pi}{2}$ 时，$t=0$. 故

$$\int_0^{\frac{\pi}{2}}\sin^n x\,dx = -\int_{\frac{\pi}{2}}^0 \sin^n\left(\frac{\pi}{2}-t\right)dt = \int_0^{\frac{\pi}{2}}\cos^n t\,dt = \int_0^{\frac{\pi}{2}}\cos^n x\,dx.$$

$$I_n = \int_0^{\frac{\pi}{2}}\sin^n x\,dx = -\int_0^{\frac{\pi}{2}}\sin^{n-1}x\,d(\cos x)$$

$$= -(\sin^{n-1}x\cos x)\Big|_0^{\frac{\pi}{2}} + \int_0^{\frac{\pi}{2}}\cos x\,d\sin^{n-1}x$$

$$= (n-1)\int_0^{\frac{\pi}{2}}\sin^{n-2}x\cos^2 x\,dx$$

$$= (n-1)\int_0^{\frac{\pi}{2}}\sin^{n-2}x(1-\sin^2 x)\,dx$$

$$= (n-1)I_{n-2} - (n-1)I_n.$$

移项并整理可得**递推公式**：

$$I_n = \frac{n-1}{n}I_{n-2}. \tag{6.9}$$

容易求得

$$I_0 = \int_0^{\frac{\pi}{2}}dx = \frac{\pi}{2},\ I_1 = \int_0^{\frac{\pi}{2}}\sin x\,dx = 1.$$

故当 n 为正偶数时，有

$$I_n = \frac{n-1}{n}\cdot\frac{n-3}{n-2}\cdots\frac{3}{4}\cdot\frac{1}{2}\cdot\frac{\pi}{2},$$

当 n 为大于 1 的正奇数时，有

$$I_n = \frac{n-1}{n}\cdot\frac{n-3}{n-2}\cdots\frac{6}{7}\cdot\frac{4}{5}\cdot\frac{2}{3}.$$

综上：

$$I_n = \int_0^{\frac{\pi}{2}}\sin^n x\,dx = \int_0^{\frac{\pi}{2}}\cos^n x\,dx$$

$$= \begin{cases}\dfrac{n-1}{n}\cdot\dfrac{n-3}{n-2}\cdots\dfrac{3}{4}\cdot\dfrac{1}{2}\cdot\dfrac{\pi}{2}, & n\text{ 为正偶数},\\[2mm] \dfrac{n-1}{n}\cdot\dfrac{n-3}{n-2}\cdots\dfrac{6}{7}\cdot\dfrac{4}{5}\cdot\dfrac{2}{3}, & n\text{ 为大于 1 的正奇数}.\end{cases}$$

注 例 11 的结果可作为公式用，在定积分计算中常常用到，应

当记住并能运用.

例 12 求 $\int_0^{\frac{\pi}{2}} \sin^{10} x \mathrm{d}x$.

解 由例 11 的结论,有

$$\int_0^{\frac{\pi}{2}} \sin^{10} x \mathrm{d}x = \frac{10-1}{10} \cdot \frac{10-3}{10-2} \cdot \frac{10-5}{10-4} \cdot \frac{10-7}{10-6} \cdot \frac{10-9}{10-8} \cdot \frac{\pi}{2}$$

$$= \frac{9}{10} \cdot \frac{7}{8} \cdot \frac{5}{6} \cdot \frac{3}{4} \cdot \frac{1}{2} \cdot \frac{\pi}{2} = \frac{63}{512}\pi.$$

习题 6-3(A)

1. 计算下列定积分:

(1) $\int_1^{16} \dfrac{\mathrm{d}x}{2 + \sqrt[4]{x}}$;   (2) $\int_0^1 x^2 \sqrt{1-x^2} \mathrm{d}x$;

(3) $\int_0^{\frac{\pi}{2}} \cos^3 x \sin x \mathrm{d}x$;   (4) $\int_{\sqrt{3}}^2 \dfrac{\sqrt{x^2-3}}{x} \mathrm{d}x$;

(5) $\int_0^{\frac{1}{4}} \dfrac{x}{\sqrt{1-2x}} \mathrm{d}x$;   (6) $\int_0^4 \dfrac{x+2}{\sqrt{2x+1}} \mathrm{d}x$;

(7) $\int_0^{\frac{1}{2}} \dfrac{x^2 \mathrm{d}x}{\sqrt{1-x^2}}$;   (8) $\int_0^{\frac{\pi}{4}} \dfrac{\mathrm{d}x}{1+3\cos^2 x}$;

(9) $\int_{\frac{1}{2}}^2 f(1-x) \mathrm{d}x$, 其中, $f(x) = \begin{cases} 1+x^2, & x < 0, \\ \mathrm{e}^x, & x \geqslant 0; \end{cases}$

(10) $\int_0^1 x \mathrm{e}^{x^2} \mathrm{d}x$;   (11) $\int_0^{\pi} (1+\sin^3 x) \mathrm{d}x$;

(12) $\int_0^5 f(x) \mathrm{d}x$, 其中, $f(x) = \begin{cases} \dfrac{1}{1+\sqrt{x+1}}, & 0 \leqslant x \leqslant 3, \\ 0, & \text{其他.} \end{cases}$

2. 计算下列定积分:

(1) $\int_0^{\frac{\pi}{2}} x \sin x \mathrm{d}x$;   (2) $\int_0^1 \arctan x \mathrm{d}x$;

(3) $\int_0^{\frac{\pi}{2}} \mathrm{e}^x \cos x \mathrm{d}x$;   (4) $\int_{\frac{1}{e}}^{e} |\ln x| \mathrm{d}x$;

(5) $\int_1^4 \dfrac{\ln x}{\sqrt{x}} \mathrm{d}x$;   (6) $\int_0^{\frac{\pi}{4}} \dfrac{x \mathrm{d}x}{1+\cos 2x}$;

(7) $\int_{\frac{1}{2}}^{e} x |\ln x| \mathrm{d}x$;   (8) $\int_0^1 \dfrac{\ln(1+x)}{(2+x)^2} \mathrm{d}x$.

3. 利用函数奇偶性计算下列积分:

(1) $\int_{-1}^1 \dfrac{x \cos x}{1+\sqrt{1+x^2}} \mathrm{d}x$;

(2) $\int_{-1}^1 (1+x) \sqrt{1-x^2} \mathrm{d}x$;

(3) $\int_{-1}^{1} \dfrac{2x^2 + x\cos x}{1 + \sqrt{1 - x^2}} dx$;

(4) $\int_{-2}^{2} (|x| + x) e^{- |x|} dx$.

4. 证明：$\int_{0}^{1} x^m (1 - x)^n dx = \int_{0}^{1} x^n (1 - x)^m dx$.

5. 已知函数 $f(x)$ 在区间 $[0, 2a](a > 0)$ 上连续，证明：

$$\int_{0}^{2a} f(x) dx = \int_{0}^{a} [f(x) + f(2a - x)] dx.$$

习题 6-3(B)

1. 计算下列定积分：

(1) $\int_{\sqrt{e}}^{e^{\frac{3}{4}}} \dfrac{dx}{x \sqrt{\ln x(1 - \ln x)}}$;

(2) $\int_{0}^{a} \dfrac{1}{x + \sqrt{a^2 - x^2}} dx (a > 0)$;

(3) $\int_{-2}^{-\sqrt{2}} \dfrac{dx}{x \sqrt{x^2 - 1}}$.

2. 设 $f(x) = \int_{1}^{x^2} \dfrac{\sin t}{t} dt$, 求 $\int_{0}^{1} x f(x) dx$.

3. 设 $f(x)$ 在 $[0, 1]$ 存在二阶连续的导函数，且 $f(0) = 1, f(2) = 3$, $f'(2) = 5$, 求 $\int_{0}^{1} x f''(2x) dx$.

4. 设 $f(x), g(x)$ 在区间 $[-a, a](a > 0)$ 上连续，$g(x)$ 为偶函数，且 $f(x)$ 满足条件 $f(x) + f(-x) = A$（A 为常数），证明：

$$\int_{-a}^{a} f(x) g(x) dx = A \int_{0}^{a} g(x) dx.$$

5. 求定积分 $\int_{0}^{\pi} \dfrac{x \sin x}{2 - \sin^2 x} dx$.

6. 设函数 $f(x) = \int_{0}^{x} e^{\cos y} dy$, 求定积分 $\int_{0}^{\pi} f(x) \cos x dx$.

7. 设 n 为正整数，证明：$\int_{0}^{\frac{\pi}{2}} \sin^n x \cos^n x dx = \dfrac{1}{2^n} \int_{0}^{\frac{\pi}{2}} \cos^n x dx$.

第四节　反常积分与 Γ 函数

　　在前面讨论的定积分的定义中，要求积分区间 $[a, b]$ 是有限区间且被积函数是有界函数，但实际问题中会遇到积分区间为无穷区间和被积函数为无界函数的情形，因而产生了无穷区间上函数的积分（也称为无穷限的反常积分）及有限区间上无界函数的积分（也称为瑕积分），这两类积分我们统称为反常积分.

一、 无穷限的反常积分

无穷限的反常积分

定义 1 (1)设函数 $f(x)$ 在区间 $[a, +\infty)$ 上连续,任取 $b > a$,若极限 $\lim\limits_{b \to +\infty} \int_a^b f(x)\,\mathrm{d}x$ 存在,则称此极限值为函数 $f(x)$ 在 $[a, +\infty)$ 上的反常积分,记作 $\int_a^{+\infty} f(x)\,\mathrm{d}x$,即

$$\int_a^{+\infty} f(x)\,\mathrm{d}x = \lim_{b \to +\infty} \int_a^b f(x)\,\mathrm{d}x. \qquad (6.10)$$

此时也称反常积分收敛,若极限 $\lim\limits_{b \to +\infty} \int_a^b f(x)\,\mathrm{d}x$ 不存在,则称反常积分发散.

(2)设函数 $f(x)$ 在区间 $(-\infty, b]$ 上连续,若极限 $\lim\limits_{a \to -\infty} \int_a^b f(x)\,\mathrm{d}x (b > a)$ 存在,则称此极限值为函数 $f(x)$ 在 $(-\infty, b]$ 上的反常积分,记作 $\int_{-\infty}^b f(x)\,\mathrm{d}x$,即

$$\int_{-\infty}^b f(x)\,\mathrm{d}x = \lim_{a \to -\infty} \int_a^b f(x)\,\mathrm{d}x, \qquad (6.11)$$

这时也称反常积分 $\int_{-\infty}^b f(x)\,\mathrm{d}x$ 收敛,若上述极限不存在,则称反常积分 $\int_{-\infty}^b f(x)\,\mathrm{d}x$ 发散.

(3)设函数 $f(x)$ 在区间 $(-\infty, +\infty)$ 上连续,若反常积分

$$\int_{-\infty}^c f(x)\,\mathrm{d}x \text{ 和} \int_c^{+\infty} f(x)\,\mathrm{d}x (c \text{ 为任意实数})$$

同时收敛,则称反常积分 $\int_{-\infty}^{+\infty} f(x)\,\mathrm{d}x$ 收敛. 上述两个反常积分之和为 $f(x)$ 在区间 $(-\infty, +\infty)$ 上的反常积分,即

$$\int_{-\infty}^{+\infty} f(x)\,\mathrm{d}x = \int_{-\infty}^c f(x) + \int_c^{+\infty} f(x)\,\mathrm{d}x$$
$$= \lim_{a \to -\infty} \int_a^c f(x)\,\mathrm{d}x + \lim_{b \to +\infty} \int_c^b f(x)\,\mathrm{d}x.$$

否则称反常积分 $\int_{-\infty}^{+\infty} f(x)\,\mathrm{d}x$ 发散.

上述定义的反常积分统称为无穷限的反常积分.

设 $F(x)$ 为 $f(x)$ 在区间 $[a, +\infty)$ 的原函数,如果记

$$F(+\infty) = \lim_{x \to +\infty} F(x), [F(x)]_a^{+\infty} = F(+\infty) - F(a),$$

则当 $F(+\infty)$ 存在时,

$$\int_a^{+\infty} f(x)\,\mathrm{d}x = [F(x)]_a^{+\infty}$$

当 $F(+\infty)$ 不存在时,反常积分 $\int_a^{+\infty} f(x)\,\mathrm{d}x$ 发散. 其他情形类似.

例 1 计算反常积分 $\int_{-\infty}^{+\infty} \dfrac{\mathrm{d}x}{1+x^2}$.

解

$$\int_{-\infty}^{+\infty} \frac{\mathrm{d}x}{1+x^2} = \int_{-\infty}^{0} \frac{\mathrm{d}x}{1+x^2} + \int_{0}^{+\infty} \frac{\mathrm{d}x}{1+x^2} = \left[\arctan x\right]_{-\infty}^{0} + \left[\arctan x\right]_{0}^{+\infty}$$

$$= -\lim_{x\to-\infty}\arctan x + \lim_{x\to+\infty}\arctan x = -\left(-\frac{\pi}{2}\right) + \frac{\pi}{2} = \pi.$$

该反常积分的几何意义为:它表示位于曲线 $y = \dfrac{1}{1+x^2}$ 下方、x 轴上方的图形面积(见图 6-8).

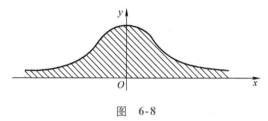

图 6-8

例 2 判断反常积分 $\int_{0}^{+\infty} \sin x \, \mathrm{d}x$ 的敛散性,若收敛求其值.

解 $\sin x$ 在区间 $[0, +\infty)$ 上的原函数为 $-\cos x$,由于 $\lim\limits_{x\to+\infty}\cos x$ 不存在,因此反常积分 $\int_{0}^{+\infty} \sin x \, \mathrm{d}x$ 是发散的.

例 3 计算反常积分 $\int_{2}^{+\infty} \dfrac{\mathrm{d}x}{x(\ln x)^2}$.

解

$$\int_{2}^{+\infty} \frac{\mathrm{d}x}{x(\ln x)^2} = \int_{2}^{+\infty} \frac{\mathrm{d}(\ln x)}{(\ln x)^2} = \left[-\frac{1}{\ln x}\right]_{2}^{+\infty}$$

$$= -\lim_{x\to+\infty} \frac{1}{\ln x} + \frac{1}{\ln 2} = \frac{1}{\ln 2}.$$

例 4 计算反常积分 $\int_{0}^{+\infty} t\mathrm{e}^{-pt} \, \mathrm{d}t \, (p>0)$.

解

$$\int_{0}^{+\infty} t\mathrm{e}^{-pt} \, \mathrm{d}t = -\frac{1}{p}\int_{0}^{+\infty} t \, \mathrm{d}\mathrm{e}^{-pt} = \left[-\frac{t}{p}\mathrm{e}^{-pt}\right]_{0}^{+\infty} + \frac{1}{p}\int_{0}^{+\infty} \mathrm{e}^{-pt} \, \mathrm{d}t$$

$$= -\frac{1}{p}\lim_{t\to+\infty} t\mathrm{e}^{-pt} + 0 - \left[\frac{1}{p^2}\mathrm{e}^{-pt}\right]_{0}^{+\infty} = \frac{1}{p^2}.$$

例 5 证明:反常积分 $\int_{1}^{+\infty} \dfrac{\mathrm{d}x}{x^p}$ 当 $p>1$ 时收敛,当 $p\leqslant 1$ 时发散.

证 当 $p=1$ 时,

$$\int_{1}^{+\infty} \frac{\mathrm{d}x}{x^p} = \int_{1}^{+\infty} \frac{\mathrm{d}x}{x} = \left[\ln x\right]_{1}^{+\infty} = +\infty.$$

当 $p\neq 1$ 时,

$$\int_{1}^{+\infty} \frac{\mathrm{d}x}{x^p} = \left[\frac{1}{1-p}x^{1-p}\right]_{1}^{+\infty} = \begin{cases} \dfrac{1}{p-1}, & p>1, \\ +\infty, & p<1. \end{cases}$$

所以 $\int_1^{+\infty} \dfrac{\mathrm{d}x}{x^p}$ 当 $p>1$ 时收敛,其值为 $\dfrac{1}{p-1}$;当 $p\leqslant 1$ 时发散.

二、无界函数的反常积分（瑕积分）

下面我们把定积分推广到被积函数为无界函数的情形.

如果函数 $f(x)$ 在点 a 的任意邻域内都无界,则称 a 为函数 $f(x)$ 的**瑕点**.

例如,点 $x=2$ 是函数 $f(x)=\dfrac{1}{2-x}$ 的瑕点;点 $x=0$ 是函数 $g(x)=\dfrac{1}{\ln|x-1|}$ 的瑕点.

▶ 无界函数的反常积分

定义 2 （1）设函数 $f(x)$ 在区间 $(a,b]$ 上连续,a 为其瑕点. 若对任意的 $t:a<t<b$,极限 $\lim\limits_{t\to a^+}\int_t^b f(x)\,\mathrm{d}x$ 存在,则称此极限值为函数 $f(x)$ 在区间 $(a,b]$ 上的反常积分,也称为瑕积分,记作 $\int_a^b f(x)\,\mathrm{d}x$, 即

$$\int_a^b f(x)\,\mathrm{d}x = \lim_{t\to a^+}\int_t^b f(x)\,\mathrm{d}x,$$

此时,称瑕积分 $\int_a^b f(x)\,\mathrm{d}x$ 收敛. 若极限 $\lim\limits_{t\to a^+}\int_t^b f(x)\,\mathrm{d}x$ 不存在,则称瑕积分 $\int_a^b f(x)\,\mathrm{d}x$ 发散.

类似地,可以利用极限 $\lim\limits_{t\to b^-}\int_a^t f(x)\,\mathrm{d}x$ 定义 b 为函数 $f(x)$ 的瑕点时瑕积分的敛散性:

（2）设函数 $f(x)$ 在区间 $[a,b)$ 上连续,b 为其瑕点. 若对任意的 $t:a<t<b$,极限 $\lim\limits_{t\to b^-}\int_a^t f(x)\,\mathrm{d}x$ 存在,则称此极限值为函数 $f(x)$ 在区间 $[a,b)$ 上的反常积分,也称为瑕积分,记作 $\int_a^b f(x)\,\mathrm{d}x$, 即

$$\int_a^b f(x)\,\mathrm{d}x = \lim_{t\to b^-}\int_a^t f(x)\,\mathrm{d}x,$$

此时,称瑕积分 $\int_a^b f(x)\,\mathrm{d}x$ 收敛. 若极限 $\lim\limits_{t\to b^-}\int_a^t f(x)\,\mathrm{d}x$ 不存在,则称瑕积分 $\int_a^b f(x)\,\mathrm{d}x$ 发散.

（3）设函数 $f(x)$ 在区间 $[a,b]$ 除点 $c(a<c<b)$ 外皆连续,c 为其瑕点,则瑕积分 $\int_a^b f(x)\,\mathrm{d}x$ 定义为:

$$\int_a^b f(x)\,\mathrm{d}x = \int_a^c f(x)\,\mathrm{d}x + \int_c^b f(x)\,\mathrm{d}x,$$

它当且仅当右边两个瑕积分都收敛时才收敛,并且其值为两瑕积分值的和.否则左边瑕积分发散.

若 $F(x)$ 为 $f(x)$ 在区间 $(a,b]$ 上的一个原函数,a 为 $f(x)$ 的瑕点,类似于无穷限反常积分中的写法,记

$$\int_a^b f(x)\,\mathrm{d}x = \big[F(x)\big]_{a^+}^b$$

其中

$$\big[F(x)\big]_{a^+}^b = F(b) - F(a^+) = F(b) - \lim_{x\to a^+} F(x).$$

类似地,b 为瑕点时,有

$$\int_a^b f(x)\,\mathrm{d}x = \big[F(x)\big]_a^{b^-} = F(b^-) - F(a) = \lim_{x\to b^-} F(x) - F(a).$$

例 6　计算瑕积分 $\displaystyle\int_0^1 \frac{\mathrm{d}x}{\sqrt{1-x^2}}$.

解　由 $\displaystyle\lim_{x\to 1^-}\frac{1}{\sqrt{1-x^2}} = \infty$,因此 $x=1$ 是其瑕点.于是,

$$\int_0^1 \frac{1}{\sqrt{1-x^2}}\mathrm{d}x = \big[\arcsin x\big]_0^1 = \lim_{x\to 1^-}\arcsin x - 0 = \frac{\pi}{2}.$$

这个瑕积分值的几何意义是:位于曲线 $y = \dfrac{1}{\sqrt{1-x^2}}$ 之下,x 轴之上,

直线 $x=0$ 与 $x=1$ 之间的图形面积(见图 6-9)为有限值 $\dfrac{\pi}{2}$.

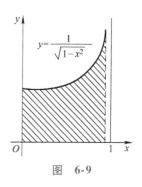

图　6-9

例 7　讨论瑕积分 $\displaystyle\int_{-1}^1 \frac{\mathrm{d}x}{x^2}$ 的敛散性.

解　显然 $x=0$ 是被积函数 $f(x) = \dfrac{1}{x^2}$ 在积分区间 $[-1,1]$ 上的唯一一个瑕点.由于

$$\int_0^1 \frac{\mathrm{d}x}{x^2} = \Big[-\frac{1}{x}\Big]_0^1 = -1 - \lim_{x\to 0^+}\Big(-\frac{1}{x}\Big) = +\infty ,$$

所以瑕积分 $\displaystyle\int_0^1 \frac{\mathrm{d}x}{x^2}$ 发散,从而推出瑕积分 $\displaystyle\int_{-1}^1 \frac{\mathrm{d}x}{x^2}$ 发散.

注　如果我们疏忽了 $x=0$ 是瑕点,就会得出错误的结果:

$$\int_{-1}^1 \frac{\mathrm{d}x}{x^2} = \Big[-\frac{1}{x}\Big]_{-1}^1 = -2.$$

例 8　证明:反常积分 $\displaystyle\int_0^1 \frac{1}{x^q}\mathrm{d}x$ 当 $q<1$ 时,收敛,当 $q\geqslant 1$ 时,发散.

证　当 $q=1$ 时,

$$\int_0^1 \frac{\mathrm{d}x}{x^q} = \int_0^1 \frac{\mathrm{d}x}{x} = \big[\ln x\big]_0^1 = 0 - \lim_{x\to 0^+}\ln x = +\infty ;$$

当 $q\neq 1$ 时,

$$\int_0^1 \frac{\mathrm{d}x}{x^q} = \left[\frac{1}{1-q} x^{1-q} \right]_0^1 = \frac{1}{1-q} \left[1 - \lim_{x \to 0^+} x^{1-q} \right] = \begin{cases} +\infty, & q > 1, \\ \dfrac{1}{1-q}, & q < 1. \end{cases}$$

所以当 $q < 1$ 时,反常积分收敛,其值为 $\dfrac{1}{1-q}$;当 $q \geqslant 1$ 时,反常积分发散.

三、Γ 函数

▶ Γ 函数及其性质

定义3 含参变量 $s(s > 0)$ 的无穷限反常积分

$$\Gamma(s) = \int_0^{+\infty} \mathrm{e}^{-x} x^{s-1} \mathrm{d}x$$

称为 Γ 函数.

Γ 函数是一个重要的反常积分,可以证明它是收敛的,下面介绍它的几个性质:

(1) $\Gamma(1) = 1$;

(2) $\Gamma(s+1) = s\Gamma(s) \ (s > 0)$,特别地,当 $s = n$ 为正整数时,有 $\Gamma(n+1) = n!$;

(3) $\lim\limits_{s \to 0^+} \Gamma(s) = +\infty$;

(4) $\Gamma\left(\dfrac{1}{2} \right) = \sqrt{\pi}$.

证 (1) $\Gamma(1) = \int_0^{+\infty} \mathrm{e}^{-x} \mathrm{d}x = \left[-\mathrm{e}^{-x} \right]_0^{+\infty} = 1$;

(2) 应用定积分的分部积分公式,得

$$\begin{aligned} \Gamma(s+1) &= \int_0^{+\infty} \mathrm{e}^{-x} x^s \mathrm{d}x = \int_0^{+\infty} x^s \mathrm{d}(-\mathrm{e}^{-x}) \\ &= \left[-x^s \mathrm{e}^{-x} \right]_0^{+\infty} + s \int_0^{+\infty} \mathrm{e}^{-x} x^{s-1} \mathrm{d}x \\ &= s \int_0^{+\infty} \mathrm{e}^{-x} x^{s-1} \mathrm{d}x \\ &= s\Gamma(s). \end{aligned}$$

特别地,当 $s = n$ 为正整数时,有

$$\begin{aligned} \Gamma(n+1) &= n\Gamma(n) = n(n-1)\Gamma(n-1) \\ &= \cdots = n(n-1)\cdots 2 \cdot 1\Gamma(1) = n!. \end{aligned}$$

(3) 因为 $\Gamma(s) = \dfrac{\Gamma(s+1)}{s}$,而 $\Gamma(1) = 1$,所以

$$\lim_{s \to 0^+} \Gamma(s) = +\infty \quad (\text{当 } s > 0 \text{ 时},\Gamma(s) \text{连续})$$

(4) 在 $\Gamma(s) = \int_0^{+\infty} \mathrm{e}^{-x} x^{s-1} \mathrm{d}x$ 中,令 $x = u^2$,则

$$\Gamma(s) = 2 \int_0^{+\infty} \mathrm{e}^{-u^2} u^{2s-1} \mathrm{d}u,$$

再令 $s = \dfrac{1}{2}$,得

$$\Gamma\left(\frac{1}{2}\right) = 2\int_0^{+\infty} e^{-u^2}du = 2 \times \frac{\sqrt{\pi}}{2} = \sqrt{\pi},$$

这里利用了 $\int_0^{+\infty} e^{-u^2}du = \frac{\sqrt{\pi}}{2}$,在第十章重积分中得出这一结果.

例 9 计算下列各值:

$(1)\dfrac{\Gamma\left(\dfrac{5}{2}\right)}{\Gamma\left(\dfrac{1}{2}\right)}$; $(2)\displaystyle\int_0^{+\infty} x^3 e^{-x}dx$.

解 (1)因为 $\Gamma\left(\dfrac{5}{2}\right)=\dfrac{3}{2}\Gamma\left(\dfrac{3}{2}\right)=\dfrac{3}{2}\cdot\dfrac{1}{2}\Gamma\left(\dfrac{1}{2}\right)$,所以,$\dfrac{\Gamma\left(\dfrac{5}{2}\right)}{\Gamma\left(\dfrac{1}{2}\right)}=\dfrac{3}{4}$.

$(2)\displaystyle\int_0^{+\infty} x^3 e^{-x}dx = \Gamma(4) = 3! = 6.$

习题 6-4(A)

1. 先判断下列反常积分是否收敛,对于收敛的反常积分再计算其值:

$(1)\displaystyle\int_2^{+\infty}\frac{dx}{x\ln x}$;

$(2)\displaystyle\int_{\frac{2}{\pi}}^{+\infty}\frac{1}{x^2}\sin\frac{1}{x}dx$;

$(3)\displaystyle\int_0^{+\infty}\cos x\,dx$;

$(4)\displaystyle\int_{-\infty}^{0} xe^x dx$;

$(5)\displaystyle\int_0^1\frac{x\,dx}{\sqrt{1-x^2}}$;

$(6)\displaystyle\int_1^2\frac{dx}{x\ln x}$.

2. 证明:反常积分 $\displaystyle\int_a^{+\infty} e^{-px}dx$,当 $p>0$ 时,收敛;当 $p<0$ 时,发散.

3. 计算 $\dfrac{\Gamma(6)}{2\Gamma(3)}$.

习题 6-4(B)

1. 计算反常积分 $\displaystyle\int_0^3\frac{dx}{(x-1)^{\frac{2}{3}}}$.

2. 计算反常积分 $\displaystyle\int_1^{+\infty} \dfrac{1}{x\sqrt{x-1}}\mathrm{d}x$.

3. 若 $\displaystyle\lim_{x\to+\infty}\left(\dfrac{x+c}{x-c}\right)^x = \int_{-\infty}^c t\mathrm{e}^{2t}\mathrm{d}t$, 求 c 的值.

4. 当 k 为何值时, 反常积分 $\displaystyle\int_2^{+\infty}\dfrac{\mathrm{d}x}{x(\ln x)^k}$ 收敛? 当 k 为何值时, 这个反常积分发散? 又问当 k 为何值时, 这个反常积分取得最小值?

第五节 MATLAB 数学实验

MATLAB 中用来计算定积分的命令为 int, 其使用格式为 int(f, x, a, b), 其中 f 为给定的函数, x 为自变量, a 为积分下限, b 为积分上限; 利用 MATLAB 中命令 diff 和 limit 分别计算变限积分函数的导数和带变限积分函数的极限. 下面给出具体实例.

例 1 求 $\displaystyle\int_0^{\frac{\pi}{2}}(2\cos x + \sin x - 1)\mathrm{d}x$.

【MATLAB 代码】

```
>> syms x;
>> f = 2 * cos(x) + sin(x) - 1;
>> int(f, x, 0, pi/2)
```

运行结果:

ans =

3 - pi/2

即 $\displaystyle\int_0^{\frac{\pi}{2}}(2\cos x + \sin x - 1)\mathrm{d}x = 3 - \dfrac{\pi}{2}$.

例 2 求 $\dfrac{\mathrm{d}}{\mathrm{d}x}\displaystyle\int_{x^2}^x \dfrac{\sin t}{t}\mathrm{d}t$.

【MATLAB 代码】

```
>> syms t x;
>> y = sin(t)/t;
>> diff(int(y, t, x^2, x), x)
```

运行结果:

ans =

sin(x)/x - (2 * sin(x^2))/x

即 $\dfrac{\mathrm{d}}{\mathrm{d}x}\displaystyle\int_{x^2}^x \dfrac{\sin t}{t}\mathrm{d}t = \dfrac{\sin x}{x} - \dfrac{2\sin x^2}{x}$.

例 3 求 $\displaystyle\lim_{x\to 0}\dfrac{\displaystyle\int_{\cos x}^1 \mathrm{e}^{-t^2}\mathrm{d}t}{\sin x^2}$.

【MATLAB 代码】

```
> > syms x t;
> > f = exp( - t^2);
> > int(f,t,cos(x),1);
> > f1 = (1/(sin(x^2))) * int(f,t,cos(x),1);
> > limit(f1,0)
```
运行结果:

ans =

exp(-1)/2

即 $\lim\limits_{x\to 0}\dfrac{\int_{\cos x}^{1}\mathrm{e}^{-t^2}\mathrm{d}t}{\sin x^2} = \dfrac{\mathrm{e}^{-1}}{2}$.

总习题六

1. 填空题:

(1) 设 $f(x)$ 在区间 $[-a, a]$ 上连续,且为偶函数,则定积分

$\int_{-a}^{a} f(x) \sin^3 x \mathrm{d}x = \underline{\qquad}$;

(2) $\int_0^{2\pi} |\sin x| \mathrm{d}x = \underline{\qquad}$;

(3) $\int_{-1}^{1} \dfrac{x + |x|}{1 + x^2} \mathrm{d}x = \underline{\qquad}$;

(4) $\int_0^{+\infty} \dfrac{1}{1 + x^2} \mathrm{d}x = \underline{\qquad}$;

(5) $\lim\limits_{x\to 0^+} \dfrac{\int_0^{x^2} \sqrt{t}\mathrm{d}t}{\sin^3 x} = \underline{\qquad}$;

(6) 设 $\int_0^1 3f(x)\mathrm{d}x = 18, \int_1^3 f(x)\mathrm{d}x = 4$,则 $\int_0^3 f(x)\mathrm{d}x = \underline{\qquad}$;

(7) $\int_{-1}^{1} (x + \sqrt{1 - x^2})\mathrm{d}x = \underline{\qquad}$;

(8) 函数 $\Phi(x) = \int_0^{\sin x} \mathrm{e}^{-t^2}\mathrm{d}t$ 在 $[0, \pi]$ 内的驻点是 $x = \underline{\qquad}$;

(9) 设 $f(x) = \int_0^x \mathrm{e}^{t^2}\cos t\mathrm{d}t$,则 $f'(0) = \underline{\qquad}$;

(10) 设函数 $y = \int_0^x \sqrt{t}\mathrm{e}^{t^2}\mathrm{d}t$,则微分 $\mathrm{d}y\big|_{x=1} = \underline{\qquad}$.

2. 单项选择题:

(1) 下列积分中,( )不能用牛顿—莱布尼茨公式计算;

(A) $\int_0^1 \dfrac{\mathrm{d}x}{1 + x}$ (B) $\int_1^2 \dfrac{\mathrm{d}x}{\sqrt{x}}$ (C) $\int_{-1}^{1} \dfrac{\mathrm{d}x}{1 + x^2}$ (D) $\int_{-1}^{1} \dfrac{\mathrm{d}x}{x^3}$

(2) 下面说法不正确的是( );

(A)设函数 $f(x)$ 在 $[0,2]$ 上连续，则 $\int_0^1 f(x)\,\mathrm{d}x = \int_0^2 f(x)\,\mathrm{d}x + \int_2^1 f(x)\,\mathrm{d}x$

(B) $\int_1^2 x^3\,\mathrm{d}x < \int_1^2 x^2\,\mathrm{d}x$

(C)若 $f(x)$ 在 $[0,2]$ 满足 $f(x) \equiv 1$，则 $\int_0^2 f(x)\,\mathrm{d}x = 2$

(D) $\int_0^2 f(x)\,\mathrm{d}x = -\int_2^0 f(x)\,\mathrm{d}x$

(3)若在区间 $[a,b]$ 上的函数 $f(x) > 0, f'(x) > 0$，令 $S_1 = \int_a^b f(x)\,\mathrm{d}x$, $S_2 = f(b)(b-a)$, $S_3 = f(a)(b-a)$，则 S_1, S_2, S_3 的大小关系为（　　）；

(A) $S_1 < S_2 < S_3$ 　　　　　　(B) $S_2 < S_1 < S_3$

(C) $S_3 < S_1 < S_2$ 　　　　　　(D) $S_1 < S_3 < S_2$

(4)设 $f(x) = \int_0^{x^2} \sin t\,\mathrm{d}t$，则当 $x \to 0$ 时，$f(x)$ 是 x^3 的（　　）无穷小；

(A)低阶 　　　　　　　　(B)高阶

(C)等价 　　　　　　　　(D)同阶但不等价

(5)定积分 $\int_{0.5}^1 x^2 \ln x\,\mathrm{d}x$ 的值（　　）；

(A)大于零 　　　　　　　(B)小于零

(C)等于零 　　　　　　　(D)不能确定

(6)下列反常积分收敛的是（　　）；

(A) $\int_1^{+\infty} \dfrac{1}{\sqrt{x}}\mathrm{d}x$ 　　　　(B) $\int_1^{+\infty} \dfrac{1}{x}\mathrm{d}x$

(C) $\int_1^{+\infty} \dfrac{1}{x^2}\mathrm{d}x$ 　　　　(D) $\int_1^{+\infty} \mathrm{e}^x\,\mathrm{d}x$

(7)函数 2^x 在 $[0,2]$ 上的平均值为（　　）；

(A) $3\ln 2$ 　　　　　　　(B) $\dfrac{3}{2}$

(C) $\dfrac{3}{2}\ln 2$ 　　　　　　(D) $\dfrac{3}{2\ln 2}$

(8)设函数 $F(x)$ 是 $f(x)$ 的一个原函数，则定积分 $\int_0^1 f(2x)\,\mathrm{d}x =$ （　　）；

(A) $\dfrac{1}{2}[F(1) - F(0)]$ 　　(B) $\dfrac{1}{2}[F(2) - F(0)]$

(C) $F(1) - F(0)$ 　　　　(D) $F(2) - F(0)$

(9) $\int_{-3}^1 \dfrac{x}{\sqrt{3-2x}}\mathrm{d}x$，令 $\sqrt{3-2x} = t$，则积分变为（　　）；

（A）$\int_{-3}^{1} \dfrac{3-t^2}{2t}\mathrm{d}t$　　　　　　（B）$\dfrac{1}{2}\int_{-3}^{1}(t^2-3)\mathrm{d}t$

（C）$\int_{3}^{1} \dfrac{3-t^2}{2t}\mathrm{d}t$　　　　　　（D）$\dfrac{1}{2}\int_{1}^{3}(3-t^2)\mathrm{d}t$

（10）设物体以 $v(t)$ 做变速直线运动,在时间区间 $[1,2]$ 上经过

的路程为 $\int_{1}^{2}v(t)\mathrm{d}t.$ 若 $v(t)=2t$,则运动物体在 $[1,2]$ 这段时间

的平均速度为（　　）.

（A）1　　　　　　（B）2

（C）3　　　　　　（D）4

3. 求下列极限:

（1）$\displaystyle\lim_{u\to+\infty}\int_{u}^{u+2}\dfrac{\cos x}{\sqrt{x+1}}\mathrm{d}x$;

（2）$\displaystyle\lim_{x\to1}\dfrac{\int_{1}^{x}\cos\dfrac{\pi t^2}{2}\mathrm{d}t}{(x-1)\ln x}$;

（3）$\displaystyle\lim_{n\to\infty}\int_{0}^{1}\dfrac{x^n}{1+x}\mathrm{d}x.$

4. 计算下列定积分:

（1）$\int_{0}^{\frac{\pi}{4}}\dfrac{1-\sin2x}{1+\sin2x}\mathrm{d}x$;

（2）$\int_{1}^{e}\dfrac{1-\ln x}{(x-\ln x)^2}\mathrm{d}x$;

（3）$\int_{0}^{\ln5}\dfrac{\mathrm{e}^x\sqrt{\mathrm{e}^x-1}}{\mathrm{e}^x+3}\mathrm{d}x$;

（4）$\int_{0}^{1}x^5\sqrt{1-x^2}\mathrm{d}x$;

（5）$\int_{0}^{\pi}\mathrm{e}^x\sin x\mathrm{d}x$;

（6）$\int_{0}^{1}\dfrac{\ln(1+x)}{(2-x)^2}\mathrm{d}x.$

5. 设 $f(x)$ 为连续函数,且存在常数 a,使 $x^5+1=\int_{a}^{x^5}f(t)\mathrm{d}t$,试求:

函数 $f(x)$ 及常数 $a.$

6. 设函数 $f(x)$ 在区间 $[0,1]$ 上连续,试根据下面的条件分别

求 $f(x).$

（1）$f(x)=\dfrac{1}{1+x}+x\int_{0}^{1}f(x)\mathrm{d}x$;

（2）$f(x)=\dfrac{1}{1+x}+\int_{0}^{1}xf(x)\mathrm{d}x.$

7. 证明:不等式 $2\mathrm{e}^{-\frac{1}{4}} \leqslant \int_0^2 \mathrm{e}^{x^2-x}\,\mathrm{d}x \leqslant 2\mathrm{e}^2$.

8. 设函数 $f(x)$ 在区间 $[0,1]$ 上连续且单调减少,对于任意 $a \in (0,1)$,证明不等式

$$\int_0^a f(x)\,\mathrm{d}x \geqslant a\int_0^1 f(x)\,\mathrm{d}x.$$

9. 设函数 $f(x)$ 在区间 $[a,b]$ 上连续,且单调增加,证明:函数 $F(x) = \dfrac{1}{x-a}\int_a^x f(t)\,\mathrm{d}t$ 在区间 $(a,b]$ 上也单调增加.

10. 设函数 $f(x)$ 在区间 $[a,b]$ 上连续,且 $f(x) > 0$,证明:存在 $\xi \in (a,b)$,使得

$$\int_a^\xi f(x)\,\mathrm{d}x = \int_\xi^b f(x)\,\mathrm{d}x = \frac{1}{2}\int_a^b f(x)\,\mathrm{d}x.$$

第七章
定积分的应用

本章我们将应用定积分来分析和解决一些几何与经济学中的实际问题,其目的不仅在于解决几何和经济学中的具体问题,更重要的是要掌握将一个量表达成为定积分的分析方法.

第一节 定积分的元素法

在研究曲边梯形的面积、变速直线运动所走过的路程和价格变化时的收益问题时,我们所采用的方法都是相同的:分割、近似、求和、取极限,求出的量都是具有特定结构的和式的极限,即为定积分. 为了给出元素法的定义和过程,我们不妨先回顾一下曲边梯形面积的计算步骤.

设连续曲线 $y = f(x)(f(x) > 0)$,直线 $x = a, x = b$ 及坐标轴 $y = 0$ 所围成的图形(见图7-1)的面积为 A,求 A 的步骤如下:

(1)分割:将区间 $[a, b]$ 任意分成 n 个长度为 $\Delta x_i = x_i - x_{i-1}$, $i = 1, 2, \cdots, n$ 的小区间,相应地把曲边梯形分成 n 个小曲边梯形,第 i 个小曲边梯形的面积记为 ΔA_i.

(2)近似:
$$\Delta A_i \approx f(\xi_i) \Delta x_i, i = 1, 2, \cdots, n, x_{i-1} \leqslant \xi_i \leqslant x_i.$$

(3)求和:$A \approx \sum_{i=1}^{n} \Delta A_i.$

(4)取极限:记 $\lambda = \max\{\Delta x_1, \Delta x_2, \cdots, \Delta x_n\}$,则有
$$A = \lim_{\lambda \to 0} f(\xi_i) \Delta x_i = \int_a^b f(x) \, dx.$$

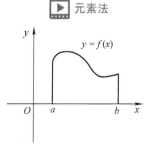

图 7-1

可以看出,实际问题中的所求量(面积 A)与区间 $[a, b]$ 有关. 当把 $[a, b]$ 分成若干个子区间后,在 $[a, b]$ 上的所求量(面积 A)等于各个子区间上所对应的部分量 ΔA_i 之和. 此时,我们称所求量(面积 A)对区间 $[a, b]$ 具有可加性. 四个步骤中关键的一步是"近似":在每一个小区间 $[x_i, x_{i-1}](i = 1, 2, \cdots, n)$ 上用常量代替变量,$f(\xi_i) \Delta x_i$ 用来近似代替部分量 ΔA_i,它与 ΔA_i 相差一个比 Δx_i 更高阶的无穷小,不妨记该无穷小为 dA_i. 然后对 $f(\xi_i) \Delta x_i$ 求和,再取极限,即得到一个定积分.

在实际应用中,为了简便起见,对上述步骤简化时省略下标 i,

并记任一小区间$[x,x+\mathrm{d}x]$上小曲边梯形的面积记为 ΔA,则

$$A = \sum \Delta A.$$

取小区间$[x,x+\mathrm{d}x]$中左端点 $x=\xi$,以 x 处的函数值$f(x)$为高,以 $\mathrm{d}x$ 为底的矩形的面积$f(x)\mathrm{d}x$ 作为 ΔA 的近似值,记为 dA,即

$$\mathrm{d}A = f(x)\mathrm{d}x.$$

并称其为面积元素(微元),于是

$$A \approx \sum f(x)\mathrm{d}x.$$

因此

$$A = \lim \sum f(x)\mathrm{d}x = \int_a^b f(x)\mathrm{d}x.$$

注意到在简化的计算中,不必采取分割去求每个 $\mathrm{d}A_i$,只需求出在任意小区间$[x,x+\mathrm{d}x]\subset[a,b]$上的 d$A$ 作为代表,把它放进相应的积分号内即可. 这种方法称为**元素法(微元法)**,而把 A 在$[x,x+\mathrm{d}x]$上的相应的 dA 称为 A 的元素或微元.

利用元素法计算所求量 Q 应对区间具有可加性,具体的步骤如下:

(1)首先确定要求量 Q 可以看作是某个变量的函数,一般记变量为 x,确定 x 的取值区间$[a,b]$,b,a 也即是所求定积分的积分上、下限;

(2)在$[a,b]$上任取一点 x,在区间$[x,x+\mathrm{d}x]$($x+\mathrm{d}x\in[a,b]$)上,求出相应于这个区间的部分量 ΔQ 的近似值,作为所求量 Q 的**元素**,记为 $\mathrm{d}Q=f(x)\mathrm{d}x$;

(3)以所求量的元素 $\mathrm{d}Q=f(x)\mathrm{d}x$ 作被积表达式,在区间$[a,b]$上作定积分,得到

$$Q = \int_a^b f(x)\mathrm{d}x.$$

即为所求量 Q 的定积分表达式.

第二节　定积分的几何应用

定积分的元素法是根据分割、近似、求和、取极限的方法简化得到的,具有直观、简单、方便等特点,便于在实际问题中应用. 本节我们将应用定积分的元素法来讨论几何图形的面积、体积等问题.

一、　平面图形的面积

1. 直角坐标系中面积的计算

若 $y=f(x)$是区间$[a,b]$上的连续的非负函数,则曲线 $y=f(x)$,直线 $x=a$,$x=b$ 及 x 轴所围成的曲边梯形(见图 7-1)的面积为

$$A = \int_a^b f(x)\,\mathrm{d}x.$$

若连续函数 $y = f(x)$ 在 $[a,b]$ 上有正有负(见图7-2),则曲线 $y = f(x)$,直线 $x = a, x = b$ 及 x 轴所围成的曲边梯形(见图7-2)的面积为

$$A = \int_a^b |f(x)|\,\mathrm{d}x.$$

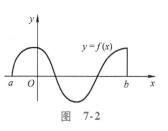

图　7-2

一般地,若函数 $y = f(x)$ 和 $y = g(x)$ 在区间 $[a,b]$ 上连续,且有 $g(x) \leqslant f(x)$,则由两条连续曲线 $y = f(x), y = g(x)$ 与两条直线 $x = a, x = b$ 所围成的平面图形(见图7-3)的面积可由元素法计算. 选取 x 为变量,变化区间为 $[a,b]$,在区间 $[a,b]$ 任取一小区间 $[x, x + \mathrm{d}x]$,小区间对应的小窄条的面积可近似的等于长为 $f(x) - g(x)$,宽为 $\mathrm{d}x$ 的矩形的面积,则面积元素

$$\mathrm{d}A = [f(x) - g(x)]\mathrm{d}x.$$

因此,平面面积具有如下的积分表示

$$A = \int_a^b [f(x) - g(x)]\mathrm{d}x.$$

在实际计算中,如果不能准确判定出 $y = f(x)$ 和 $y = g(x)$ 的大小,可由下式计算面积:

$$A = \int_a^b |f(x) - g(x)|\mathrm{d}x.$$

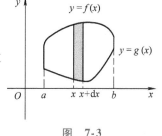

图　7-3

若选择 y 为积分变量,计算方法和面积公式与以上相仿.

例1　求由抛物线 $y = x^2 - 1$ 与 $y = 1 - x^2$ 所围成的平面图形(见图7-4)的面积.

解　首先确定要计算的定积分的积分区间. 为此,由方程组

$$\begin{cases} y = x^2 - 1, \\ y = 1 - x^2. \end{cases}$$

解得两条抛物线的两个交点 $(-1, 0), (1, 0)$.

选取 x 为积分变量,变化区间为 $[-1, 1]$,在区间 $[-1, 1]$ 任取一小区间 $[x, x + \mathrm{d}x]$,面积元素

$$\mathrm{d}A = [(1 - x^2) - (x^2 - 1)]\mathrm{d}x.$$

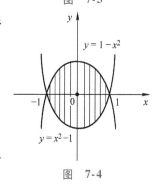

图　7-4

因此所求面积

$$A = \int_{-1}^1 [(1 - x^2) - (x^2 - 1)]\mathrm{d}x = \int_{-1}^1 (2 - 2x^2)\mathrm{d}x$$

$$= 2\int_{-1}^1 (1 - x^2)\mathrm{d}x = \frac{8}{3}.$$

例2　求由直线 $y = -x + 1$ 与抛物线 $x = y^2 - 1$ 围成的平面图形的面积.

解　直线和抛物线的交点为 $(0,1),(3,-2)$,选取 y 为积分变量,它的变化范围为 $[-2,1]$. 任取一小区间 $[y, y + \mathrm{d}y]$,对应图形中的窄条面积近似等于长为 $(1 - y) - (y^2 - 1)$,高为 $\mathrm{d}y$ 的窄矩形的面积,即为面积元素

$$dA = \left[(1-y) - (y^2-1)\right]dx$$

则平面图形的面积为

$$A = \int_{-2}^{1}\left[(1-y) - (y^2-1)\right]dy$$

$$= \left[2y - \frac{1}{2}y^2 - \frac{1}{3}y^3\right]_{-2}^{1}$$

$$= \frac{9}{2}.$$

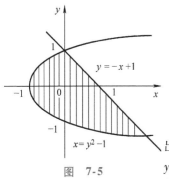

图 7-5

若选取 x 为变量,它的变化范围是 $[-1,3]$,由图 7-5 可以看出,该图形的上边界为抛物线 $x = y^2-1$ 的上半支 $y = \sqrt{x+1}$ 及直线 $y = -x+1$ 所组成,而下边界为抛物线 $x = y^2-1$ 的下半支 $y = -\sqrt{x+1}$.因此我们可以用直线 $x=0$ 将图形分割成两部分,所求面积 A 为这两部分面积之和.在区间 $[-1,0]$ 和区间 $[0,3]$ 上的面积元素分别为

$$dA = \left[\sqrt{x+1} - (-\sqrt{x+1})\right]dx \quad \text{和} \quad dA = \left[-x+1 - (-\sqrt{x+1})\right]dx$$

故面积为

$$A = \int_{-1}^{0}\left[\sqrt{x+1} - (-\sqrt{x+1})\right]dx + \int_{0}^{3}\left[-x+1 - (-\sqrt{x+1})\right]dx$$

$$= 2\int_{-1}^{0}\sqrt{x+1}\,dx + \int_{0}^{3}(-x+1+\sqrt{x+1})\,dx$$

$$= \frac{4}{3}(x+1)^{\frac{3}{2}}\Big|_{-1}^{0} + \left[-\frac{x^2}{2} + x + \frac{2}{3}(x+1)^{\frac{3}{2}}\right]_{0}^{3}$$

$$= \frac{4}{3} - \frac{9}{2} + 3 + \frac{16}{3} - \frac{2}{3} = \frac{9}{2}.$$

由例 2 可以看出,在计算中选择适当的积分变量,能够使计算变得简单.

例3 求摆线 $\begin{cases} x = a(\theta - \sin\theta), \\ y = a(1 - \cos\theta) \end{cases}$ 的一摆 $(0 \le \theta \le 2\pi)$ 与 x 轴所围图形的面积(见图 7-6).

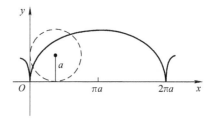

图 7-6

解 当 $\theta = 0$ 时,$x = 0$,当 $\theta = 2\pi$ 时,$x = 2\pi a$.由前面的介绍,所求面积为

$$A = \int_{0}^{2\pi a} y\,dx.$$

应用定积分的换元积分法,令 $x = a(\theta - \sin\theta)$,此时 $y = a(1 - \cos\theta)$,

$\mathrm{d}x = a(1 - \cos\theta)$. 于是

$$A = \int_0^{2\pi} y\mathrm{d}x = \int_0^{2\pi} a(1 - \cos\theta) \cdot a(1 - \cos\theta)\mathrm{d}\theta$$

$$= a^2 \int_0^{2\pi} (1 - \cos\theta)^2 \mathrm{d}\theta$$

$$= a^2 \int_0^{2\pi} (1 - 2\cos\theta + \cos^2\theta)\mathrm{d}\theta$$

$$= a^2 \int_0^{2\pi} \left(1 - 2\cos\theta + \frac{1 + \cos2\theta}{2}\right)\mathrm{d}\theta = 3\pi a^2.$$

可以看出,例 3 是由参数方程表示的曲线所围图形的面积计算问题,在计算中,可以采用定积分的换元法.

2. 极坐标下面积的计算

设极坐标下的曲线方程为

$$\rho = \rho(\theta) \quad (\alpha \leqslant \theta \leqslant \beta),$$

其中,$\rho(\theta)$ 在区间 $[\alpha, \beta]$ 上连续,$\beta - \alpha \leqslant 2\pi$. 由曲线 $\rho = \rho(\theta)$ 与两条射线 $\theta = \alpha, \theta = \beta$ 所围成的图形称为曲边扇形(见图 7-7). 试求曲边扇形的面积.

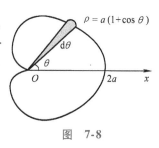

极坐标下面积的计算

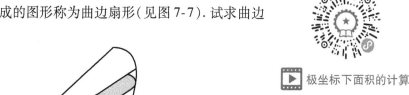

图　7-7

应用元素法,取极角 θ 为积分变量,其变化区间为 $[\alpha, \beta]$. 在区间 $[\alpha, \beta]$ 上任取小区间 $[\theta, \theta + \mathrm{d}\theta]$,极角为 $\mathrm{d}\theta$ 的小曲边扇形面积近似等于半径为 $\rho(\theta)$,中心角为 $\mathrm{d}\theta$ 的扇形面积. 从而可得曲边扇形的面积元素为

$$\mathrm{d}A = \frac{1}{2}\rho^2(\theta)\mathrm{d}\theta.$$

将所求面积表示成定积分

$$A = \frac{1}{2}\int_\alpha^\beta r^2(\theta)\mathrm{d}\theta.$$

例 4 计算心形线 $\rho = a(1 + \cos\theta)$ $(a > 0)$ 所围的图形的面积.

解 心形线 $\rho = a(1 + \cos\theta)$ 围成的图形如图 7-8 所示. 可以看出,图形关于极轴对称. 因此我们只需在 $[0, \pi]$ 上考虑. 选取 θ 为积分变量,其变化区间为 $[0, \pi]$,在区间 $[0, \pi]$ 上任取小区间 $[\theta, \theta + \mathrm{d}\theta]$,极角为 $\mathrm{d}\theta$ 的小曲边扇形面积近似等于半径为 $\rho(\theta) = a(1 + \cos\theta)$,中心角为 $\mathrm{d}\theta$ 的扇形面积. 从而得曲边扇形的面积元素为

$$\mathrm{d}A = \frac{1}{2}a^2(1 + \cos\theta)^2\mathrm{d}\theta.$$

$\rho = a(1 + \cos\theta)$

图　7-8

于是得到所求的面积

$$A = 2 \int_0^\pi \frac{1}{2} a^2 (1 + \cos\theta)^2 \mathrm{d}\theta$$

$$= a^2 \int_0^\pi (1 + 2\cos\theta + \cos^2\theta) \mathrm{d}\theta$$

$$= \frac{3}{2} \pi a^2.$$

二、 平行截面面积已知的立体的体积

设一立体在过点 $x = a, x = b$ 且垂直于 x 轴的两个平面之间,$A(x)$ 为区间 $[a,b]$ 上任意一点 x 所作的垂直于 x 轴的平面截立体所得的截面的面积. 下面我们用元素法计算该立体的体积.

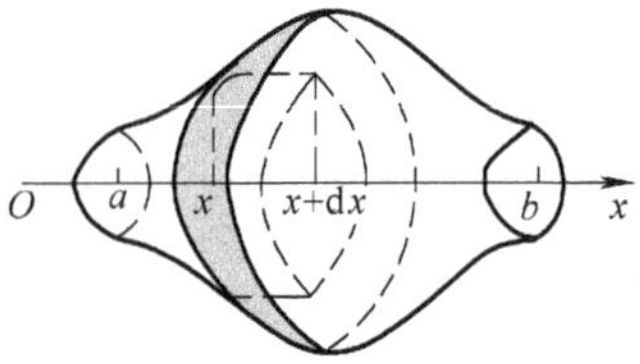

首先求体积元素. 如图 7-9 所示,在 $[a,b]$ 内任取一点 x,在区间 $[a,b]$ 内作任一小区间 $[x, x + \mathrm{d}x]$,立体中小区间 $[x, x + \mathrm{d}x]$ 对应的小薄片的体积近似等于底面积为 $A(x)$,高为 $\mathrm{d}x$ 的小扁柱体的体积,因此体积元素为

$$\mathrm{d}V = A(x)\mathrm{d}x,$$

图 7-9

因此有

$$V = \int_a^b A(x) \mathrm{d}x.$$

例 5 一个平面经过半径为 R 的圆柱体的底圆中心,并与底面交成角 α,计算这个平面截圆柱体所得立体的体积.

解 如图 7-10 所示,建立坐标系,取这个平面与圆柱体的底面的交线为 x 轴,底面上过圆心,且垂直 x 轴的直线为 y 轴,由此可知此题为求平行截面面积为已知的立体的体积,求解此题的关键是求出平行截面的面积函数 $A(x)$.

取 x 为积分变量,变化范围为 $[-R, R]$,在区间 $(-R, R)$ 内任取一点 x,过此点作 x 轴的垂面,该垂面与所求立体的截面为一直角 $\triangle ABC$.

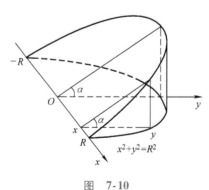

图 7-10

底圆的方程为 $x^2 + y^2 = R^2$,直角三角形两直角边的长分别为 y 和 $y\tan\alpha$,因而平行截面的面积为

$$A(x) = \frac{1}{2}y^2 \tan\alpha = \frac{1}{2}(R^2 - x^2)\tan\alpha.$$

因此,所求立体的体积为

$$V = \int_{-R}^{R} \frac{1}{2}(R^2 - x^2)\tan\alpha \, dx = \frac{2}{3}R^3 \tan\alpha.$$

三、旋转体的体积

旋转体是由一个平面图形绕该平面内的一条直线旋转而成的立体. 我们常见的圆锥体、圆台、圆柱体、球、椭球等都可以看成是由平面图形绕直线旋转而得,并且上述旋转体的体积公式均已知. 下面考虑更一般情形下的旋转体的体积.

(1)设有一旋转体是由曲线 $y = f(x)$ $(a \leqslant x \leqslant b)$ 绕 x 轴旋转一周所围成,如图 7-11 所示. 我们利用定积分的元素法来计算旋转体的体积.

旋转体的体积

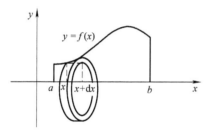

图 7-11

过区间 $[a,b]$ 上的任意一点 x 作垂直于 x 轴的平面截该旋转体,显然截面是一个以 x 为中心、以 x 点处的函数值 $f(x)$ $(f(x) > 0)$ 为半径的一个圆,截面的面积为

$$A(x) = \pi f^2(x),$$

体积元素为 $\mathrm{d}V = \pi f^2(x)\mathrm{d}x,$

则旋转体的体积为

$$V = \int_a^b \pi f^2(x) \mathrm{d}x = \pi \int_a^b f^2(x) \mathrm{d}x.$$

(2)若有一旋转体是由曲线 $x = \varphi(y)$ $(c \leqslant y \leqslant d)$ 绕 y 轴旋转一周而成,如图 7-12 所示,我们可以选择 y 为积分变量,利用类似的方法计算旋转体的体积.

$$V = \int_c^d \pi \varphi^2(y) \mathrm{d}y = \pi \int_c^d \varphi^2(y) \mathrm{d}y.$$

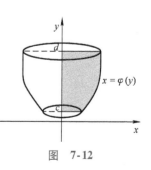

图 7-12

(3)若有一旋转体是由曲线 $y = f(x)$,$y = g(x)$,直线 $x = a$,$x = b$ $(a < b$ 且满足 $f(x) \geqslant g(x) \geqslant 0)$ 所围成的平面图形(见图 7-3)及绕 x 轴旋转一周而成,我们可以选择 x 为积分变量,那么旋转体的体积为

$$V = \int_a^b \pi f^2(x) \mathrm{d}x - \int_a^b \pi g^2(x) \mathrm{d}x = \pi \int_a^b [f^2(x) - g^2(x)] \mathrm{d}x.$$

(4)若有一旋转体是由曲线 $x = \varphi(y)$,$x = \psi(y)$,直线 $y = c$,$y = d$ $(c < d$ 且满足 $\varphi(y) \geqslant \psi(y) \geqslant 0)$ 所围成的平面图形(见图 7-13)及

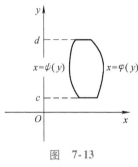

图 7-13

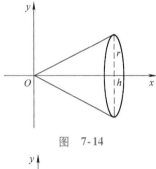

图 7-14

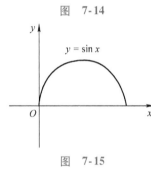

图 7-15

绕 y 轴旋转一周而成,我们可以选择 y 为积分变量,那么旋转体的体积为

$$V = \int_c^d \pi\varphi^2(y)\,dy - \int_c^d \pi\psi^2(y)\,dy = \pi\int_c^d [\varphi^2(y) - \psi^2(y)]\,dy.$$

例 6 求直线 $y = \dfrac{r}{h}x, x = h$ 及 x 轴所围的三角形绕 x 轴旋转一周所围成的圆锥体的体积.

解 如图 7-14 所示,选取 x 为积分变量,它的变化区间为 $[0, h]$. 在区间 $[0, h]$ 上任取一小区间 $[x, x + dx]$,立体中小区间 $[x, x + dx]$ 对应的薄片体积,可以近似成底圆半径为 $\dfrac{r}{h}x$,高为 dx 的小圆柱体的体积,则圆锥体的体积元素为

$$dV(x) = \pi y^2\,dx = \pi\left(\frac{r}{h}x\right)^2 dx,$$

因此所求的体积为

$$V = \int_0^h \pi y^2\,dx = \int_0^h \pi\left(\frac{r}{h}x\right)^2 dx = \pi\left(\frac{r}{h}\right)^2\int_0^h x^2\,dx = \frac{1}{3}\pi r^2 h.$$

例 7 求由曲线 $y = \sin x$,直线 $x = 0, x = \pi$ 及 $y = 0$ 所围图形(见图 7-15)绕(1) x 轴;(2) y 轴旋转一周形成的旋转体的体积.

解 (1)利用旋转体计算公式

$$V_x = \pi\int_0^\pi \sin^2 x\,dx = \pi\int_0^\pi \frac{1 - \cos 2x}{2}\,dx$$

$$= \frac{\pi}{2}\left[x - \frac{\sin 2x}{2}\right]_0^\pi = \frac{\pi^2}{2}$$

(2)首先将曲线方程进行变形:

当 $0 \leqslant x \leqslant \dfrac{\pi}{2}$ 时,$x = \arcsin y$;

当 $\dfrac{\pi}{2} \leqslant x \leqslant \pi$ 时,$x = \pi - \arcsin y$.

利用旋转体的计算公式

$$V_y = \pi\int_0^1 (\pi - \arcsin y)^2\,dy - \pi\int_0^1 (\arcsin y)^2\,dy$$

$$= \pi\int_0^1 (\pi^2 - 2\pi\arcsin y)\,dy = \pi^3 - 2\pi^2\int_0^1 \arcsin y\,dy,$$

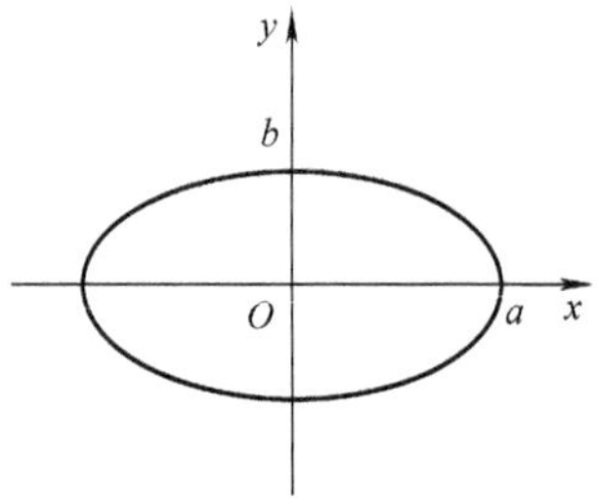

其中,$\displaystyle\int_0^1 \arcsin y\,dy = \int_0^{\frac{\pi}{2}} t\,d\sin t = [t\sin t]_0^{\frac{\pi}{2}} - \int_0^{\frac{\pi}{2}} \sin t\,dt$

$$= \frac{\pi}{2} + [\cos t]_0^{\frac{\pi}{2}} = \frac{\pi}{2} - 1.$$

故有

$$V_y = 2\pi^2.$$

例 8 计算由椭圆 $\dfrac{x^2}{a^2} + \dfrac{y^2}{b^2} = 1$ 所围成的图形(见图 7-16)分别绕(1) x 轴;(2) y 轴旋转一周而成的旋转椭球体的体积.

图 7-16

解 （1）如图所示，上半椭圆方程为

$$y = b\sqrt{1 - \frac{x^2}{a^2}} = \frac{b}{a}\sqrt{a^2 - x^2}\ (-a \leqslant x \leqslant a).$$

由旋转体的体积公式，得

$$V_x = \int_{-a}^{a} \pi \frac{b^2}{a^2}(a^2 - x^2)\,\mathrm{d}x$$

$$= \pi \frac{b^2}{a^2}\left[a^2 x - \frac{1}{3}x^3\right]_{-a}^{a} = \frac{4}{3}\pi ab^2.$$

（2）根据椭圆的方程将 x 表为 y 的函数，则右半椭圆方程为

$$x = a\sqrt{1 - \frac{y^2}{b^2}} = \frac{a}{b}\sqrt{b^2 - y^2}\ (-b \leqslant y \leqslant b).$$

由旋转体体积公式，得

$$V_y = \int_{-b}^{b} \pi \frac{a^2}{b^2}(b^2 - y^2)\,\mathrm{d}y$$

$$= \pi \frac{a^2}{b^2}\left[b^2 y - \frac{1}{3}y^3\right]_{-b}^{b} = \frac{4}{3}\pi a^2 b.$$

显然，当 $a = b$ 时，旋转椭球就变成半径为 a 的球，它的体积为 $\frac{4}{3}\pi a^3$.

例9 设直线 $y = ax + b(a \geqslant 0, b \geqslant 0)$ 与直线 $x = 0, x = 1$ 及 $y = 0$ 所围梯形（见图7-17）面积等于 S，试求 a, b，使得此梯形绕 x 轴旋转一周所得旋转体的体积最小.

解 由面积计算公式有

$$\int_0^1 (ax + b)\,\mathrm{d}x = S;$$

故有

$$\left[\frac{a}{2}x^2 + bx\right]_0^1 = S.$$

则

$$b = S - \frac{a}{2}.$$

由旋转体计算公式有

$$V = \int_0^1 \pi(ax + b)^2\,\mathrm{d}x = \pi\left(\frac{a^2}{3} + ab + b^2\right) = \pi\left(\frac{a^2}{12} + S^2\right).$$

令 $V_a' = \frac{\pi a}{6} = 0$，得 $a = 0$，则 $b = S$. 又 $V_a''\Big|_{a=0} = \frac{\pi}{6} > 0$，因此 $a = 0$ 为极小值点，故当 $a = 0, b = S$ 时，旋转体的体积 V 取得最小值.

例10 证明：由平面图形 $0 \leqslant a \leqslant x \leqslant b, 0 \leqslant y \leqslant f(x)$ 绕 y 轴旋转一周所围成的旋转体的体积为

$$V = 2\pi \int_a^b xf(x)\,\mathrm{d}x$$

证 本题利用定积分的元素法证明，将旋转体分成很多薄的柱壳，利用定积分将这些柱壳累加起来，即可得到旋转体的体积.

在区间 $[a, b]$ 上任取小区间 $[x, x + \mathrm{d}x]$，在平面图形（见图7-18）中对应的窄曲边梯形绕 y 轴旋转所得的旋转体为一层柱壳，体积为

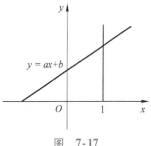

图 7-17

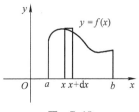

图 7-18

柱壳法

225

$$\Delta V = \pi(x + dx)^2 f(x) - \pi x^2 f(x)$$
$$= \pi\left[2x dx + (dx)^2\right] f(x).$$

因为$(dx)^2$为$dx\to 0$时的高阶无穷小,体积元素为一层柱壳体积的近似值,即

$$dV = 2\pi x f(x) dx,$$

所以由旋转体计算公式,有

$$V = 2\pi \int_a^b x f(x) dx.$$

由例 10 可以看出,虽然平面图形是绕 y 轴旋转,但是结论中体积公式是以 x 为积分变量,这样做有时会给计算带来极大的便利,故我们称这种方法为柱壳法.

例如例 7(2),利用常规的旋转体的体积计算公式,需要利用定积分的换元法,计算比较繁琐,若利用柱壳法计算起来很简便:

$$V_y = 2\pi \int_0^\pi x\sin x dx = -2\pi \int_0^\pi x d\cos x = -2\pi\left(\left[x\cos x\right]_0^\pi - \int_0^\pi \cos x dx\right)$$
$$= 2\pi^2.$$

上式中的定积分计算与例 7 中一致.

习题 7-2(A)

1. 求下列曲线所围成图形的面积:

   (1)抛物线 $y = 3 - x^2$ 与直线 $y = 2x$;

   (2)抛物线 $x = \sqrt{y}$ 与直线 $x + y = 2$ 及 x 轴;

   (3)曲线 $y = \sin x$,$y = \cos x$ 与直线 $x = 0$ 及 $x = \dfrac{\pi}{2}$;

   (4)曲线 $y = \ln x$,直线 $x = 1$,x 轴与 y 轴;

   (5)曲线 $y = \sin x(0 \leqslant x \leqslant \pi)$ 与 x 轴;

   (6)曲线 $y = e^x$ 与 x 轴、y 轴及直线 $x = 1$;

   (7)直线 $y = x$ 与曲线 $y = \sqrt{x}$;

   (8)双曲线 $xy = 1$ 与直线 $y = x$ 及 $y = 2$;

   (9)曲线 $y = e^x$,$y = e^{-x}$ 与直线 $x = 1$;

   (10)抛物线 $y = x^2$ 与直线 $y = 3 + 2x$.

2. 计算下列各曲线所围成的图形的面积:

   (1)$\rho = 2a\sin\theta$;

   (2)$\rho = a$,与 $\rho = 2a\cos\theta$ 的公共部分;

   (3)$x = a\cos t$,$y = b\sin t$;

   (4)$x = a\cos^3 t$,$y = a\sin^3 t$.

3. 计算由两条曲线 $y = 4 - x^2$ 与 $y = 3x$ 围成平面图形的面积.

4. 求 c 值,使直线 $y = cx$ 平分由抛物线 $y = x - x^2$ 和 x 轴围成区域的面积.

5. 求抛物线 $y^2 = 2px$ 及其在点 $\left(\dfrac{p}{2}, p\right)$ 处的法线所围成的图形的面积.

6. 求抛物线 $y = -x^2 + 4x - 3$ 及其在点 $A(0, -3)$ 和点 $B(3, 0)$ 处的切线所围成的图形的面积.

7. 求下列图形按指定的轴旋转所产生的旋转体的体积:

(1) 抛物线 $y = x^2$, 直线 $x = 1$ 及 x 轴所围成图形分别绕 x 轴和 y 轴;

(2) 抛物线 $y = x^2$ 与 $y = \sqrt{x}$ 围成的图形分别绕 x 轴和 y 轴;

(3) 曲线 $y = \sqrt{x}$, $y = 0$ 与直线 $x = 1$ 围成的图形分别绕 x 和 y 轴.

8. 一立体以抛物线 $y^2 = 2x$ 与直线 $x = 2$ 围成的区域为底, 而用垂直于 x 轴的平面截得的截面都是等边三角形, 求该立体的体积.

9. 求由曲线 $y = \sqrt{x}$ 与直线 $x = 0$ 及 $y = 1$ 围成的区域绕直线 $y = 1$ 旋转一周所形成的立体的体积.

10. 求由抛物线 $y = x^2$, 直线 $x = 1$ 及 $y = 0$ 围成的区域分别绕直线 $x = 1$ 及直线 $x = 2$ 旋转一周所形成的旋转体的体积.

习题 7-2(B)

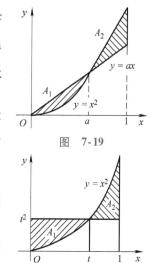

图 7-19

图 7-20

1. 在曲线 $y = x^2 (x \geqslant 0)$ 上某点 A 处作一切线, 使之与曲线以及 ox 轴围成的图形的面积为 $\dfrac{1}{12}$, 试求 (1) 切点 A 的坐标; (2) 过切点 A 的切线方程; (3) 由上述区域绕 ox 轴旋转一周所形成的旋转体的体积 V.

2. 设直线 $y = ax(0 < a < 1)$ 与抛物线 $y = x^2$ 所围成图形的面积记作 A_1; 由直线 $y = ax(0 < a < 1)$、抛物线 $y = x^2$ 及 $x = 1$ 所围成图形 (见图 7-19) 的面积记作 A_2,

(1) 求 a 值, 使 $A_1 + A_2$ 最小;

(2) 求 $A_1 + A_2$ 取最小值时对应的图形绕 x 轴旋转一周所得的旋转体的体积 V.

3. 如图 7-20 所示, 由曲线 $y = x^2$, 直线 $y = t^2 (0 < t < 1)$ 及 y 轴围成的图形为 A_1; 曲线 $y = x^2$, 直线 $y = t^2$ 及 $x = 1$ 围成的图形为 A_2, (1) 求 t 值, 使 $A_1 = A_2$, (2) 求由上述图形绕 x 轴旋转一周所形成的旋转体的体积 V.

第三节　定积分的经济应用

一、 由边际函数求经济函数

已知成本函数为 $C = C(Q)$, 收益函数为 $R = R(Q)$, 利润函数

为 $L = L(Q)$，其中，Q 为产量或销量，则有边际成本函数为 $C'(Q)$，边际收益函数为 $R'(Q)$，边际利润函数 $L'(Q)$ 其中，$L'(Q) = R'(Q) - C'(Q)$。

因此，成本函数由边际成本函数的积分表示如下：

$$C(Q) = \int_0^Q C'(Q)\,\mathrm{d}Q + C_0,$$

其中，C_0 为固定成本。

收益函数由边际收益函数的积分表示如下：

$$R(Q) = \int_0^Q R'(Q)\,\mathrm{d}Q,$$

利润函数由边际利润函数的积分表示如下：

$$L(Q) = R(Q) - C(Q) = \int_0^Q R'(Q)\,\mathrm{d}Q - \int_0^Q C'(Q)\,\mathrm{d}Q - C_0,$$

例 1 设生产某产品的固定成本为 200，当产量为 Q 时的边际成本为 $3Q^2 - 10Q + 20$，求总成本函数 $C(Q)$。

解
$$\begin{aligned}
C(Q) &= \int_0^Q (3Q^2 - 10Q + 20)\,\mathrm{d}Q + 200 \\
&= Q^3 - 5Q^2 + 20Q + 200.
\end{aligned}$$

例 2 已知边际收益为 $R'(x) = 30 - 2x$，$R(0) = 0$，求收益函数 $R(x)$。

解
$$\begin{aligned}
R(x) &= \int_0^x R'(x)\,\mathrm{d}x \\
&= \int_0^x (30 - 2x)\,\mathrm{d}x \\
&= 30x - x^2.
\end{aligned}$$

例 3 已知某商品的固定成本为 10，边际成本函数和边际收益函数分别为

$$C'(Q) = Q^2 - 13Q + 45,\quad R'(Q) = 35 - 2Q,$$

试确定销量为多少时利润最大，最大利润是多少？

解 利润函数为

$$L(Q) = R(Q) - C(Q).$$

由边际函数，利用定积分计算可得

$$\begin{aligned}
L(Q) &= \int_0^Q R'(Q)\,\mathrm{d}Q - \int_0^Q C'(Q)\,\mathrm{d}Q - C_0 \\
&= \int_0^Q (35 - 2Q)\,\mathrm{d}Q - \int_0^Q (Q^2 - 13Q + 45)\,\mathrm{d}Q - 10 \\
&= 35Q - Q^2 - \frac{1}{3}Q^3 + \frac{13}{2}Q^2 - 45Q - 10 \\
&= -\frac{1}{3}Q^3 + \frac{11}{2}Q^2 - 10Q - 10.
\end{aligned}$$

根据实际，最大利润必为极大值。由极值的必要条件，有

$$L'(Q) = R'(Q) - C'(Q) = 0,$$

即
$$Q^2 - 11Q + 10 = 0,$$

解得 $\qquad\qquad Q = 1$ 或 10.

当 $L''(Q) < 0$ 时,利润函数取极大值,而

$$L''(Q) = 11 - 2Q, L''(1) = 9 > 0, L''(10) = -9 < 0,$$

所以当 $Q = 10$ 时取得最大利润. 最大利润为 $L(10) = -\dfrac{1000}{3} + \dfrac{1100}{2} -$

$100 - 10 \approx 106.67$.

二、资金流的现值和将来值问题

资金流是指资金的流进流出量,它是关于时间 t 的函数. 资金的现值和将来值等概念,都是经济学中重要的内容.

现值是指资金的现在价值,即将来某一时点的一定量资金折合成现在的价值. 将来值是指资金未来的价值,即一定量的资金在将来某一时点的价值,表现为本利和.

资金流的现值和将来值问题

前面我们已经介绍了复利和连续复利. 若以连续复利 r 计息,单笔 P 元人民币从现在起存入银行,t 年末的价值(将来值)为

$$B = Pe^{rt}.$$

反过来,若 t 年末得到 B 元人民币,则现在需要存入银行的金额(现值)为

$$P = Be^{-rt}.$$

为了研究方便,我们将资金流看作是连续的. 若已知在 t 时刻资金流的变化率为 $f(t)$,利用元素法,在时间段 $[0, T]$ 上,任取一小区间 $[t, t + dt]$,在此小区间上的资金流近似等于 $f(t)dt$. 因为这一金额是从现在 $(t = 0)$ 到 t 年后所得,当利率为 r 时,资金流的现值为

$$f(t)dte^{-rt} = f(t)e^{-rt}dt,$$

所以在时间段 $[0, T]$ 上,资金流总和的现值为

$$P = \int_0^T f(t)e^{-rt}dt$$

在计算将来值时,收入 $f(t)dt$ 在以后的 $(T - t)$ 年期间获息,因此在 $[t, t + dt]$ 内,收益流的将来值为

$$B = \int_0^T f(t)e^{r(T-t)}dt.$$

例 4　假设以年连续复利 $r = 0.05$ 计息,资金流变化率为 10 万元/年,求资金流在 20 年间的现值和将来值.

解　根据上述公式,资金流的现值为

$$P = \int_0^{20} 10e^{-0.05t}dt = 200(1 - e^{-1}) \approx 126.4241(万元).$$

资金流的将来值为

$$B = \int_0^{20} 10e^{0.05(20-t)} dt = \int_0^{20} 10e \times e^{-0.05t} dt = 200e(1 - e^{-1})$$

$$\approx 343.6564(万元).$$

习题 7-3(A)

1. 已知边际成本为 $C'(x) = ax + b$,固定成本为 c,求成本函数.

2. 已知边际收益为 $R'(x) = 4 - 2x$,求收益函数.

3. 已知边际成本为 $C'(x) = 20 + 5x$,固定成本为 10,边际收益为 $R'(x) = 50 - 2x$,求最大利润是多少?

4. 某地区居民购买冰箱的消费支出 $W(x)$ 的变化率是居民总收入 x(单位:亿元)的函数, $W'(x) = \dfrac{1}{200\sqrt{x}}$,当居民收入由 4 亿元增加到 9 亿元时,购买冰箱的消费支出增加多少?

习题 7-3(B)

1. 某企业生产一种产品 x(单位:百台)的边际成本函数和边际收益函数分别为

$$C'(x) = 3 + \frac{x}{3}, R'(x) = 7 - x.$$

(1)若固定成本为 1(万元),求成本函数和收益函数;

(2)当产量从 100 台增加到 500 台时,总成本和总收益各增加多少?

(3)产量为多少时利润最大,最大利润是多少?

2. 某人购买商品房一套,总价 150 万元,首付 20%,余额分期付款,20 年还清,且每年付款相同,已知年贴现率为 5%,按复利计算,每年应还款多少万元.

3. 设有一项计划(即 $t = 0$)现在需一项投入 a(元),可获得一项在 $[0, T]$ 中的常数收益流量 b(元),若连续复利的利率为 r,求收益的资本价值.

第四节 MATLAB 数学实验

利用 MATLAB 中命令 plot 和 int 分别计算平面图形的面积和旋转体的体积. 下面给出具体实例.

例 1 求由抛物线 $x = y^2$ 与 $y = x^2$ 所围图形的面积 A.

【MATLAB 代码】

第一步:画出积分区域的图形,并计算交点

> > $y = linspace(0, 2, 60)$;

```
>> x1 = y.^2;x2 = y.^(0.5);
>> plot(x1,y,x2,y)
```
运行结果：

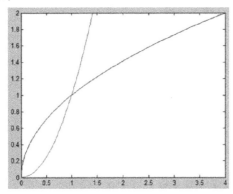

```
>> [x,y] = solve('x = y^2', 'y = x^2')
```
运行结果：

x =

$$0$$
$$1$$

$(3^{(1/2)}*i)/2 - 1/2$

$-(3^{(1/2)}*i)/2 - 1/2$

y =

$$0$$
$$1$$

$-(3^{(1/2)}*i)/2 - 1/2$

$(3^{(1/2)}*i)/2 - 1/2$

交点为$(0,0)$和$(1,1)$.

第二步:先观察曲线,再计算面积

解法1
```
>> syms y
>> f = y.^(0.5) - y.^2;
>> A = int(f,y,0,1)
```
运行结果：

A =

1/3

解法2
```
>> syms x
>> f = x.^(0.5) - x.^2;
>> A = int(f,x,0,1)
```
运行结果：

A =

1/3

即所求平面图形的面积为 1/3.

注 linspace(x1, x2, N) linspace 用于产生 x1, x2 之间的 N 点行线性的矢量,其中,x1, x2, N 分别为起始值、终止值和元素个数. 若默认 N,默认点数为 100.

例 2 求 $x = 0, y = 0, y = \cos x \left(0 \leqslant x \leqslant \dfrac{\pi}{2} \right)$ 所围图形绕 y 轴旋转所形成的旋转体的体积.

【MATLAB 代码】

第一步:画出两曲线所围图形

```
>> x = linspace(0, pi/2, 60);
>> y = cos(x);
>> plot(x, y)
```

运行结果:

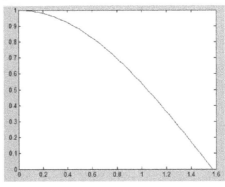

第二步:观察图形,求旋转体的体积

```
>> syms y;
>> f = pi * ((acos(y))^2);
>> V = int(f, y, 0, 1)
```

运行结果:

```
V =
pi * (pi - 2)
```

即所求旋转体的体积为 $\pi(\pi - 2)$.

总习题七

1. 填空题:

(1) 由曲线 $y = e^x, y = e^{-x}$ 及直线 $y = e^2$ 所围成图形的面积等于_____.

(2) 用定积分表示由曲线 $xy = \dfrac{1}{2}, xy = 2, y = \dfrac{x}{2}, y = 2x$ 围成的第一象限区域的面积为 $A = $ _____.

(3) 用定积分表示由摆线 $x = a(t - \sin t), y = a(1 - \cos t)$ 的第一拱与 x 轴围成的平面图形,绕 x 轴旋转的体积 $V = $ _____.

(4) 用定积分表示由曲线 $y = x^2, x = y^2$ 所围图形绕 x 轴旋转一周所形成的旋转体的体积 $V = $ _____.

2. 单项选择题：

(1) 设 $y = f(x)$ 是 $[a, b]$ 区间上连续单调减少的凹曲线，设 $A_1 = \int_a^b f(x) \mathrm{d}x$, $A_2 = \int_a^b f(a) \mathrm{d}x$, $A_3 = \dfrac{b-a}{2}[f(a) + f(b)]$，则 A_1, A_2, A_3 的大小关系是（ ）；

(A) $A_1 \leqslant A_2 \leqslant A_3$ (B) $A_1 \leqslant A_3 \leqslant A_2$
(C) $A_3 \leqslant A_2 \leqslant A_1$ (D) $A_2 \leqslant A_3 \leqslant A_1$

(2) 设函数 $f(x), g(x)$ 在区间 $[a, b]$ 上连续，且 $g(x) < f(x) < m$（m 为常数）则由曲线 $y = g(x), y = f(x)$ 及直线 $x = a, x = b$ 所围成的图形绕直线 $y = m$ 旋转一周所得的旋转体的体积 $V = $（ ）.

(A) $\pi \int_a^b [2m - f(x) + g(x)][f(x) - g(x)] \mathrm{d}x$

(B) $\pi \int_a^b [2m - f(x) - g(x)][f(x) - g(x)] \mathrm{d}x$

(C) $\pi \int_a^b [m - f(x) + g(x)][f(x) - g(x)] \mathrm{d}x$

(D) $\pi \int_a^b [m - f(x) - g(x)][f(x) - g(x)] \mathrm{d}x$

3. 求由曲线 $y = \mathrm{e}^x$，直线 $x = 1, x = 2$ 及 $y = 0$ 所围图形绕 y 轴旋转一周形成的旋转体的体积.

4. 设抛物线 $y = ax^2 + bx (a < 0, b > 0)$ 通过点 $M(1, 3)$，试确定 a, b 的值，使得该抛物线与直线 $y = 2x$ 所围图形的面积最小.

5. 在抛物线 $y = 1 - x^2 (0 \leqslant x \leqslant 1)$ 上求一点，使抛物线过该点的切线与抛物线 $y = 1 - x^2$ 及两坐标轴所围成区域（见图 7-21）的面积最小，并求此最小值.

6. 设抛物线 $y = ax^2 + bx + c$ 通过原点，且当 $0 \leqslant x \leqslant 1$ 时，$y \geqslant 0$. 试确定 a, b, c 的值，使得该抛物线与直线 $x = 1, y = 0$ 所围成图形（见图 7-22）的面积为 $\dfrac{4}{9}$，并使此图形绕 x 轴旋转一周所成的旋转体的体积最小.

7. 设曲线方程为 $y = \mathrm{e}^{-x} (x \geqslant 0)$，

(1) 把曲线 $y = \mathrm{e}^{-x}$，x 轴，y 轴和直线 $x = \xi (\xi > 0)$ 所围成的平面图形绕 x 轴旋转一周，得一旋转体，求此旋转体的体积 $V(\xi)$；求满足 $V(a) = \dfrac{1}{2} \lim\limits_{\xi \to +\infty} V(\xi)$ 的 a.

(2) 在此曲线上找一点，使曲线在该点的切线与两坐标轴所围平面图形的面积最大，并求出该面积.

8. 某电器设备厂生产某种电器的边际成本为 $C'(x) = 2$，固定成本

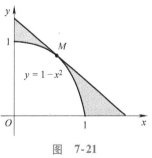

图 7-21

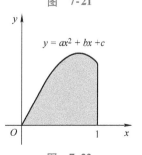

图 7-22

$C_0 = 0$, 边际收入为 $R'(x) = 20 - 0.02x$, 求

（1）产量为多少件时, 总利润最大?

（2）以利润最大的产量又生产了 50 件, 总利润为多少?

9. 某企业购置一台设备需购置成本 1000 元, 在 10 年中每年收益为 200 元, 若连续利率为 5%, 假设购置的设备在 10 年后完全失去价值, 求收益的资本价值.

10. 求圆 $\rho = 3\cos\theta$ 与心形线 $\rho = 1 + \cos\theta$ 围成公共部分的面积.

习 题 解 答

习题 1-1(A)

1. (1) $\{x \mid x \geqslant 0\}$; (2) $\{(x,y) \mid x^2 + y^2 > 1\}$;
   (3) $\{(x,y) \mid 2x^2 - y^2 = 1, y = x\}$; (4) $\{(x,y) \mid y = x^2 + 2x - 2, y = x\}$.

2. (1) $\{(1, -1), (-1, 1)\}$; (2) $\{(1, 2), (-2, -1)\}$;
   (3) $\left\{ \left(\dfrac{2\sqrt{5}}{5}, \dfrac{2\sqrt{5}}{5} \right), \left(-\dfrac{2\sqrt{5}}{5}, -\dfrac{2\sqrt{5}}{5} \right) \right\}$.

3. (1) $\{1,2,3,4,5,6\}$; (2) $\{4\}$; (3) $\{1,2,6\}$; (4) $\{1,2,3,4,5,6,7\}$;
   (5) $\varnothing$; (6) $\{7\}$.

4. (1) $[2,6]$; (2) $(-\infty, 2) \cup (6, +\infty)$.

5. (1) $(1, +\infty)$; (2) $[0,1]$; (3) $[-1,2]$; (4) $(-1,1)$.

6. $f(x) = 2x^2 + 5x + 3$.

7. $f(-2) = \sqrt{3}$; $f(0) = 0$.

8. (1) 相同; (2) 不相同; (3) 不相同; (4) 不相同.

9. (1) 偶函数; (2) 奇函数.

10. 略.

习题 1-1(B)

1. $f(\mid x \mid)$ 的定义域为 $(-1,0) \cup (0,1)$; $f(x-2)$ 的定义域为 $(2,3)$; $f\left(\dfrac{1}{x-1} \right)$ 的定义域为 $(2, +\infty)$.

2. $f(1) = 2$.

3. $f(2) = 16$.

4. $f(x) = \dfrac{1}{3} x^2 - \dfrac{4}{3} x + \dfrac{1}{3}$.

5. 略.

习题 1-2(A)

1. (1) $(1, +\infty)$; (2) $\{x \mid x > 4, \text{且 } x \neq k\pi, k = 2,3,\cdots\}$;
   (3) $[-1,0]$; (4) $(-\infty, -1) \cup (-1,1) \cup (1, +\infty)$;
   (5) $(2,3)$; (6) $[0,2]$.

2. (1) 奇函数; (2) 偶函数.

3. (1) 周期函数, 最小正周期为 $T = \dfrac{2\pi}{3}$;

   (2) 周期函数, 最小正周期为 $T = \dfrac{\pi}{4}$;

   (3) 不是周期函数;

(4)周期函数,最小正周期为 $T = \dfrac{2\pi}{5}$.

4. (1)相同; (2)不相同.

5. 略.

习题 1-2(B)

1. $f\left(\dfrac{x-1}{x}\right)$ 的定义域为 $[1, +\infty)$;$f(x+2) + f(2x+3)$ 的定义域为 $[-1.5, -1]$.

2,3. 略.

习题 1-3(A)

1. (1)$y = \dfrac{5 + \sin x}{2}$,其定义域为 $\left[-\dfrac{\pi}{2}, \dfrac{\pi}{2}\right]$;

   (2)$y = \dfrac{x-5}{2}$,其定义域为 $(-\infty, +\infty)$;

   (3)$y = 2\mathrm{e}^x - 2$,其定义域为 $(-\infty, +\infty)$;

   (4)$y = \dfrac{2(x+1)}{1-x}$,其定义域为 $(-\infty, 1) \cup (1, +\infty)$;

   (5)$y = \mathrm{e}^{x^2 - 1}$,其定义域为 $[0, +\infty)$;

   (6)$y = \dfrac{1}{2}\arcsin(\ln x)$,其定义域为 $[\mathrm{e}^{-1}, \mathrm{e}]$.

2. (1)$y = \sqrt{u}, u = 1 + v, v = \ln x$;   (2)$y = \mathrm{e}^u, u = \sin v, v = 2x + 3$;

   (3)$y = \ln u, u = \dfrac{x+2}{2}$;   (4)$y = \cos u, u = \sqrt{v}, v = x^2 - 4$;

   (5)$y = \sqrt{u}, u = \ln x$;   (6)$y = \arctan u, u = \ln v, v = 2x + 3$.

3. $f(g(x)) = \sin^3 2x - 1$; $g(f(x)) = \sin(2x^3 - 2)$

习题 1-3(B)

1. $y = \begin{cases} \ln(x-1), 1 < x < 2, \\ \sqrt[3]{x^2 - 4}, x \geqslant 2. \end{cases}$

2. $y = \dfrac{9}{4x^2} + \dfrac{x^2}{4} - \dfrac{1}{2}(0 < x \leqslant \sqrt{3})$.

3. (1)是初等函数;   (2)不是初等函数;   (3)是初等函数;   (4)是初等函数.

4. $f_n(x) = \dfrac{x}{\sqrt{1 + nx^2}}$.

5. $f(f(x)) = 1$.

习题 1-4(A)

1. 64.

2. $R = x^2 + x$.

3. $P = \begin{cases} 3x, & 0 \le x \le 10, \\ 2.7x+3, & x>10. \end{cases}$

习题 1-4(B)

1. $y = \begin{cases} 0, & 0 < x \le 5000; \\ 0.03x - 150, & 5000 < x \le 8000; \\ 0.10x - 710, & 8000 < x \le 17000; \\ 0.20x - 2410, & 17000 < x \le 30000; \\ 0.25x - 3910, & 30000 < x \le 40000; \\ 0.30x - 5910, & 40000 < x \le 60000; \\ 0.35x - 8910, & 60000 < x \le 85000; \\ 0.45x - 17410, & x > 85000. \end{cases}$

总习题一

1. (1)不相同;　(2)不相同;　(3)相同.

2. (1)$(-\infty, -3) \cup (3, +\infty)$;　　(2)$(-\infty, -\sqrt{2}] \cup [\sqrt{2}, +\infty)$;

(3)$(-1, 1]$;　　　　(4)$(-1, 1]$;

(5)$[-2, -1)$;　　　　(6)$[1-\sqrt{2}, 1+\sqrt{2}]$.

3. $f(-3) = e^4, f(0) = e, f(\pi) = \dfrac{1}{\sqrt{\pi^2 - 9}}.$

4. (1)周期函数,最小正周期为 $T = \pi$;

(2)周期函数,最小正周期为 $T = \pi$;

(3)不是周期函数;

(4)周期函数,最小正周期为 $T = \dfrac{\pi}{2}$.

5. (1)$y = e^{x-1} - 1$,其定义域为$(-\infty, +\infty)$;

(2)$y = \begin{cases} x+1, & x < -1, \\ \sqrt{x+1}, & x \ge -1; \end{cases}$

(3)$y = \log_3 \dfrac{1+x}{1-x}$,其定义域为$(-1, 1)$;

(4)$y = \dfrac{2-2e^x}{e^x+1}$,其定义域为$(-\infty, +\infty)$.

6. (1)$y = \sqrt{3^x - 1}$;　　(2)$y = \arcsin \dfrac{x-1}{2+x}$;

(3)$y = e^{\sin(x^3 + x)}$;　　(4)$y = \sin\sqrt{e^x - 1}.$

7. (1)$y = \sin u, u = \sqrt{v}, v = x^2 + 4$;

(2)$y = e^u, u = \arctan v, v = \sin w, w = 2x$;

(3)$y = u^3, u = \ln v, v = \sqrt{x}$;

(4)$y = e^u, u = -2x^3.$

8. 略.

9. $y = \begin{cases} 3.5x, & 0 \leqslant x \leqslant 220, \\ 4.9x - 308, & 220 < x \leqslant 300, \\ 5.8x - 578, & x > 300. \end{cases}$

10,11. 略.

12. $f(g(x)) = \begin{cases} 1, x > 0, \\ 2e^{2x} - e^x, x \leqslant 0; \end{cases}$ $\quad g(f(x_1)) = \begin{cases} e, & x > 1, \\ e^{2x^2 - x}, & x \leqslant 1. \end{cases}$

习题 2-1(A)

1. (1)收敛于 0; (2)收敛于 2; (3)收敛于 1; (4)收敛于 0;
(5)收敛于 0; (6)发散.

2. (1)正确; (2)正确; (3)不正确; (4)不正确;
(5)不正确; (6)正确.

3. (1)0; (2)1; (3)3; (4)$\frac{1}{2}$.

习题 2-1(B)

1. (1)$\frac{1}{2}$; (2)$\frac{3}{2}$; (3)$\frac{10}{9}$.

2~5. 略.

习题 2-2(A)

1. (1)$\lim\limits_{x \to 1} 3^x = 3$; (2)$\lim\limits_{x \to -1} \frac{x^2 - 1}{x + 1} = -2$; (3)$\lim\limits_{x \to +\infty} \text{arccot} x = 0$;
(4)不存在; (5)$\lim\limits_{x \to -\infty} e^x = 0$; (6)$\lim\limits_{x \to 0} \tan x = 0$.

2. (1)正确; (2)不正确; (3)不正确.

3. (1)$\lim\limits_{x \to 2} f(x) = 4$; (2)$\lim\limits_{x \to -2} f(x) = -3$; (3)$\lim\limits_{x \to 0^-} f(x) = -1$;
(4)$\lim\limits_{x \to 0^+} f(x) = 2$; (5)不存在.

4. (1)不存在; (2)存在.

5. $a = 0$.

6. $b = 1$.

7. (1)$2x$; (2)6; (3)2; (4)1; (5)-1; (6)-3.

习题 2-2(B)

1. 略.

2. (1)$\frac{n}{m}$; (2)6; (3)1; (4)$\frac{2}{3}$.

3. 略.

习题 2-3(A)

1. (1)3；　(2)2；　(3)$\frac{1}{2}$；　(4)1；　(5)$\frac{1}{2}$；　(6)1；

   (7)1；　(8)1.

2. (1)e^{-1}；　(2)e^{-1}　(3)e^{-2}；　(4)e；　(5)e^{-4}；　(6)e^2；

   (7)e；　　(8)e^2.

3. (1)$\frac{1}{2}$；　(2)1；　(3)4 .

习题 2-3(B)

1. (1)$\cos a$；　(2)$\frac{1}{4}$；　(3)e.

2. $a = 6$.

3. 2.

4. 2.

5. 略.

6. 0.

习题 2-4(A)

1. (1)正确；　(2)正确；　(3)正确；　(4)不正确；　(5)不正确.

2. (1)$x \to -1$ 时，$f(x)$ 既不是无穷小也不是无穷大；$x \to 1$ 时，$f(x)$ 为无穷小；

   (2)$x \to 1$ 时，$f(x)$ 为无穷大；$x \to 0$ 时，$f(x)$ 为无穷小.

3. (1)$x \to 0$ 时，$\alpha(x)$ 与 $\beta(x)$ 是同阶无穷小但不等价；

   (2)$x \to 0$ 时，$\alpha(x)$ 与 $\beta(x)$ 是同阶无穷小但不等价.

4. (1)$\frac{3}{5}$；　(2)1；　(3)$\frac{1}{2}$；　(4)1；　(5)2；　(6)$\frac{1}{2}$；

   (7)$\frac{3}{2}$；　(8)$\frac{3}{5}$；　(9)$\frac{5}{2}$；　(10)$\frac{2}{5}$；　(11)2；　(12)2.

5. 1.

习题 2-4(B)

1. 略.

2. $a = -8$.

3. (1)1；　(2)$\frac{1}{2}$；　(3)$-\frac{1}{4}$；　(4)2.

4. $a = -2, b = 3$.

5. $a = 1, b = \frac{1}{2}$.

习题 2-5(A)

1. (1)0; (2) -1; (3)4; (4)1; (5)1; (6) $\dfrac{8}{5}$.

2. (1)7; (2) $5x^4$; (3) $\dfrac{\sqrt{5}}{10}$; (4)1; (5)5; (6)0;

(7) $\dfrac{\sqrt{a}}{2a}$; (8) $\dfrac{\cos a}{\mathrm{e}^a}$; (9)2; (10) $\dfrac{1}{2}$; (11) $\dfrac{1}{2}$; (12)不存在.

3. $a=1;b=2$.

习题 2-5(B)

1. (1) $\dfrac{2}{\pi}$; (2) $\dfrac{1}{4}$; (3) $\dfrac{1}{1-x}$; (4) $\dfrac{7}{9}$; (5)4; (6) $\dfrac{1}{4}$;

(7)0; (8)21.

习题 2-6(A)

1. 略.

2. $a=0$.

3. $a=b=1$.

4. $(-\infty,1)$ 及 $(1,+\infty)$.

5. 略.

6. (1) $\sqrt{2}$; (2) $\cos 1$; (3) $\mathrm{e}-1$; (4) $\dfrac{4}{\pi^2}$.

7. $f(x)=\begin{cases}1, & -1<x\leqslant 1, \\ x, & |x|>1.\end{cases}$

函数在 $x=1$ 点连续,在 $x=-1$ 点间断,所以函数在 $(-\infty,-1)$ 及 $(-1,+\infty)$ 内连续, $x=-1$ 是第一类间断点中的跳跃间断点.

习题 2-6(B)

1. $x=0$ 是第二类间断点中无穷间断点; $x=2$ 是第一类间断点中跳跃间断点.

2. $f(x)=\begin{cases}x, & -1<x<1, \\ 0, & x=1, \\ -1, & x>1 \text{ 或 } x\leqslant -1.\end{cases}$

函数在 $x=1$ 点不连续,在 $x=-1$ 点连续,所以函数在 $(-\infty,1)$ 及 $(1,+\infty)$ 内连续, $x=1$ 是第一类间断点中的跳跃间断点.

3. $f(x)=\begin{cases}x, & 0\leqslant x\leqslant 1, \\ x^2, & x=1, \\ \dfrac{x^3}{2}, & x>2.\end{cases}$

4. $a=2,b=0$.

习题 2-7(A)

1 ~ 3. 略.

习题 2-7(B)

1 ~ 4. 略.

总习题二

1. $(1)x^2+1$; $(2)0$; $(3)\dfrac{3}{2}$; $(4)\dfrac{1}{2},3$; $(5)2$.

2. $(1)B$; $(2)D$; $(3)A$; $(4)C$; $(5)B$.

3. $(1)1$; $(2)-\dfrac{\sqrt{2}}{8}$; $(3)\dfrac{1}{e}$; $(4)2$; $(5)e^{-\frac{1}{2}}$;

$(6)\dfrac{3}{2}$; $(7)\dfrac{1}{2}$; $(8)\dfrac{1}{2}$.

4. $\dfrac{1}{2}$.

5. $\lim\limits_{n\to\infty} x_n = 1$.

6. $p(x) = 2x^4 + x^2 + x$.

7. $a = \dfrac{5}{4}, b = 3$.

8. e.

9. $\alpha = 5, \beta = -14$.

10. 略.

11. $x=1$ 是第一类间断点中的可去间断点; $x=-1$ 是第二类间断点; $x=0$ 是第一类间断点中的跳跃间断点.

12. 略.

习题 3-1(A)

1. $f'(-1) = -6$.

2. $(1)f'(0)$; $(2)2f'(a)$; $(3)f'(x_0)$; $(4)f'(x_0)$.

3. 1.

4. 切线方程为 $y = \dfrac{\sqrt{2}}{2}x - \dfrac{\sqrt{2}}{8}\pi + \dfrac{\sqrt{2}}{2}$; 法线方程为 $y = -\sqrt{2}x + \dfrac{\sqrt{2}}{4}\pi + \dfrac{\sqrt{2}}{2}$.

5. $(1)v_0 - gt$; $(2)\dfrac{v_0}{g}$; $(3)-v_0$.

6. $f'(a) = \varphi(a)$.

7. $f'(0) = 2g(0)$.

8. $f(x)$ 在 $x=0$ 处连续; $f(x)$ 在 $x=0$ 处可导.

9. $f(x)$ 在 $x=0$ 处连续; $f(x)$ 在 $x=0$ 处不可导.

10. $a = 2, b = -1$.

11. $a = e, b = 0$.

习题 3-1（B）

1.（1）正确； （2）不正确； （3）正确.

2. 当 $\alpha > 0$ 时，函数 $f(x)$ 在 $x = 0$ 点处连续；当 $\alpha \leq 0$ 时，函数 $f(x)$ 在 $x = 0$ 点处不连续.

当 $a > 1$ 时，函数 $f(x)$ 在 $x = 0$ 点处可导；当 $\alpha \leq 1$ 时，函数 $f(x)$ 在 $x = 0$ 点处不可导.

3. $f(x) = |\ln|x||$ 有三个不可导点 $x = 0$、$x = \pm 1$，其他点处都可导.

4. 当 $\varphi(a) = 0$ 时，$g(x)$ 在 $x = a$ 点处可导，且 $g'(a) = 0$；

当 $\varphi(a) \neq 0$ 时，$g(x)$ 在 $x = a$ 点处不可导.

5. $f(x)$ 在 $x = 0$ 点处不可导.

6. 略.

7.（1）1； （2）$\ln 3 - 1$； （3）-1.

习题 3-2（A）

1.（1）$y' = 2x + 2^x \ln 2 - \dfrac{1}{2} \dfrac{1}{\sqrt{x^3}}$；

（2）$y' = 1 - \dfrac{1}{x^2}$；

（3）$y' = 2x\ln x + x$；

（4）$y' = \dfrac{1}{1 + \cos x}$；

（5）$y' = \sec^2 x + 2x\sec x + x^2 \sec x\tan x - \dfrac{1}{x}$；

（6）$y' = ae^{ax}\sin bx + be^{ax}\cos bx$；

（7）$y' = 2x\arctan x + 1$；

（8）$y' = \dfrac{-2}{(\arcsin x)^2 \sqrt{1 - x^2}} - \dfrac{1}{x^2}$.

2.（1）$y' = -8(3 - x)^7$；

（2）$y' = 2ax\cos(ax^2 + b)$；

（3）$y' = \dfrac{e^{\arcsin x}}{\sqrt{1 - x^2}}$；

（4）$y' = -\dfrac{\sec^2 \sqrt{2 - x}}{2 \sqrt{2 - x}}$；

（5）$y' = \dfrac{2e^{2x}}{1 + e^{4x}}$；

（6）$y' = \dfrac{-2}{|x| \sqrt{x^2 - 4}}$；

（7）$y' = \dfrac{1}{(1 - x)\sqrt{x}}$；

（8）$y' = \dfrac{x}{\sqrt{1 + x^2}}\cos \sqrt{1 + x^2}$；

（9）$y' = 2\ln 3 \cdot 3^x \sec^2(1 + 3^x)\tan(1 + 3^x)$；

（10）$y' = \dfrac{1 + 2\sqrt{x}}{2x\sqrt{x} + 2x + 2\sqrt{x}}$

3.（1）$y' = 3x^2 f'(x^3)$；

（2）$y' = \dfrac{2e^{2f(x)} f'(x)}{1 + e^{2f(x)}}$.

4.（1）$y'' = 2 - \dfrac{2}{x^2}$；

（2）$y'' = -\dfrac{2x}{(1 + x^2)^2}$；

（3）$y'' = -4\sin(1 - 2x)$；

（4）$y'' = \dfrac{2(1 - x^2)}{(1 + x^2)^2}$；

（5）$y'' = -2e^x \sin x$；

（6）$y'' = -\dfrac{x}{(x^2 - 1)^{3/2}}$.

5. $v(t) = -10\sin t; a(t) = -10\cos t.$

6. $f'''(0) = 0; f^{(4)}(0) = 24.$

7. $(1) f^{(5)}(x) = 32e^{2x+1};$

$(2) \dfrac{d^3 y}{dx^3} = -\dfrac{1}{x^2} + \dfrac{2}{x^3} = \dfrac{2-x}{x^3};$

$(3) y''' = -2\csc x \cdot (-\csc x \cot x) = 2\csc^2 x \cdot \cot x.$

8. 略.

9. $(1) \dfrac{dy}{dx} = -\dfrac{y}{y+x};$ $\qquad\qquad\qquad (2) \dfrac{dy}{dx} = \dfrac{y - 3x^2}{3y^2 - x};$

$(3) \dfrac{dy}{dx} = \dfrac{y(2x-1)}{x(1-3y)};$ $\qquad\qquad (4) \dfrac{dy}{dx} = -\dfrac{y^2 e^x}{1 + y e^x}.$

10. $ex - y - e + 1 = 0.$

11. $\dfrac{d^2 y}{dx^2} = \dfrac{3}{(1-y)^3}.$

12. $(1) \dfrac{dy}{dx} = (1+2x)^{\frac{1}{x}} \cdot \dfrac{2x - (1+2x)\ln(1+2x)}{x^2(1+2x)};$

$(2) y' = 2x(x-1)^3(x-2)^4 + 3x^2(x-1)^2(x-2)^4 + 4x^2(x-1)^3(x-2)^3.$

13. $(1) \dfrac{dy}{dx} = \dfrac{y'(t)}{x'(t)} = \dfrac{-3t^2}{4t} = -\dfrac{3}{4}t;$

$(2) \dfrac{dy}{dx} = (2 - \cos t)(t+1).$

14. $(1) y = x - 2;$ $\quad (2) y = \dfrac{\sqrt{2}}{2} e^{\frac{\pi}{4}}.$

习题 3-2(B)

1. $(1) y' = e^x(\sin x^2 + 2x\cos x^2);$ $\qquad\qquad (2) y' = \dfrac{1}{x\ln x};$

$(3) y' = \dfrac{1}{\sqrt{1+x^2}};$ $\qquad\qquad\qquad (4) y' = -\csc x;$

$(5) y' = \sqrt{1-x^2};$ $\qquad\qquad\qquad (6) y' = -\dfrac{1}{2\sqrt{1-x^2}}.$

2. $f'(x) = -\dfrac{2}{3}x^{-2} - \dfrac{1}{3}.$

3. $y' = f'\left[g^2(x) - \dfrac{1}{x} \right] \cdot \left[2g(x)g'(x) + \dfrac{1}{x^2} \right].$

4. $6x + 3y + 17 = 0.$

5. 略.

6. $(1) y^{(n)} = e^x [x^2 + 2nx + n(n-1)];$

$(2) y^{(n)} = [x^2 - n(n-1)]\sin\left(x + \dfrac{n\pi}{2}\right) - 2nx\cos\left(x + \dfrac{n\pi}{2}\right);$

$(3) y^{(n)} = \dfrac{(-1)^n (n-2)!}{x^{n-1}}.$

7. $f''(x) = (3x^2 - 1)' = 6x$.

8. $y'' = [3f^2(x)f'(x)]' = 6f(x)[f'(x)]^2 + 3f^2(x)f''(x)$.

9. $\dfrac{\mathrm{d}u}{\mathrm{d}x} = \phi'(x) + \dfrac{3y^2}{1 + \mathrm{e}^y}$.

10. $\dfrac{\mathrm{d}y}{\mathrm{d}x} = \dfrac{(1 + t^2)\cos(y + t)}{2t[1 - \cos(y + t)]}$.

11. $\dfrac{\mathrm{d}^2 y}{\mathrm{d}x^2} = \dfrac{y(1 + \ln y)^2 - x(1 + \ln x)^2}{xy(1 + \ln y)^3}$.

12. $\dfrac{\mathrm{d}^2 y}{\mathrm{d}x^2} = \dfrac{f''(x + y)}{[1 - f'(x + y)]^3}$.

13. $\dfrac{\mathrm{d}^2 y}{\mathrm{d}x^2} = -\dfrac{3}{4}\csc^3 t$.

习题 3-3(A)

1. $\Delta x = 0.1$ 时,$\Delta y = 0.21$,$\mathrm{d}y\big|_{x=1} = 0.2$;$\Delta x = -0.01$ 时,$\Delta y = -0.0199$,$\mathrm{d}y\big|_{x=1} = -0.02$.

2. $(1)\,\mathrm{d}y = (2x + 2^x \ln 2)\mathrm{d}x$;　　　　　　$(2)\,\mathrm{d}y = (2x\cos 2x - 2x^2 \sin 2x)\mathrm{d}x$;

$(3)\,\mathrm{d}y = \dfrac{4\ln(1 + 2x)}{1 + 2x}\mathrm{d}x$;　　　　　　$(4)\,\mathrm{d}y = -2\tan(2 - x)\sec^2(2 - x)\mathrm{d}x$;

$(5)\,\mathrm{d}y = \dfrac{4}{(4 - x^2)^{3/2}}\mathrm{d}x$;　　　　　　$(6)\,\mathrm{d}y = 4x\sec(1 + 2x^2)\tan(1 + 2x^2)\mathrm{d}x$;

$(7)\,\mathrm{d}y = \dfrac{x\mathrm{d}x}{(4 + x^2)\sqrt{3 + x^2}}$;　　　　$(8)\,\mathrm{d}y = x2^{x^2+1}\ln 2\,\mathrm{d}x$.

3. $\mathrm{d}y\big|_{x=0} = \mathrm{d}x$.

4. $(1)\,3x + C$;　　　　　　　　　　　　$(2)\,\ln|1 + x| + C$;

$(3)\,-2\cos x + C$;　　　　　　　　　$(4)\,2\sqrt{x} + C$;

$(5)\,\dfrac{x^5}{5} + C$;　　　　　　　　　　　$(6)\,2\arctan x + C$.

习题 3-3(B)

1. B.

2. $\mathrm{d}y\big|_{x=0} = (\ln 3 - 1)\mathrm{d}x$.

3. $\mathrm{d}y = \dfrac{\mathrm{e}^x - y\cos(xy)}{\mathrm{e}^y + x\cos(xy)}\mathrm{d}x$.

4. $\mathrm{d}y = [2g(x)g'(x) - 1]f'[g^2(x) - x]\mathrm{d}x$.

5. $(1)\,0.4924$;　　$(2)\,0.99$.

习题 3-4(A)

1. $f'(x) = \mathrm{e}^{-x} - x\mathrm{e}^{-x}$;$\dfrac{Ey}{Ex} = 1 - x$.

2. 0.5;$P = 2$ 时,价格上涨 1%,需求减少 0.5%.

3. (1)总收益 $R = 20Q - \dfrac{Q^2}{10}$;　　平均收益 $\overline{R} = 20 - \dfrac{Q}{10}$;　　边际收益 $\dfrac{\mathrm{d}R}{\mathrm{d}Q} = 20 - \dfrac{Q}{5}$;

$(2)\overline{R}\,|_{Q=15}=18.5;\dfrac{\mathrm{d}R}{\mathrm{d}Q}\Big|_{Q=15}=17.$

4. $(1)2$;

$\quad(2)625$ 件产品时利润最大,最大利润为 $L(625)=250.$

习题 3-4(B)

1. $Q'(10)=-0.43$;经济学意义为糖果的价格由原价 10 元,再增加 1 元,每周需求量将减少 0.43kg.

2. 边际利润为零时,每周产量为 900 件.

3. (1)边际成本 $C'(Q)=20+4Q$;边际收入 $R'(Q)=200+2Q$;边际利润 $L'(Q)=180-2Q$;

$\quad(2)130.$

4. $(1)Q'(10)=-20$;经济意义:当价格为 10 时,再提高(下降)一个单位价格,需求将减少(增加)20 个单位产品产量;

$\quad(2)\eta=4$;经济意义:当价格为 10 时,价格上升(下降)1% ,则需求减少(增加)4% ;

$\quad(3)$总收益将会增加,增加的百分比为 9% .

总习题三

1. $\dfrac{1}{2}F'(0).$

2. $(1)f'(x)=\begin{cases}\cos x, & x<0,\\ 1, & x\geqslant0;\end{cases}$

$\quad(2)y'=1;$

$\quad(3)y'=-2\sec x;$

$\quad(4)y'=-2x\sin x^2\cdot\sin2\ln(1+x)+\dfrac{\cos x^2\cdot\sin[2\ln(1+x)]}{1+x};$

$\quad(5)y'=(1+2t^2)\mathrm{e}^{t^2};$

$\quad(6)y'=\begin{cases}0, & 0<x<1,\\ 2x, & 1<x<2.\end{cases}$

3. $(1)g'(0)=\dfrac{1}{2}$; $\quad(2)y'(1)=15$; $\quad(3)f'(1)=ab.$

4. $(1)y^{(n)}=\dfrac{1}{2}\cdot6^n\cos\left(6x+\dfrac{n\pi}{2}\right)$; $\quad(2)y^{(n)}=(-1)^n\dfrac{n!}{(x-1)^{n+1}}-(-1)^n\dfrac{n!}{(x+1)^{n+1}}.$

5. $(1)a=2\mathrm{e}$; $\quad(2)a=1.$

6. 略.

7. $(1)y'=\left(\dfrac{x}{1+x}\right)^x\left[\ln\dfrac{x+2}{1+x}-\dfrac{x}{(1+x)(x+2)}\right]$;

$\quad(2)y'=\dfrac{\sqrt{x+5}(3-x)^3}{(x+1)^4}\left[\dfrac{1}{2(x+5)}-\dfrac{3}{3-x}-\dfrac{4}{x+1}\right].$

8. $y''=\dfrac{1+t^2}{4t}.$

9. $y'' = \dfrac{(4-y)\mathrm{e}^{2y}}{(3-y)^3}$.

10. $f'(x) = \mathrm{e}^{-2x}(100x^{99} - 2x^{100})$；$\dfrac{Ey}{Ex} = 100 - 2x$.

11. $\eta = -\dfrac{1}{\alpha}$.

习题 4-1(A)

1. (1)正确; (2)正确.

2. (1)存在; (2)存在.

3. $\xi = 0$

4,5. 略.

6. $f'(x) = 0$ 有且仅有两个实根,且分别位于区间$(-1,0)$与$(0,1)$内.

7,8. 略.

习题 4-1(B)

1~8. 略.

习题 4-2(A)

1. (1)$\dfrac{1}{2}$; (2)$\dfrac{m}{n}$; (3)1; (4)1; (5)0; (6)$\dfrac{1}{3}$;

(7)2; (8)$-\dfrac{1}{6}$; (9)0; (10)∞; (11)0; (12)$\mathrm{e}^{\frac{1}{3}}$;

(13)e^{-1}; (14)1.

2. 略.

习题 4-2(B)

1. (1)$-\dfrac{4}{\pi^2}$; (2)$-\dfrac{1}{6}$; (3)0; (4)$-\dfrac{\mathrm{e}}{2}$; (5)$\dfrac{1}{\mathrm{e}}$; (6)$\dfrac{1}{2}$.

2. 1.

3. 1.

习题 4-3(A)

1. (1)单增区间为:$(-\infty, -1]$,$[1, +\infty)$;单减区间为:$[-1,1]$,极大值为:$y(-1) = 6$,
极小值为:$y(1) = 2$;

(2)函数 $y = x^3 - 3x^2 + 3x - 2$ 在区间$(-\infty, +\infty)$上单调递增,无极值;

(3)函数 $y = x - \arctan x$ 在区间$(-\infty, +\infty)$上单调递增,无极值;

(4)单增区间为:$[-1,1]$;单减区间为:$(-\infty, -1]$和$[1, +\infty)$,极大值为:$y(1) = 0.5$,
极小值为:$y(-1) = -0.5$;

(5)单增区间为:$[0,1]$,单减区间为:$[1,2]$,极大值为:$y(1) = 1$,无极小值;

(6)函数 $y = 2x^2 - \ln x$ 在区间$\left(0, \dfrac{1}{2}\right]$上单调递减;在区间$\left[\dfrac{1}{2}, 2\right]$上单调增加. 极小值

为$: y\left(\dfrac{1}{2}\right)=\dfrac{1}{2}+\ln 2$,无极大值.

2. 略.

3. (1)方程$4\ln x=x$有且仅有两个实根;

(2)$e^x=x^2$有且仅有一个实根.

4. $a=\dfrac{1}{3}; f\left(\dfrac{\pi}{3}\right)=\sqrt{3}$是极大值.

5. (1)凸区间为$:(-\infty,1]$,凹区间为$:[1,+\infty)$,拐点是$:(1,9)$;

(2)凸区间为$:(-\infty,0)$,凹区间为$:(0,+\infty)$,无拐点;

(3)凸区间为$:(-\infty,-2]$,凹区间为$:[-2,+\infty)$,拐点是$:(-2,-2/e^2)$;

(4)凸区间为$:(0,e^{1.5}]$,凹区间为$:[e^{1.5},+\infty)$,拐点是$:(e^{1.5},0.75e^{-1.5})$;

(5)在区间$(-\infty,0]$内是凸的,在区间$[0,+\infty)$内也是凸的;

(6)拐点为$(-1,0)$、$(0,0)$;凸区间为$:(-\infty,-1],[0,+\infty]$,凹区间为$:[-1,0]$.

6,7. 略.

8. 在$(-\infty,-1],[1,+\infty)$上$f'\geqslant 0$;在$[-1,1]$上$f'\leqslant 0$;极大值$f(-1)=3$;极小值$f(1)=-3$;在$(-\infty,0]$上$,f''\leqslant 0$;在$[0,+\infty)$上$,f''\geqslant 0$;曲线拐点为$(0,0)$.

9. 略.

习题 4-3(B)

1. 略.

2. $a=-\dfrac{2}{3},b=-\dfrac{1}{6}$;所以$f(1)$是极小值$,f(2)$是极大值.

3. $k\leqslant 0$ 或 $k=\dfrac{2\sqrt{3}}{9}$.

4. (1)$a=1,b=-3,c=-24,d=16$;

(2)$k=\pm\dfrac{1}{\sqrt{32}}=\pm\dfrac{\sqrt{2}}{8}$.

5. 略.

6. 当$k<0$时,有一个实根,位于$(-\infty,0)$内;当$0\leqslant k<e$时,无实根;当$k=e$时,有一个实根$x=1$;当$k>e$时,有两个实根,分别位于$(0,1)$和$(1,+\infty)$内.

习题 4-4(A)

1. (1)最大值为$M=f(2)=33$,最小值为$m=f(1)=-3$;

(2)最大值为$M=f(4)=\dfrac{2}{3}$,最小值为$m=f(0)=0$;

(3)最大值为$M=f\left(\dfrac{3}{4}\right)=\dfrac{5}{4}$,最小值为$m=f(-5)=\sqrt{6}-5$;

(4)最大值为$M=f(4)=81$,最小值为$m=f(-1)=-4$.

2. (1)$f(x)$在$x=-2$取得最小值$f(-2)=12$,没有最大值;

(2)$f(x)$在$x=1$取得最大值$f(1)=\dfrac{1}{2}$,最小值$f(0)=0$;

$(3) f(x)$ 在 $x = \mathrm{e}^{-2}$ 取得最小值 $f(\mathrm{e}^{-2}) = \dfrac{-2}{\mathrm{e}}$, 无最大值;

$(4) f(x)$ 在 $x = \dfrac{\pi}{4}$ 取得最大值 $f\left(\dfrac{\pi}{4}\right) = 1$, 无最小值.

3. 抛物线 $y = x^2$ 与直线 $x - y - 1 = 0$ 的最近距离为 $\sqrt{D} = \dfrac{2 - 1/2 + 1/4}{\sqrt{2}} = \dfrac{7\sqrt{2}}{8}$.

4. (1) 每双鞋的售出价为 $\dfrac{100 + c}{2}$ 元, 会获得最大利润;

(2) 这个手工艺人应该每隔 10 天订一次原材料, 每次订 50 件工艺品的原材料;

$(3) 67$;

(4) 制造 100 件产品时的平均成本最小.

习题 4-4(B)

1. $\left(\dfrac{16}{3}, \dfrac{256}{9}\right)$.

2 ~ 4. 略.

习题 4-5(A)

1. $f(x) = 11 + 23(x - 2) + 19(x - 2)^2 + 7(x - 2)^3 + (x - 2)^4$.

2. $\dfrac{1}{1 + x} = \dfrac{1}{2} - \dfrac{x - 1}{4} + \dfrac{(x - 1)^2}{8} - \dfrac{(x - 1)^3}{16} + o((x - 1)^3)$.

3. $\dfrac{1 + x}{x} = -(x + 1) - (x + 1)^2 - \cdots - (x + 1)^n + \dfrac{(-1)^{n+1}(x + 1)^{n+1}}{\xi^{n+2}}$ (ξ 介于 -1 与 x 之间).

4. $(x + 1)\mathrm{e}^x = 1 + 2x + \dfrac{3}{2!}x^2 + \dfrac{4}{3!}x^3 + \cdots + \dfrac{n+1}{n!}x^n + \dfrac{(n + 1 + \theta x)\mathrm{e}^{\theta x}}{(n + 1)!}x^{n+1}$ $(0 < \theta < 1)$.

5. $(1) -\dfrac{1}{12}$;

$(2) \dfrac{1}{3}$.

6. $(1) \sqrt[3]{28} \approx 3\left(1 + \dfrac{1}{81} - \dfrac{1}{6561} + \dfrac{5}{1594323}\right) \approx 3.0366$, 此时误差 $|R_3| \leqslant \dfrac{10}{3^5 \cdot 27^4} \approx 7.4535 \times 10^{-8}$;

$(2) \sin 15° \approx \dfrac{\pi}{12} - \dfrac{1}{3!}\left(\dfrac{\pi}{12}\right)^3 \approx 0.2588$, 此时误差为 $|R_3| \leqslant \dfrac{1}{5!}\left(\dfrac{\pi}{12}\right)^5 \approx 1.0249 \times 10^{-5}$.

习题 4-5(B)

1 ~ 3. 略.

4. $P_3(x) = \sin 1 + (\sin 1 + \cos 1)(x - 1) + \dfrac{1}{2}(2\cos 1 - \sin 1)(x - 1)^2 - \dfrac{1}{6}(3\sin 1 + \cos 1)(x - 1)^3$.

5. $(1) \dfrac{7}{360}$;

（2）2.

6,7. 略.

总习题四

1,2. 略.

3. （1）16；　　（2）$\dfrac{1}{6}$；　　（3）-1；　　（4）$\dfrac{1}{2}$；

　　（5）$\ln\dfrac{a}{b}$；　（6）$\dfrac{1}{2}$；　　（7）$\sqrt{e}$；　　（8）$\dfrac{1}{\sqrt{e}}$.

4. 函数在$(-\infty,0)$，$\left(0,\dfrac{1}{2}\right]$，$[1,+\infty)$内单调减少，在$\left[\dfrac{1}{2},1\right]$上单调增加.

5. 凸区间为：$(-\infty,2]$，$[3,+\infty)$；凹区间为：$[2,3]$；拐点是：$\left(2,-\dfrac{20}{9}\right)$，$(3,-4)$.

6. （1）函数在$x=-2$处取得极小值$\dfrac{8}{3}$，在$x=0$处取得极大值4；

　　（2）最大值为$M=f(e)=e^{\frac{1}{e}}$，无最小值；

　　（3）最大值是20，最小值是0.

7. （1）1800 元；

　　（2）最大的商品单价为101 元，最大利润额为167080 元.

习题 5-1（A）

1. 略.

2. $f(x)=2e^{x}\sin x+2e^{x}\cos x$.

3. $y=\dfrac{1}{4}x^{4}+\dfrac{3}{4}$.

4. （1）$2e^{x}+\dfrac{1}{2}x^{2}+C$；　　　　　　（2）$3\arctan x-\tan x+C$；

　　（3）$\arcsin x-\sin x+C$；　　　　　　（4）$\ln|x|-\tan x+x+C$；

　　（5）$\arctan x+\dfrac{2}{3}x^{3}+C$；　　　　（6）$4x+x^{4}+\dfrac{1}{7}x^{7}+C$；

　　（7）$-\dfrac{2}{x}-2\arctan x+C$；　　　　（8）$2x^{\frac{1}{2}}+\dfrac{4}{3}x^{\frac{3}{2}}+\dfrac{2}{5}x^{\frac{5}{2}}+C$；

　　（9）$\dfrac{2}{3}x^{\frac{3}{2}}+2x+C$；　　　　　（10）$\dfrac{2}{5}x^{\frac{5}{2}}-\dfrac{2}{3}x^{\frac{3}{2}}+\dfrac{1}{2}x^{2}-x+C$；

　　（11）$\dfrac{(2e)^{x}}{1+\ln 2}-2\sqrt{x}+C$；　　（12）$2\ln|x|+\dfrac{2^{-x}}{\ln 2}+C$.

5. $\displaystyle\int f(x)\,dx=x\cos x+e^{x}+C$.

习题 5-1（B）

1. $s(2)=\dfrac{20}{3}$，$v(2)=3$.

2. $(1)2\tan x + 3\sec x + C$;　　　　　　　　$(2) - 4\cot x + C$;

$(3)\dfrac{3}{2}x + \dfrac{3}{2}\sin x + C$;　　　　　　$(4)\dfrac{1}{2}\tan x + C$;

$(5)\sin x + \cos x + C$;　　　　　　$(6) - \cot x - \tan x + C$;

$(7)x - \dfrac{1}{2}\tan x + C$;　　　　　　$(8) - \dfrac{1}{x} - \arctan x + C$;

$(9)\dfrac{1}{3}x^3 - \dfrac{1}{2}x^2 + x + C$;　　　　$(10)\dfrac{e^{2x}}{2} - e^x + x + C$.

3. $f(x) = \dfrac{x^4}{4} - \dfrac{1}{2x^2} + C$.

4. $\displaystyle\int f(x)\,\mathrm{d}x = x^3 + x^4 + C_1 x + C_2$.

习题 5-2（A）

1. $(1)\dfrac{1}{3}$;　　　　$(2)\dfrac{1}{3}$;　　　　$(3)\dfrac{1}{4}$;　　　　$(4)\dfrac{1}{2}$;

$(5)\dfrac{1}{3}$;　　　　$(6)2$;　　　　$(7)\dfrac{1}{2}\ln^2 x + C$;　　　$(8)4x^3 + C$;

$(9) - \ln|x| + C$;　$(10)\tan x + C$.

2. $(1)\dfrac{1}{12}(1 + 3x)^4 + C$;　　　　$(2) - \cos(2 + x) + C$;

$(3)\sqrt{2x + 3} + C$;　　　　　$(4)\dfrac{1}{3}\arcsin 3x + C$;

$(5)\dfrac{1}{4}\ln(1 + 2x^2) + C$;　　　$(6)\dfrac{1}{2}\sin(3 + x^2) + C$;

$(7)\dfrac{1}{3}\left[10 + 6x + 4x^2\right]^{\frac{3}{2}} + C$;　　$(8)2\tan(\sqrt{x}) + C$;

$(9) - e^{1 + \frac{1}{x}} + C$;　　　　　$(10)\ln|\ln x + 1| + C$;

$(11) - \dfrac{1}{2}\arccos^2 x + C$;　　　$(12)e^{\arctan x} + C$;

$(13) - \dfrac{2}{9}(2 + 3\cos x)^{\frac{3}{2}} + C$;　　$(14)\dfrac{1}{5}\cos^5 x - \dfrac{1}{3}\cos^3 x + C$;

$(15)\dfrac{1}{6}\tan^6 x + C$;　　　　$(16)\dfrac{1}{4}\tan^4 x + C$;

$(17)\dfrac{1}{4}\cos 2x - \dfrac{1}{16}\cos 8x + C$;　　$(18)\ln|\sin x - \cos x| + C$;

$(19)\ln|x^2 + 5x + 2| + C$;　　$(20)\dfrac{1}{2}\ln\left|\dfrac{x - 1}{x + 1}\right| + C$;

$(21)\arctan(x + 2) + C$;　　$(22)\ln(x^2 + 2x + 2) - \arctan(x + 1) + C$;

$(23) - \dfrac{1}{x - 1} + \dfrac{1}{2(x - 1)^2} + C$;　　$(24)\dfrac{1}{2}x^2 - x + \ln|x| + C$.

3. $(1)\dfrac{1}{5}(1 - x^2)^{\frac{5}{2}} - \dfrac{1}{3}(1 - x^2)^{\frac{3}{2}} + C$;

$(2)\dfrac{x}{\sqrt{1+x^2}}+C;$

$(3)\dfrac{1}{3}\ln\left|\dfrac{3}{x}-\dfrac{\sqrt{x^2+9}}{x}\right|+C;$

$(4)\sqrt{x^2-1}+\arcsin\dfrac{1}{|x|}+C;$

$(5)\ln\left|x+2+\sqrt{x(x+4)}\right|+C;$

$(6)\arcsin\dfrac{x}{2}-\sqrt{4-x^2}+C;$

$(7)2\sqrt{x^2+4x+5}-\ln(x+2+\sqrt{x^2+4x+5})+C;$

$(8)\sqrt{x}-\dfrac{1}{2}\ln(1+2\sqrt{x})+C;$

$(9)\dfrac{3}{5}\sqrt[3]{(1+x)^5}-\dfrac{3}{2}\sqrt[3]{(1+x)^2}+C;$

$(10)x+4\sqrt{x}+4\ln\left|\sqrt{x}-1\right|+C;$

$(11)6\left(\dfrac{\sqrt[6]{x^7}}{7}-\dfrac{\sqrt[6]{x^5}}{5}+\dfrac{\sqrt[3]{x^2}}{4}+\dfrac{\sqrt{x}}{3}-\dfrac{\sqrt[3]{x}}{3}-\sqrt[6]{x}+\dfrac{1}{2}\ln(\sqrt[3]{x}+1)+\arctan\sqrt[6]{x}\right)+C;$

$(12)\sqrt{\dfrac{1+x}{1-x}}+C.$

习题 5- 2(B)

1. $(1)\dfrac{1}{4}\ln\left|\dfrac{1+x}{1-x}\right|+\dfrac{1}{2}\arctan x+C;$ $(2)\dfrac{1}{6}\ln\dfrac{x^2+x+1}{(x-1)^2}+\dfrac{\sqrt{3}}{3}\arctan\dfrac{2x+1}{\sqrt{3}}+C;$

$(3)-\dfrac{\sqrt{2}}{2}\arctan\dfrac{\cot x}{\sqrt{2}}+C;$ $(4)\dfrac{1}{2}(x+\ln|\sin x+\cos x|)+C;$

$(5)\ln|\arctan 2x|+C;$ $(6)-\dfrac{1}{2}(\ln\tan x)^2+C;$

$(7)2\sqrt{2x+\cos^2 x}+C;$ $(8)\arctan(x\ln x)+C;$

$(9)\arcsin x-\dfrac{1-\sqrt{1-x^2}}{x}+C;$ $(10)\dfrac{1}{2}\arccos\dfrac{2}{|x|}+C;$

$(11)\arcsin(x+1)+C;$ $(12)\sqrt{1+e^{2x}}+\ln(\sqrt{1+e^{2x}}-1)-x+C;$

$(13)-\dfrac{3}{2}\sqrt[3]{\dfrac{x+1}{x-1}}+C;$ $(14)\dfrac{2}{\sqrt{3}}\arctan\dfrac{\tan(x/2)}{\sqrt{3}}+C.$

2. $f(x)=x^2+\ln x-2x+C.$

习题 5-3(A)

1. $(1)\sin x-x\cos x+C;$ $(2)(x+2)\sin x+\cos x+C;$

$(3)x^2\sin x+2x\cos x-2\sin x+C;$ $(4)x^2 e^x-2xe^x+2e^x+C;$

$(5)(2+x)\ln(2+x)-x+C;$ $(6)3\sqrt[3]{x}\ln x-9\sqrt[3]{x}+C;$

$(7)\dfrac{x^2}{2}(2\ln^2 x - 2\ln x + 1) + C;$ $(8)\,x\arcsin 2x + \dfrac{1}{2}\sqrt{1 - 4x^2} + C;$

$(9)\left(\dfrac{x^2}{2} - \dfrac{1}{4}\right)\arcsin x + \dfrac{1}{4}x\sqrt{1 - x^2} + C;$ $(10)\,(x^2 + 1)\arctan x - x + C;$

$(11)\dfrac{1}{5}(\mathrm{e}^x \sin 2x - 2\mathrm{e}^x \cos 2x) + C;$ $(12)\,x\ln(x + \sqrt{1 + x^2}) - \sqrt{1 + x^2} + C.$

2. $\displaystyle\int x f''(x)\,\mathrm{d}x = x f'(x) - f(x) + C.$

3. $\displaystyle\int x f'(x)\,\mathrm{d}x = 3\ln^2 x - \ln^3 x + C.$

习题 5-3(B)

1. $(1)\dfrac{1}{2}\left(\dfrac{x}{\cos^2 x} - \tan x\right) + C;$ $(2)\dfrac{x\tan 2x}{2} + \dfrac{1}{4}\ln|\cos 2x| - \dfrac{x^2}{2} + C;$

   $(3)\dfrac{x^2}{4} + \dfrac{x\sin 2x}{4} + \dfrac{1}{8}\cos 2x + C;$ $(4)\dfrac{x}{2}(\cos(\ln x) + \sin(\ln x)) + C;$

   $(5)\,-\dfrac{x\mathrm{e}^{2x}}{2(1 + 2x)} + \dfrac{1}{4}\mathrm{e}^{2x} + C;$ $(6)\,-2\sqrt{1 - x}\arcsin\sqrt{x} + 2\sqrt{x} + C.$

2. 略.

3. $f(x) = x^3 - \dfrac{3x^2}{4} + \dfrac{x^2\ln x}{2} + \dfrac{7}{4}.$

习题 5-4(A)

1. $(1)\dfrac{1}{3}x^3 - \dfrac{1}{2}x^2 + x - \ln|x + 1| + C;$

   $(2)\,8\ln|x| - 4\ln|x + 1| - 3\ln|x - 1| + C;$

   $(3)\ln|x + 1| - \dfrac{1}{2}\ln(x^2 - x + 1) + \sqrt{3}\arctan\left(\dfrac{2x - 1}{\sqrt{3}}\right) + C;$

   $(4)\ln|x - 1| - \dfrac{2}{x - 1} + C;$

   $(5)\,2\ln|x| - 2\ln|x + 1| + \dfrac{2}{x + 1} + \dfrac{1}{(x + 1)^2} + C;$

   $(6)\,2\ln|x + 2| - 2\ln|x + 3| + \dfrac{2}{x + 3} + C;$

   $(7)\,-\dfrac{1}{2}\ln|x + 1| + 2\ln|x + 2| - \dfrac{3}{2}\ln|x + 3| + C;$

   $(8)\dfrac{1}{2}\ln|x^2 - 1| + \dfrac{1}{x + 1} + C.$

习题 5-4(B)

1. $(1)\ln\dfrac{|x|}{\sqrt{x^2 + 1}} + C;$

   $(2)\ln|x| - \dfrac{1}{2}\ln|x + 1| - \dfrac{1}{4}\ln(x^2 + 1) - \dfrac{1}{2}\arctan x + C;$

$(3)\dfrac{\sqrt{2}}{8}\ln\dfrac{x^2+\sqrt{2}x+1}{x^2-\sqrt{2}x+1}+\dfrac{\sqrt{2}}{4}\left[\arctan(\sqrt{2}x+1)+\arctan(\sqrt{2}x-1)\right]+C,$

或$\dfrac{\sqrt{2}}{4}\arctan\dfrac{x^2-1}{\sqrt{2}x}-\dfrac{\sqrt{2}}{8}\ln\dfrac{x^2-\sqrt{2}x+1}{x^2+\sqrt{2}x+1}+C;$

$(4)-\dfrac{4\sqrt{3}}{3}\arctan\left(\dfrac{2x+1}{\sqrt{3}}\right)-\dfrac{x+1}{x^2+x+1}+C.$

总习题五

1. $(1)\,x\arcsin x+C;$ $(2)\dfrac{1}{3}F(x^3)+C;$

$(3)\,2f(\sqrt{x})+C;$ $(4)\,x\cos x-2\sin x+C;$

$(5)\,(3x^3-1)\mathrm{e}^{x^3}+C.$

2. $(1)\,A;$ $(2)\,B;$ $(3)\,D;$ $(4)\,C;$ $(5)\,D.$

3. $(1)\dfrac{1}{4}\left(\dfrac{\sqrt{2}}{2}\arctan(\sqrt{2}x)-\dfrac{x}{1+2x^2}\right)+C;$ $(2)\ln|x|-\dfrac{1}{4}\ln(1+x^4)+C;$

$(3)\,x-\dfrac{1}{2}\ln(x^2+x+1)-\dfrac{\sqrt{3}}{3}\arctan\dfrac{2x+1}{\sqrt{3}}+C;$ $(4)\,2\arcsin\left(\dfrac{x-2}{2}\right)-\sqrt{4x-x^2}+C;$

$(5)\,2\sqrt{x}-3\sqrt[3]{x}+6\sqrt[6]{x}-6\ln(\sqrt[6]{x}+1)+C;$ $(6)\,2\sqrt{1+2\sqrt{x}}+C;$

$(7)\,\arcsin x-\sqrt{1-x^2}+C;$ $(8)\dfrac{1}{4}\dfrac{x}{\sqrt{4-x^2}}+C;$

$(9)\dfrac{\sqrt{x^2-4}}{4x}+C;$ $(10)\ln\left|\dfrac{1-\sqrt{1+x^2}}{x}\right|+C;$

$(11)\,x-\ln(\mathrm{e}^x+1)+C;$ $(12)\dfrac{1}{2}(x^2-1)\mathrm{e}^{x^2}+C;$

$(13)\,2\mathrm{e}^{\sqrt{x}}(\sqrt{x}-1)+C;$ $(14)\dfrac{x^2}{2}-\dfrac{\ln(1+x)}{x}+\ln\left|\dfrac{x}{1+x}\right|+C;$

$(15)\dfrac{1}{3}x^3\ln x-\dfrac{1}{9}x^3+C;$ $(16)\dfrac{x}{1+x^2}\ln x-\arctan x+C;$

$(17)\dfrac{1}{12}\sin 6x+\dfrac{1}{4}\sin 2x+C;$ $(18)\dfrac{1}{2}\ln(\sin^2 x+1)+C;$

$(19)\dfrac{2}{3}(\cos x)^{-\frac{3}{2}}+C;$ $(20)\dfrac{1}{3}\tan^3 x+C;$

$(21)\dfrac{1}{2}\arctan\dfrac{\tan x}{2}+C;$ $(22)\dfrac{1}{\sqrt{2}}\arctan\dfrac{\tan 2x}{\sqrt{2}}+C;$

$(23)\,x\tan\dfrac{x}{2}-2\ln\left|\cos\dfrac{x}{2}\right|+C;$ $(24)\,2\sqrt{x}\arcsin\sqrt{x}+2\sqrt{1-x}+C;$

$(25)-\dfrac{1}{x}\arctan x+\dfrac{1}{2}\ln\dfrac{x^2}{x^2+1}+C;$ $(26)-\dfrac{\arctan\mathrm{e}^x}{\mathrm{e}^x}+x-\dfrac{1}{2}\ln(1+\mathrm{e}^{2x})+C;$

$(27)\,\mathrm{e}^x f(x)+C;$

$$(28)\int\max\{x^4,x^2\}\mathrm{d}x=\begin{cases}\dfrac{x^5}{5}+C-\dfrac{2}{15}, & x\leqslant-1,\\[3mm]\dfrac{1}{3}x^3+C, & -1<x<1,\\[3mm]\dfrac{x^5}{5}+C+\dfrac{2}{15}, & x\geqslant1.\end{cases}$$

4. $\dfrac{1}{2}x^2+\dfrac{1}{4}x^4+C.$

5. $-2\sqrt{1-x}\arccos\sqrt{x}-2\sqrt{x}+C.$

习题 6-1(A)

1. (1)$\dfrac{a^2\pi}{4}$;　　(2)$\displaystyle\int_0^1 2x\mathrm{d}x=1.$

2. (1)$I_1\geqslant I_2$;　(2)$I_1\leqslant I_2$;　(3)$I_1\leqslant I_2$;　(4)$I_1<I_2.$

3. (1)$\dfrac{1}{32}\leqslant\displaystyle\int_{\frac{1}{2}}^1 x^4\mathrm{d}x\leqslant\dfrac{1}{2}$;　　　　(2)$\dfrac{\pi}{4}\leqslant\displaystyle\int_0^\pi\dfrac{1}{3+\sin^3 x}\mathrm{d}x\leqslant\dfrac{\pi}{3}$;

　　(3)$4\leqslant I\leqslant6$;　　　　　　　　(4)$\dfrac{1}{2}\leqslant\displaystyle\int_{\frac{\pi}{4}}^{\frac{\pi}{2}}\dfrac{\sin x}{x}\mathrm{d}x\leqslant\dfrac{\sqrt{2}}{2}.$

4. 6.

习题 6-1(B)

1. 0.

2,3. 略.

习题 6-2(A)

1. (1)$\dfrac{1}{1+x^2}$;　　(2)$x(\mathrm{e}^x-2\ln x^2)$;　　(3)$\sin x\cdot\mathrm{e}^{-\cos^2 x}$;　　(4)$f(\cos x)\sin x.$

2. (1)$-\dfrac{1}{3}$;　(2)2;　(3)$\dfrac{1}{3}$;　(4)$\dfrac{1}{10}.$

3. (1)$3-\dfrac{\pi}{2}$;　(2)$\dfrac{8}{3}$;　(3)$\dfrac{\pi}{3a}$;　(4)$\dfrac{\pi}{4}$;　(5)$1-\dfrac{\pi}{4}$;

　　(6)$\dfrac{\pi}{4}$;　　(7)$\dfrac{44}{3}$;　(8)1;　　(9)6;　　(10)$\dfrac{\pi}{4}+\ln3.$

4. 略.

习题 6-2(B)

1,2. 略.

3. $\dfrac{11}{2}.$

4. 1.

5,6. 略.

7. $F(x) = \int_0^x f(t)\,\mathrm{d}t = \begin{cases} 1 - \cos x, & |x| < \dfrac{\pi}{2}, \\ 1, & |x| \geqslant \dfrac{\pi}{2}. \end{cases}$

习题 6-3(A)

1. (1) $\dfrac{40}{3} - 32\ln\dfrac{4}{3}$;　　(2) $\dfrac{\pi}{16}$;　　　　(3) $\dfrac{1}{4}$　　　　(4) $1 - \dfrac{\sqrt{3}}{6}\pi$;

(5) $\dfrac{1}{3} - \dfrac{5}{24}\sqrt{2}$;　　(6) $\dfrac{22}{3}$;　　　　(7) $\dfrac{\pi}{12} - \dfrac{\sqrt{3}}{8}$;　　(8) $\dfrac{1}{2}\arctan\dfrac{1}{2}$;

(9) $\dfrac{1}{3} + \sqrt{e}$;　　　(10) $\dfrac{1}{2}(e-1)$;　　(11) $\pi + \dfrac{4}{3}$;　　(12) $2 - 2\ln\dfrac{3}{2}$.

2. (1) 1;　　　　　　(2) $\dfrac{\pi}{4} - \dfrac{1}{2}\ln 2$;　　(3) $\dfrac{1}{2}(e^{\frac{\pi}{2}} - 1)$;　　(4) $2\left(1 - \dfrac{1}{e}\right)$;

(5) $8\ln 2 - 4$;　　(6) $\dfrac{\pi}{8} - \dfrac{\ln 2}{4}$;　　(7) $\dfrac{7}{16} - \dfrac{\ln 2}{8} + \dfrac{e^2}{4}$;　　(8) $\dfrac{5}{3}\ln 2 - \ln 3$.

3. (1) 0;　　　　　　(2) $\dfrac{\pi}{2}$;　　　　(3) $4 - \pi$;　　　(4) $2 - 6e^{-2}$.

4,5. 略.

习题 6-3(B)

1. (1) $\dfrac{\pi}{6}$;　　　　　(2) $\dfrac{\pi}{4}$;　　　　(3) $-\dfrac{\pi}{12}$.

2. $\dfrac{1}{2}(\cos 1 - 1)$.

3. 2.

4. 略.

5. $\dfrac{\pi^2}{4}$.

6. $e^{-1} - e$.

7. 略.

习题 6-4(A)

1. (1) 发散;　　　(2) 1;　　　(3) 发散;

(4) -1;　　　(5) 1;　　　(6) 发散.

2. 略.

3. 30.

习题 6-4(B)

1. $3(1 + \sqrt[3]{2})$.

2. π.

255

3. $\dfrac{5}{2}$.

4. 略.

总习题六

1. (1)0;   (2)4;   (3)ln2;   (4)$\dfrac{\pi}{2}$;   (5)$\dfrac{2}{3}$;

   (6)10;   (7)$\dfrac{\pi}{2}$;   (8)$\dfrac{\pi}{2}$;   (9)1;   (10)edx.

2. (1)D;   (2)B;   (3)C;   (4)B;   (5)B;

   (6)C;   (7)D;   (8)B;   (9)D;   (10)C.

3. (1)0;   (2)$-\dfrac{\pi}{2}$;   (3)0.

4. (1)$1-\dfrac{\pi}{4}$;(2)$\dfrac{1}{e-1}$;   (3)$4-\pi$;   (4)$\dfrac{8}{105}$;

   (5)$\dfrac{e^{\pi}+1}{2}$;(6)$\dfrac{\ln2}{3}$.

5. $f(x)=1$; $a=-1$.

6. (1)$f(x)=\dfrac{1}{1+x}+2x\ln2$;

   (2)$f(x)=\dfrac{1}{1+x}+2(1-\ln2)$.

7~10. 略.

习题 7-2(A)

1. (1)$\dfrac{32}{3}$;   (2)$\dfrac{5}{6}$;   (3)$2(\sqrt{2}-1)$;   (4)1;   (5)2;   (6)e-1;

   (7)$\dfrac{1}{6}$;   (8)$\dfrac{3}{2}-\ln2$;   (9)$e+\dfrac{1}{e}-2$;   (10)$\dfrac{32}{3}$.

2. (1)$a^2\pi$;   (2)$\left(\dfrac{2}{3}\pi-\dfrac{\sqrt{3}}{2}\right)a^2$;   (3)$ab\pi$;   (4)$\dfrac{3}{8}a^2\pi$.

3. $\dfrac{56}{3}$.

4. $1-\dfrac{1}{\sqrt[3]{2}}$.

5. $\dfrac{16}{3}p^2$.

6. $\dfrac{9}{4}$.

7. (1)$V_x=\dfrac{\pi}{5},V_y=\dfrac{\pi}{2}$;   (2)$V_x=\dfrac{3\pi}{10},V_y=\dfrac{3\pi}{10}$;   (3)$V_x=\dfrac{\pi}{2},V_y=\dfrac{4\pi}{5}$;

8. $4\sqrt{3}$.

9. $\dfrac{\pi}{6}$.

10. $\dfrac{5}{6}\pi$.

习题 7-2(B)

1. (1)$(1,1)$;   (2)$y = 2x - 1$;   (3)$\dfrac{\pi}{30}$.

2. (1)$\dfrac{\sqrt{2}}{2}$;   (2)$\dfrac{1+\sqrt{2}}{30}\pi$.

3. (1)$\dfrac{\sqrt{3}}{3}$;   (2)$\dfrac{12 + 8\sqrt{3}}{135}$.

习题 7-3(A)

1. $C(x) = \dfrac{1}{2}ax^2 + bx + c$.

2. $R(x) = -x^2 + 4x$.

3. $\dfrac{380}{7}$.

4. $\dfrac{1}{100}$.

习题 7-3(B)

1. (1)$C(x) = 3x + \dfrac{x^2}{6} + 1, R(x) = 7x - \dfrac{x^2}{2}$;   (2)$16,16$;   (3)$300,5$.

2. 9.4916 万元.

3. $\dfrac{b(1 - \mathrm{e}^{-rT})}{r} - a$.

总习题七

1. (1)$2(\mathrm{e}^2 + 1)$;   (2)$\displaystyle\int_{\frac{1}{2}}^{1}\left(2x - \dfrac{1}{2x}\right)\mathrm{d}x + \int_{1}^{2}\left(\dfrac{2}{x} - \dfrac{x}{2}\right)\mathrm{d}x$;

   (3)$\displaystyle a^3\pi\int_{0}^{2\pi}(1 - \cos t)^3\mathrm{d}t$;

   (4)$\displaystyle \pi\int_{0}^{1}(x - x^4)\mathrm{d}x$.

2. (1)B;   (2)B.

3. $2\pi\mathrm{e}^2$.

4. $a = -2, b = 5$.

5. $\left(\dfrac{1}{\sqrt{3}}, \dfrac{2}{3}\right), \dfrac{4\sqrt{3}}{9} - \dfrac{2}{3}$.

6. $a = -\dfrac{5}{3}, b = 2, c = 0$.

7. (1) $V(\xi) = \dfrac{\pi}{2}(1 - e^{-2\xi})$, $a = \dfrac{1}{2}\ln 2$; (2) $(1, e^{-1})$, $2e^{-1}$.

8. (1) 900; (2) 8075 元.

9. 573. 88 元.

10. $\dfrac{5\pi}{4}$.

参 考 文 献

[1] STEWART J. calculus[M]. 北京:高等教育出版社,2014.

[2] 傅英定,谢云荪. 微积分:上册[M]. 北京:高等教育出版社,2003.

[3] 黄立宏,戴斌祥. 大学数学[M]. 北京:高等教育出版社,2002.

[4] 华东师范大学数学系. 数学分析[M]. 北京:高等教育出版社,2011.

[5] 李伟. 高等数学:上册[M]. 北京:高等教育出版社,2011.

[6] 同济大学数学系. 高等数学[M]. 7版. 北京:高等教育出版社,2014.

[7] 吴传生. 经济数学 – 微积分[M]. 北京:高等教育出版社,2015.

[8] GIORDANO F W. 托马斯微积分[M]. 叶其孝. 王耀东,唐喆,译. 10版. 北京:高等教育出版社,2003.

[9] 张润琦,陈一宏. 微积分:上册[M]. 北京:机械工业出版社,2007.

[10]张国楚,王向华,武女则,等. 大学文科数学[M]. 北京:高等教育出版社,2015.